仿客+

基于OrCAD Capture和PSpice的模拟电路设计与仿真（原书第2版）

［英］丹尼斯·菲茨帕特里克（Dennis Fitzpatrick）著
张东辉 邓卫 牛文豪 王银 译

机械工业出版社

本书主要对 PSpice 的各个仿真功能进行非常详细的讲解，并且对仿真模型的建立与使用进行细致的分析与介绍，最后结合实际电路和习题，对仿真功能和模型建立进行练习和巩固。

　　首先，对 PSpice 软件的基本仿真功能进行具体讲解，包括直流工作点分析、直流扫描分析、交流分析、瞬态分析、参数扫描分析、温度分析、蒙特卡洛分析、噪声分析、最坏情况分析和高性能分析，并且结合实例进行实际操作和验证。然后对模型的建立与使用进行讲解，包括元件模型建立、激励源编辑与使用、变压器和磁性元件模型的建立与使用、行为模型及传输线模型的编辑与使用。最后对数字电路、数－模混合电路和层电路的仿真进行了详细的讲解，对数字电路仿真结果的表达及层电路的使用尤为具体和实用。

　　本书适合热衷于利用 Cadence/OrCAD 专业仿真软件对电子电路进行设计与分析的学生或者工程师学习使用。本书提供了软件操作的使用方法，并且在每章结尾通过练习对仿真步骤逐步分解，直至仿真完成。

译 者 序

工欲善其事，必先利其器。在当今电子电路飞速发展的时代，使用哪种软件及如何使用软件对电路进行详尽、系统的分析显得尤为重要。

本书主要对电路行业标志性软件 PSpice 的仿真功能、器件模型、电路仿真、层电路设计，以及高级仿真分析进行详细的讲解，另外，对电路仿真过程中出现的不收敛问题和错误信息也进行了仔细的分析。每一章均结合实际电路和习题对仿真功能和模型建立进行练习和巩固，并且译者已对本书每个章节的电路程序进行了仿真验证，读者可以通过图书封面上给出的由机械工业出版社提供的地址进行下载学习。

仿真功能包括直流工作点分析、直流扫描分析、交流分析、瞬态分析、参数扫描分析、蒙特卡洛分析、最坏情况分析、高性能分析、噪声分析和温度分析，功能讲解与电路实例仿真操作相结合。

器件模型包括变压器模型、行为模型、传输线模型的功能设置与仿真应用，以及激励源和磁性器件的编辑和设置，并且对如何添加和建立 PSpice 模型进行了系统的讲解。

电路仿真包括数字电路、数-模混合电路和层电路的详细设置与仿真分析，对数字电路仿真结果的表达及层电路的使用讲解尤为具体和实用。

高级仿真分析包括灵敏度分析、优化分析、蒙特卡洛分析和应力分析，通过高级仿真分析能够更加可靠地设计实际应用电路。

本书为原书第 2 版。与原书第 1 版相比，原书第 2 版增加内容如下：第 1 章 入门；第 23 章 高级仿真分析；第 24 章 灵敏度分析；第 25 章 优化分析；第 26 章 蒙特卡洛分析；第 27 章 应力分析。增加内容基本为高级仿真分析功能，对于模拟电路和精密测试电路非常实用，这些内容也是目前很多研究领域的热点与难点。

本书在内容的安排上采用功能讲解与电路实例相结合的方法，将 PSpice 的强大电路仿真功能融入电路分析与设计中，既能够帮助初学者掌握仿真与电路的基本功，又能够使工程师对复杂系统的功能仿真与高级分析有一定的了解。

本书由张东辉、邓卫、牛文豪、王银翻译。PSpice 仿真群（336965207）的如下仿友：张超杰、贾格格、刘亚辉、曹珂杰、黄维笑、刘亚辉、赵东生等对本书的文字翻译和仿真程序校对付出了辛勤的汗水，在此表示最衷心的感谢。欢迎广大读者加入我们的仿真群，与仿客们进行交流和互动。

基于 OrCAD Capture 和 PSpice 的模拟电路设计与仿真（原书第 2 版）

限于译者才疏学浅，加之时间仓促，难免出现翻译欠妥之处，恳请读者批评指正，在此表示诚挚感谢。

张东辉
2019 年 5 月

原 书 前 言

Cadence/OrCAD 软件为电子设计自动化（EDA）家族成员之一，该软件提供原理图输入、电路仿真、PCB 制板等完整设计流程。

首先利用 Capture 或者 Capture CIS 中的原理图编辑器绘制电路图；然后利用 PSpice 对电路进行仿真；最后利用 Cadence Allegro 或者 PCB Editor 将电路原理图转化为印制电路板，其中 PCB Editor 已取代 OrCAD Layout 功能。本书结合最新 Cadence/OrCAD 17.2 版本中的仿真功能，可与之前版本软件一起使用。本书中的电路几乎均可使用最新免费演示精简版软件进行仿真，该版本免费提供，无时间限制。OrCAD Lite 包含完整版的所有主要功能，仅受元器件数量和电路复杂程度限制。产品更多相关信息请访问 OrCAD 和 Cadence 网站。免费 OrCAD Lite 版可从 OrCAD 网站下载，也可向 Cadence 公司索取 DVD 光盘进行安装。OrCAD Lite 版相关信息网址如下：http：//www.orcad.com/products/orcad-lite-overview。

本书适合热衷于 Cadence/OrCAD 专业仿真软件对电子电路进行设计与分析的学生或工程师学习使用。本书提供软件操作实用方法，并且每章结尾通过练习对仿真步骤逐步分解，直至仿真完成。

感谢西伦敦大学的技术人员 Keith Pamment 和 Seth Thomas 对仿真练习的校对；感谢 Cadence 公司的 Taranjit Kukal 和 Alok Tripathi 对 PSpice 仿真技术的审查；感谢 Parallel-Systems UK 公司对本书出版工作的支持。

本书第 2 版包含最新的 17.2 版本中具有的许多全新功能，再次非常感谢 Cadence Design Systems 的 Alok Tripathi 帮助确保文本的技术正确性并审阅新章节及其功能。非常感谢 Keith Pamment 和 Parallel-Systems 的 Bob Doe，他们为新章节及其仿真功能提供审查和反馈。

使 用 说 明

本书中粗体字代表指定工具栏按钮操作关键字，同时表示所选菜单，例如建立新项目菜单选项如下：

上述指令操作顺序为 **File > New > Project**。如上图所示，利用粗体字母从顶部工具栏对菜单进行连续选择。

本书规定单击鼠标右键缩写为 **rmb**。例如在原理图中选定某元件，然后选择 **rmb > rotate**，即单击右键选择旋转功能。

粗体字同样用于命名对话框和对话窗口，例如下面 **Create PSpice Project** 建立新项目窗口。

OrCAD 演示版限制

最新 OrCAD 演示版为 OrCAD 17.2Lite，读者可从如下网站免费下载或订购：http://www.orcad.com/products/orcad-lite-overview

OrCAD 17.2 Lite 包含完整版的所有主要功能，仅受元器件数量和电路复杂程度的限制。本书中仿真练习几乎均可使用最新免费演示精简版软件进行仿真，但与早期版本相比某些限制功能已经更改。

OrCAD 17.2 Lite

OrCAD 17.2 Lite 版软件限制如下：75 个网络节点、20 个晶体管、无子电路限制、65 个数字元件、10 条传输线（理想或者非理想）、最多 4 对耦合线。

模型编辑器只能对二极管模型进行编辑，并且模型导入向导仅支持两引脚元件和模型。

包含完整版软件中的参数化元件库以及所有 PSpice 库。

使用 Stimulus 编辑器生成激励源时无任何限制。

磁性元件编辑器只能建立功率变压器模型。另外磁性元件编辑器提供的模型数据不能进行编辑，只能进行查看，而且只包括单一磁心模型数据。

不能使用 Level 3 级 Core 模型（Tabrizi）、MOSFET BSIM 3.2 或 MOSFET BSIM 模型。

Lite 版仿真器不支持 PSpice DMI 模型。

不支持 IBIS 导入。

不支持设备模型接口（DMI）。

高级分析

应力分析——只能使用二极管、电阻、晶体管和电容。

优化分析——只能使用随机和 MLSQ 引擎；随机引擎仅限于运行 5 次；最多只能优化两个元件参数；仅限于一个测量函数和一条曲线拟合；仅支持一种误差计算方法对曲线拟合进行优化。

参数绘图仪——只能扫描两个全局参数或模型参数；仅支持线性扫描；最多允许扫描 10 次；只能对一个测量函数或曲线进行参数变化特性评估。

图形显示不可用。

蒙特卡洛/最坏情况分析——仅允许使用一个测量函数，最多支持 3 个容差器件；最多支持 20 次蒙特卡洛分析。

灵敏度分析——只允许使用一个测量函数；最多支持 3 个容差器件；最多支持 20 次运行。

不能仿真加密的参数化模型。

目 录

译者序
原书前言
使用说明

第1章 入门 ………………………… 1
1.1 启动 Capture ………………………… 1
1.2 创建仿真工程 ……………………… 2
1.3 符号和元器件 ……………………… 6
   1.3.1 符号 ……………………………… 7
   1.3.2 元器件 …………………………… 7
   1.3.3 元器件搜索 …………………… 10
   1.3.4 快速放置 PSpice 元器件 …… 12
1.4 PSpice 模型应用 …………………… 13
1.5 设计模板 …………………………… 15
1.6 设计实例 …………………………… 16
1.7 设计导出 …………………………… 17
1.8 设计工程保存 ……………………… 19
   1.8.1 设计保存 ……………………… 19
   1.8.2 查找和替换文本工具 ……… 19
   1.8.3 密码保护 ……………………… 20
1.9 本章总结 …………………………… 20
1.10 本章练习 …………………………… 21
1.11 附加库文件练习 …………………… 25

第2章 直流工作点分析 …………… 28
2.1 生成网络表 ………………………… 30
2.2 显示工作点数据 …………………… 35
2.3 保存工作点数据 …………………… 36
2.4 加载工作点数据 …………………… 37
2.5 本章练习 …………………………… 37

第3章 直流扫描分析 ……………… 44
3.1 直流电压扫描分析 ………………… 45
3.2 探针 ………………………………… 46
3.3 本章练习 …………………………… 49

第4章 交流分析 …………………… 57
4.1 仿真参数设置 ……………………… 58
4.2 交流探针 …………………………… 59
4.3 本章练习 …………………………… 60
   4.3.1 双 T 型陷波滤波器 ………… 64

第5章 参数扫描分析 ……………… 66
5.1 属性编辑器 ………………………… 66
5.2 本章练习 …………………………… 70

第6章 激励源编辑器 ……………… 83
6.1 瞬态激励源设置 …………………… 84
   6.1.1 EXP 指数激励源 …………… 84
   6.1.2 Pulse 脉冲激励源 …………… 86
   6.1.3 VPWL 分段线性激励源 …… 87
   6.1.4 SIN 正弦波激励源 ………… 88
   6.1.5 SSFM 单频调频激励源 …… 88
6.2 自定义电压源 ……………………… 89
6.3 仿真设置 …………………………… 90
6.4 本章练习 …………………………… 90

第7章 瞬态分析 …………………… 97
7.1 仿真设置 …………………………… 97
7.2 SCHEDULING 设置 ……………… 98
7.3 测试点设置 ………………………… 98
7.4 利用文本文件定义时间—电压
    激励源 ……………………………… 100
7.5 本章练习 …………………………… 102

第8章 仿真收敛问题和错误
       信息 ………………………………… 108
8.1 常见错误信息 ……………………… 108
8.2 建立静态工作点 …………………… 109
8.3 收敛问题 …………………………… 109
8.4 仿真设置 …………………………… 110
8.5 本章练习 …………………………… 112

第9章 变压器 ········ 116
- 9.1 线性变压器 ········ 116
- 9.2 非线性变压器 ········ 117
- 9.3 预定义变压器 ········ 118
- 9.4 本章练习 ········ 119

第10章 蒙特卡洛分析 ········ 123
- 10.1 仿真设置 ········ 123
  - 10.1.1 输出变量 ········ 125
  - 10.1.2 运行次数 ········ 125
  - 10.1.3 分布类型选择 ········ 125
  - 10.1.4 随机种子数 ········ 125
  - 10.1.5 数据保存形式 ········ 125
  - 10.1.6 MC 加载/保存 ········ 126
  - 10.1.7 更多设置 ········ 126
- 10.2 元件容差设置 ········ 126
- 10.3 本章练习 ········ 128

第11章 最坏情况分析 ········ 135
- 11.1 灵敏度分析 ········ 136
- 11.2 最坏情况分析 ········ 137
- 11.3 添加元件容差 ········ 137
- 11.4 测量函数设置 ········ 138
- 11.5 本章练习 ········ 138

第12章 高性能分析 ········ 146
- 12.1 测量函数简介 ········ 146
- 12.2 测量函数定义 ········ 147
- 12.3 本章练习 ········ 148

第13章 行为模型 ········ 153
- 13.1 行为模型 ········ 153
- 13.2 本章练习 ········ 158

第14章 噪声分析 ········ 162
- 14.1 噪声类型 ········ 162
  - 14.1.1 电阻噪声 ········ 162
  - 14.1.2 半导体器件噪声 ········ 162
- 14.2 总噪声 ········ 163
- 14.3 运行噪声分析 ········ 164
- 14.4 噪声定义 ········ 165
- 14.5 本章练习 ········ 167

第15章 温度分析 ········ 172
- 15.1 温度系数设置 ········ 172
- 15.2 运行温度分析 ········ 173
- 15.3 本章练习 ········ 174

第16章 添加和建立 PSpice 模型 ········ 179
- 16.1 PSpice 元器件属性 ········ 179
- 16.2 PSpice 模型定义 ········ 181
- 16.3 子电路 ········ 183
- 16.4 模型编辑器 ········ 185
  - 16.4.1 模型复制 ········ 188
  - 16.4.2 模型导入 ········ 188
  - 16.4.3 模型下载 ········ 191
  - 16.4.4 模型加密 ········ 191
  - 16.4.5 IBIS 转换器 ········ 193
- 16.5 本章练习 ········ 193

第17章 传输线 ········ 204
- 17.1 理想传输线 ········ 204
- 17.2 有损传输线 ········ 206
- 17.3 本章练习 ········ 207

第18章 数字电路仿真 ········ 218
- 18.1 数字器件模型 ········ 218
- 18.2 数字电路设计 ········ 219
- 18.3 数字仿真设置 ········ 220
- 18.4 数字信号波形显示 ········ 222
- 18.5 本章练习 ········ 223

第19章 数-模混合电路仿真 ········ 232
- 19.1 本章练习 ········ 233

第20章 层电路设计 ········ 238
- 20.1 层电路端口连接器 ········ 239
- 20.2 层电路模块和符号 ········ 241
  - 20.2.1 层模块设置 ········ 241
  - 20.2.2 层模块符号 ········ 243
- 20.3 参数传递 ········ 243
- 20.4 层模块网络表 ········ 244
- 20.5 本章练习 ········ 245

第21章 磁性元件编辑器 ········ 262
- 21.1 设计周期 ········ 262
- 21.2 本章练习 ········ 262

基于 OrCAD Capture 和 PSpice 的模拟电路设计与仿真（原书第 2 版）

第 22 章 测试平台 ………… 279
  22.1 测试平台器元件选择 ………… 279
  22.2 未连接的浮动网络 ………… 281
  22.3 比较和更新主设计与测试平台设计之间的差异 ………… 282
  22.4 本章练习 ………… 283

第 23 章 高级仿真分析 ………… 292
  23.1 本章简介 ………… 292
    23.1.1 高级仿真分析元件库 ………… 294

第 24 章 灵敏度分析 ………… 295
  24.1 绝对灵敏度和相对灵敏度分析 ………… 296
  24.2 典型实例 ………… 296
  24.3 元件和参数容差分配 ………… 298
  24.4 本章练习 ………… 301

第 25 章 优化分析 ………… 309
  25.1 优化引擎 ………… 309
  25.2 测量函数 ………… 310
  25.3 优化分析设置 ………… 310

25.4 本章练习 ………… 311

第 26 章 蒙特卡洛分析 ………… 319
  26.1 本章简介 ………… 319
  26.2 本章练习 ………… 321

第 27 章 应力分析 ………… 324
  27.1 无源元件的应力参数 ………… 326
    27.1.1 电阻应力参数 ………… 326
    27.1.2 电感应力参数 ………… 327
    27.1.3 电容应力参数 ………… 328
  27.2 有源元件的应力参数 ………… 329
    27.2.1 双极型晶体管 ………… 329
  27.3 降额因子 ………… 332
  27.4 实例 1 ………… 334
  27.5 本章练习 ………… 336
  27.6 实例 2 ………… 339
  27.7 实例 3 ………… 347
  27.8 实例 4 ………… 351

附录 测量函数定义 ………… 357

第1章
入　　门

本章主要供经验较少或者没有经验的 Capture 初学者学习，熟悉项目设置和原理图绘制的读者可以跳过本章，继续学习后面章节。本章将对以下内容进行重点讲解：如何启动 Capture，如何设置项目类型，如何配置 PSpice 仿真库文件。本章还将介绍软件最新版本中的一些特色。

每章结尾均附有练习题供读者对本章内容进行复习和巩固，另外，每章习题均以前面章节为基础，更有利于读者对本书的学习。

1.1 启动 Capture

Capture 和 Capture CIS 原理图编辑器用于 PSpice 原理图的仿真绘制。CIS 选项允许用户从数据库而非元件库中选择和放置元件。对于本书内容，无论使用 Capture 或 Capture CIS 绘制电路图均适用。

如果已经安装了 OrCAD 软件，可以通过单击如下菜单启动 Capture 或 Capture CIS：

Start > Program Files > OrCAD xx. x > Capture

或者

Start > Program Files > OrCAD xx. x > Capture CIS

其中 xx. x 为软件版本号，例如 10.5、11.0、15.5、15.7、16.0、16.2、16.3、16.5 或者 16.6。

例如：

Start > All Programs > Cadence > OrCAD 16. 6 Lite > OrCAD Capture CIS Lite

Start > All Programs > Cadence > Release 16. 5 > Capture

如果已经安装 Cadence 软件，所有相关工具均安装在 Allegro 平台下。此时只有 Capture CIS 可用，其启动路径为：

Start > Program Files > Allegro SPB 16. 6 > Design Entry CIS

17.2 版本启动方式如下：

Start > All Programs > Cadence Release 17. 2 – 2016 > OrCAD Lite Products > Capture CIS Lite

或者

Start > All Programs > Cadence Release 17. 2 – 2016 > OrCAD Products > Capture

1.2 创建仿真工程

在 Capture 中建立新设计时软件将自动创建项目文件（.opj），该项目文件以设计文件（.dsn）以及与其相关的库和输出报告文件为参考。设计文件包含原理图文件夹及相关原理图。例如，为每个设计阶段分别设计原理图，而非仅有一个完整电路图。层设计方法具有的一个优点就在于能够为各个电路提供选择性仿真分析，或者采用平面设计，其中多个页面仅与一个原理图文件夹相关联。无论采用哪种方式，开始都会创建称为根文件夹的原理图文件夹，以 "/" 为标识并且和初始页面相关联。其他原理图文件夹和电路页面可以以后进行添加。

绘制电路之前需要设置所建项目类型和配置库文件。通过标题栏 **Getting Started** 选择 **Start Page**，然后单击 **New Project** 图标建立新项目。对于早期版本，通过顶部工具栏选择 **File > New > Project** 建立新仿真项目。

注意：

通过文件列表或者 **Start Page** 页面上列出的 Recent Files 可以对早期设计项目进行选择。

如果 Start Page 页面未显示，通过顶部工具栏，选择 **Help > Start Page** 对其进行显示。关闭 Start Page 页面，在 Start Page 选项卡中单击鼠标右键并选择关闭。

在 **New Project** 窗口（见图 1.1）中输入项目名称，并且从四种项目类型中选择一种作为本项目的类型：

- **Analog or Mixed A/D** 用于 PSpice 仿真。
- **PC Board Wizard** 用于 PCB 项目中的原理图绘制。
- **Programmable Logic Wizard** 用于 CPLD 和 FPGA 设计。
- **Schematic** 用于原理图绘制。

当选定项目类型时，将会出现 **Tip for New Users** 提示，以便对项目类型进行简要说明。如果所建项目用于 PSpice 电路仿真，那么选择 **Analog or Mixed**

A/D 作为项目类型，这样将激活 Capture 顶部工具栏的 PSpice 菜单。17.2 版本中 New Project 对话框包含 Learn with PSpice 链接，通过该链接可以访问仿真实例和应用笔记。

进行电路仿真时，建议为每个新项目建立一个文件夹。通过单击图 1.1 中的 **Browse** 按钮打开 Windows Explorer 进行文件创建与命名。如果使用 17.2 之前的软件版本，在图 1.1 中单击 **Browse** 按钮时将出现如图 1.2 所示的 **Select Directory** 文件夹选择窗口。

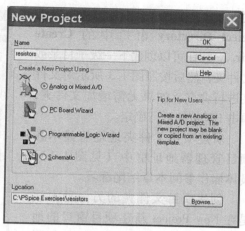

图 1.1 创建新项目

选择 **Create Dir…按钮**时弹出如图 1.3 所示的 **Create Directory** 创建文件夹目录窗口，用户通过该窗口对仿真文件（夹）进行命名。

图 1.2 创建仿真项目文件夹地址

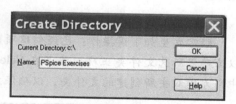

图 1.3 创建仿真项目文件夹

提示：
　　如果计划将项目工程移植到 PCB 绘图或 FPGA 设计，建议保存路径和项目名称中不要包含空格或其他字符，例如 *、. /和 \。需要使用空格时可以利用下划线进行代替。

比如创建文件名为 PSpice Exercises 的文件夹，该名称将显示在 **Select Directory** 选择目录窗口中。但是首先必须选定并且用鼠标左键双击该文件夹，然后该文件夹才会如图 1.4 所示展开。单击 **Select Directory** 窗口中的 **Create Dir...** 按钮可以创建下一级子目录或文件夹，然后按照图 1.3 所示对文件夹进行命名。如果无需增加文件夹，单击 OK 按钮进行确定。

所建项目文件夹地址将显示在项目管理器地址框中（见图 1.1）。具体操作参阅本章结尾练习。

创建项目文件夹的另一种方法是在 New Project 新建项目窗口的地址栏中直接输入文件夹地址，如图 1.1 所示，Capture 将自动创建该文件夹。

图 1.4 项目文件夹选择

提示：

默认情况下 17.2 版本将以大写字母形式保存项目路径名称和设计名称。按照如下步骤关闭设计项目：

Options > Preferences > More Preferences

在 **Extended Preferences Setup** 中选择 **Design and Libraries** 并且取消选中：**Save design name as UPPERCASE**

注意：

经常发生如下误操作：已经创建项目文件夹，但是并未选择该文件夹。所以为确保所选文件夹正确，务必在 **Select Directory** 选择目录窗口（见图 1.4）中用左键双击所创建的文件夹，以确保文件夹选择正确。

选定文件夹后进入 **Create PSpice Project** 创建 PSpice 仿真项目窗口，用于设置 PSpice 仿真项目类型（见图 1.5）。

通过下拉菜单选项对软件预配置 Capture – PSpice 进行选择。

通过下拉菜单选项允许用户选择预配置 Capture – PSpice 仿真项目和元件库。早期演示版本默认 eval.olb 库用于仿真项目。现在所有 PSpice 库均包含在演示版本中。

另外，可以在已有仿真项目基础上创建其升级版本，即在版本 1 的基础上创建新版本 2。在如图 1.5 所示的 **Create PSpice Project** 窗口创建 PSpice 项目，选

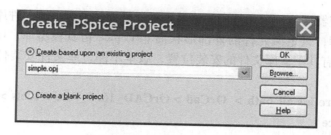

图 1.5 创建 PSpice 仿真项目

择 **Create based upon an existing project**,然后单击 **Browse** 按钮对已建项目进行选择。当建立其新版本仿真项目时,旧版本仿真项目的所有文件均复制到新版本项目文件夹下,类似于 **File > Save As** 功能。

如果选择 **Create a blank project** 创建一个空白项目,那么该项目下将没有任何仿真库文件,即为空白库。可以通过添加把仿真库文件加入到仿真项目中,本章结尾将对库文件的添加操作进行练习。

当新仿真项目创建成功后,Capture 将自动创建 **Project Manager** 项目管理器窗口(见图1.6),该窗口列出了库文件的绝对路径。此例包含 5 个默认库,均为简单元件库。在此例中,将 resistors.dsn 文件展开能够看到 SCHEMATIC1 文件夹以及下面的 PAGE1 电路图页。

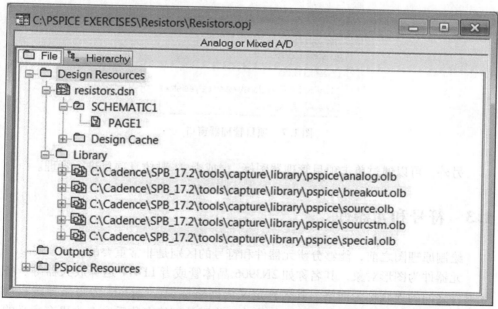

图 1.6 项目管理器窗口——列出该项目元件库及其所在位置

项目管理器还能显示元件库的绝对路径。必须注意，上述元件库为仿真元件的外形符号库，只定义元件的外部形状而非 PSpice 仿真模型库。OrCAD 和 Cadence 软件均有其默认库文件的安装位置，版本不同，库文件安装位置也会有所不同，例如：

< software install path > OrCad > OrCAD_16.6_Lite > tools > capture > library > pspice

或者

< software install path > Cadence > SPB_16.6 > tools > capture > library > pspice

通常软件安装在驱动盘 C：的 < software install path > 路径下，例如：
C:\Cadence\SPB_17.2\tools\capture\library\pspice

提示：
如果 **Project Manager** 项目管理器窗口不能显示，可从顶部工具栏中选择 Window > < project name > . opj 项目文件（见图 1.7）对其进行显示，如图 1.7 所示的设计项目名称为 **resistors**。进行仿真项目文件管理时务必要注意仿真项目的文件扩展名为 . opj。

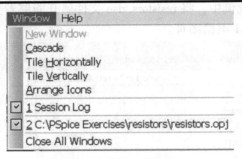

图 1.7 项目管理器窗口

另外，可以通过单击项目管理器图标 ▧ 或者 ▧ 对仿真项目进行管理。

1.3 符号和元器件

绘制原理图之前，能够分辨元器件和符号的区别是非常重要的。

元器件为图形对象，其名称如 2N3906 晶体管或者 LF411 运算放大器等。各元器件之间的连线称为网络，其名称定义为网络标识。Capture 为每条导线自动分配默认的网络标识，并可对其进行修改。将默认网络名称重命名为更有意义的网络标识，这对于设计电路来说非常重要并且实用，例如 out、clock、+5V 等。

符号同样为图形元器件，但连接到符号的导线与其名称一致。例如当放置"0"符号表示接地连接时，连接线将采用网络名称"0"。如果需要定义 +5V 连接线，利用通用 VCC_ CIRCLE 符号并将其重命名为 +5V，此时连接到 +5V 符号的所有导线将采用 +5V 网络标识。软件包含多种不同符号，用于定义电源、接地和数字逻辑电平，设计人员可根据电路实际特性对其进行重命名。

1.3.1 符号

符号和元器件的区别：符号并非通过 **Place Part** 菜单在原理图中进行放置，而是通过 **Place** 菜单（见图 1.8）直接放置。

在 **Place** 菜单中分别显示每项功能对应的快捷键。例如放置电源符号的快捷键为 **F**，当按下 **F** 键时 Place Power 放置电源菜单将会弹出，如图 1.9 所示。

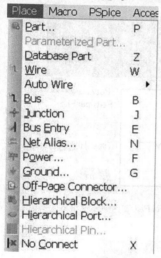

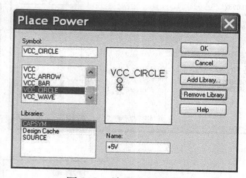

图 1.8　Place 放置元器件菜单　　　　图 1.9　放置电源菜单

图 1.9 为 **Place Power** 放置电源菜单，选定 **VCC_CIRCLE** 符号并对其重命名为 +5V。任何与 +5V 连接的导线网络名称均为 +5V。

除电源连接符号外还包括层端口和端点连接符号，通过上述符号将整套设计连接在一起。下面章节将对以上连接符号进行详细介绍。

PSpice 仿真软件包括 **source** 和 **capsym** 两个符号库。**Capsym** 库包含所有模拟地和电源符号，而 **source** 库也包含模拟 **0V** 符号，另外 **source** 库还包括 **$D_HI** 数字高符号和 **$D_LO** 数字低符号，分别用于设置导线或芯片引脚的数字电位为"HI"或"LO"。

1.3.2 元器件

选择 **Place > Part** 菜单命令进行元器件放置。图 1.10a 为 16.0 版本的 **Place**

Part 放置元器件菜单格式，图 1.10b 为 16.3 之后版本的 **Place Part** 放置元器件菜单格式。

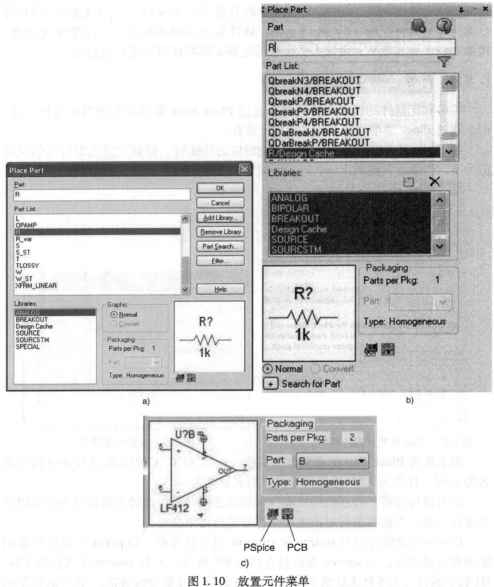

图 1.10　放置元件菜单
a) 16.0 版本　b) 16.3 之后版本　c) 元器件封装

尽管两种放置元器件窗口外形不同，但具有相同功能——用于元器件库及库中可用元器件显示。放置元器件菜单同时还提供元器件搜索功能。在图 1.10a 中只有模拟元器件库突出显示,因此只有模拟库中的元器件显示在元器件列表中。

如图 1.10b 所示,所有元器件库均已选定,从放置元器件菜单中能够清楚地看到元器件名称(LF412)及其所属库。当把光标放置于元器件列表中某个元器件上面时,软件将会自动弹出矩形提示框,以显示元器件所属库的绝对路径。LF412 图形显示每个封装均具有两个元器件,该电路选择元器件 A。如果选择 B 则将显示具有不同引脚编号的相同元器件(见图 1.10c)。两个元器件工作特性完全相同,并且具有相同数量的引脚。由线圈和开关构成的固态继电器为异构类型,所以同一封装中的元器件不相同。

如果 PSpice 的图标为绿色表示 PSpice 模型已连接至 LF412,因此可以进行仿真分析。如果图标为红色表示该元器件具有 PCB 封装,能够进行 PCB 的制作。

注释:
电池、电压源和电流源属于 source 库,通过 Place Part 放置元器件菜单(**Place > Part**)进行放置,使用时切忌与 **capsym** 库(**Place > Power** 或 **Place > Ground**)中的电源符号(VCC_ circle、0V 等)相混淆,capsym 库中的电源符号只用于"无形"的导线网络连接,并无实际的电源特性。

如图 1.11 所示为放置电源 **Place Power** 和地 **Place Ground** 窗口,其中含有 **source** 库。在 source 库只包含数字高 HI、数字低 LO 和 0V 地符号。

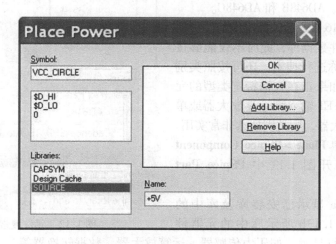

图 1.11 用于放置电源的 source 库

由上可得,各种网络连接符号通过 **Place** 菜单进行放置,而实际元器件通过 **Place > Part** 菜单进行放置。另外元器件库 **Part** 和符号库 **Symbol** 的扩展名均为 .olb,为其图形显示,用于软件绘图。

1.3.3 元器件搜索

如图 1.10a 所示，放置元器件窗口对话框具有元器件搜索功能，利用该功能在已安装的库和其他自定义的库中对元器件进行搜索。搜索标准供应商提供的元器件时建议使用通配符，因为不同半导体供应商通常将各自的数字和字母与行业标准元器件相结合，例如 LF412CN/NOPB、LF412CP、LF412-ACN/NOPB、LF412CPE4、LF4-12CDR等。因此建议使用 LF412* 对 LF412 进行搜索，其中"*"为通配符，搜索时忽略 LF412 之后的任何字符或数字。"?"字符用于忽略单个字符，例如根据7408 查找逻辑门功能，无论选择何种类型，均可使用 7408 进行搜索。图 1.12为 AD648 搜索结果，其中包含三种类型，AD648A、AD648B 和 AD648C。

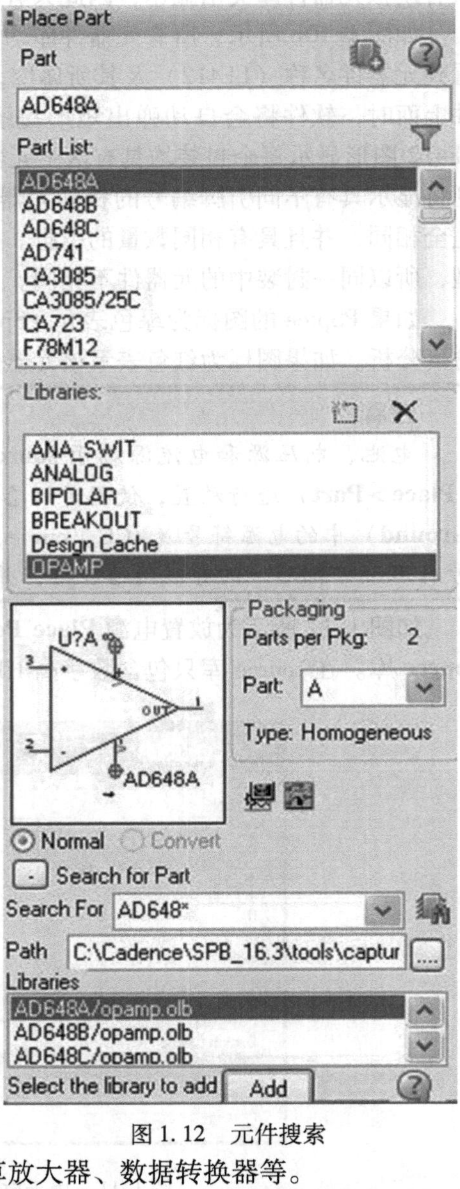

17.2 及 16.6 之后的版本增加了可用 PSpice 元器件数据库，此时不仅能够按照元器件名称进行搜索，还可按照类别进行搜索。如果正在查询特定类型的元器件，例如 FET 输入型运算放大器或单电源运算放大器，则类别搜索非常实用。通过选择菜单 **Place > PSpice Component > Search** 打开图 1.13 中 **PSpice Part Search** 窗口。

图 1.13a 显示已安装库及库中的元器件。图 1.13b 所示库中的元器件

图 1.12　元件搜索

按照类别进行显示，如压力传感器、运算放大器、数据转换器等。

利用图 1.14 中的设置对元器件所有类别或者某一特殊类别进行搜索。选择符号浏览器图标，可在元器件放置于原理图页面之前对其符号进行查看。每次选择新元器件时，符号浏览器均会更新。进行元器件搜索时每次只能选择并放置一个元器件。

当选择在线搜索图标时，在线搜索工具将打开 OrCAD Capture Marketplace 网

第1章 入 门 11

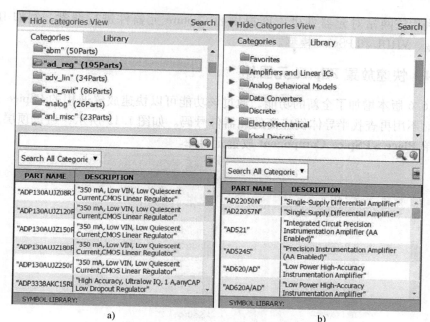

图 1.13 PSpice 元器件搜索
a) 元器件库 b) 元器件分类

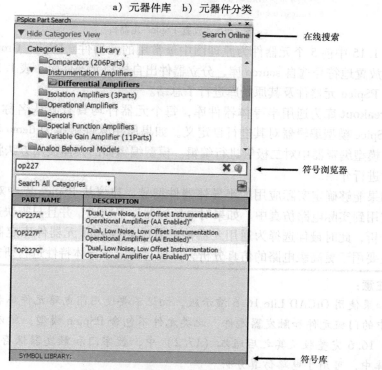

图 1.14 按照类别进行 PSpice 元器件搜索

站，利用该网站对元器件供应商提供的 Capture 元器件进行搜索，例如 IBIS、Verilog、VHDL 和 PSpice 模型。

1.3.4　快速放置 PSpice 元器件

16.6 版本增加了全新的功能，通过该功能可以快速放置通用的 PSpice 元器件，而不用再查找半导体供应商的元器件号码。如图 1.15 所示，通过顶层工具栏菜单 **Place > PSpice Component** 放置元器件。

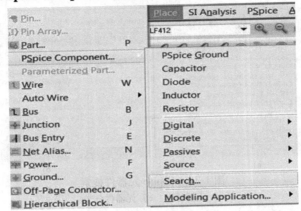

图 1.15　放置 PSpice 元器件

图 1.15 中前 5 个元器件为原理图中最常用的元器件。PSpice Ground（快捷键 G）放置地符号选自 source 库，分立器件出自模拟元器件库。表 1.1 对可用快速放置 PSpice 元器件及其原始库进行了总结。

Breakout 库为通用半导体器件库，每个元器件均具有默认名称及其参数，利用 PSpice 模型编辑器对其进行自定义。如果所用软件版本为 demo 和 Lite，则只能在模型编辑器中对二极管进行编辑。模型编辑器的具体使用方法将在后面的章节中进行介绍。

如果能够确定实际应用的半导体器件型号，建议从 PSpice 库中对其进行查询并应用到实际电路仿真中。如果对电子元器件不精通，并且只需快速进行电路仿真分析，此时最佳选择为通用元器件。通过 **breakout** 元器件库定制的半导体器件主要用于更高级电路的仿真分析，以便对指定半导体特性进行研究。

注意：

如果使用 OrCAD Lite 16.6 演示版，切记不要使用门电路元件库和锁存器元件库中的门极元件和触发器元件。此类元件不包含 PSpice 模型，所以不能进行仿真。16.6 完整版及其之后版本（17.2）中，数字门和触发器保存在于 dig_prim 库中，可用于电路仿真分析。

提示：

完整版软件和演示版软件中均包含 **eval** 元器件库，该元器件库包含通用标准模拟和数字半导体器件。

表 1.1 PSpice 快速放置元器件列表

元器件		Capture 库	仿真状态
数字器件			
门电路	AND（与门）、OR（或门）、NAND（与非门）、NOR（同或门）、XOR（异或门）、INV（非门）	dig_prim	√
触发器	D、JK、RS、T	dig_prim	√
A-D 转换器	8 位、10 位、12 位	breakout	√
D-A 转换器	8 位、10 位、12 位	breakout	√
分立器件			
	Diode、NPN、PNP、NPN Darlington（NPN 达林顿复合晶体管）、PNP Darlington（PNP 达林顿复合晶体管）、NMOS、PMOS、Power NMOS（功率 NMOS）、Power Diode（功率二极管）、N-JFET、P-JFET、IGBT、GAsFET	breakout·olb	√
	OpAmp	analog·olb	√
无源元件			
	R（电阻）、C（电容）、L（电感）、理想传输线、有损传输线、电位器、耦合器件	analog·olb breakout·olb	√ √
源			
受控源	VCVS（电压控制电压源）、VCCS（电压控制电流源）、CCVS（电流控制电压源）、CCCS（电流控制电流源）	analog·olb	√
电流源	AC（交流）、DC（直流）、pulse（脉冲）、sine（正弦）、exponetial（指数）、FM sine（调频正弦）	source·olb	√
电压源	AC（交流）、DC（直流）、pulse（脉冲）、sine（正弦）、exponetial（指数）、FM sine（调频正弦）	source·olb	√

1.4 PSpice 模型应用

通常利用模型编辑器创建新 PSpice 模型（参见第 16 章）。但是从 16.6 版本开始，PSpice 建模应用程序提供 Capture 快速建模方法。该应用程序通过 **Place** 菜单进行选择：**Place > PSpice Components > Modeling Applications**。

例如，创建 PSpice 电感模型时，从下拉菜单中选择 **Passives**，然后选择 **Inductor**（见图 1.16）。

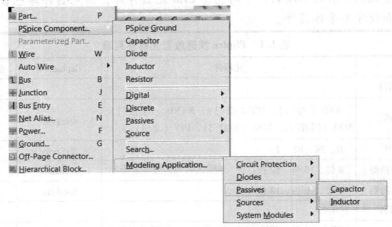

图 1.16　建立全新无源电感模型

然后添加制造商的电感参数数据，如容差、温度系数和寄生效应，具体如图 1.17 所示。

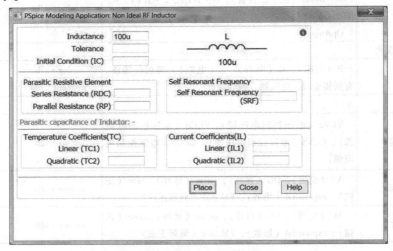

图 1.17　PSpice 电感模型应用

表 1.2 详细列出了使用 Capture 中 PSpice 建模应用程序所能建立的 PSpice 元器件。

表 1.2　利用建模应用程序所能建立的 PSpice 模型

元器件	模型类型	模型简介
电路保护二极管	瞬态电压抑制器	利用引线电感实现瞬态电压抑制
	齐纳二极管、LED	

（续）

元器件	模型类型	模型简介
无源元件	电容、电感	
信号源	独立源	脉冲、正弦、直流、指数、调频、脉动、三相、噪声
	分段线性源	电压、电流
系统模型	开关	时控、压控、流控
	变压器	双绕组、自定义抽头、中间抽头、反激、正激、具有复位绕组的正激
	VCO	正弦波、三角波、方波

提示：
选择 PSpice 建模应用程序中独立源的快捷键为 Shift – R。

1.5 设计模板

Capture 从 16.3 到 16.6 版本开始设计模板内容大大增加，包括完整的电子电路和电路拓扑的仿真文件，主要类型有模拟电路、数字电路、模 – 数混合电路和开关电源。创建新仿真项目时，可以通过图 1.18 所示的 **Create PSpice Project** 创建 PSpice 仿真项目窗口中的下拉菜单进行设计模板选择。

如图 1.19 所示为单开关正激变换器设计模板，其中包含原理图和文字说明。

图 1.18　可用设计模板

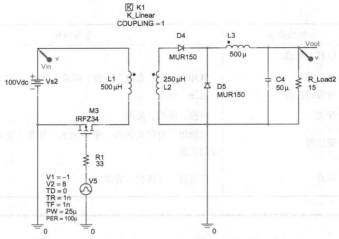

图 1.19　单开关正激变换器设计模板

1.6　设计实例

从 17.2 版本开始，可以通过 **Open Demo Designs** 窗口对已安装软件附带的所有类型设计实例进行访问。通过菜单 **File > Open > Demo Designs**（见图 1.20）可访问超过 150 个设计实例。

Name	Capture	CIS	PSpice	PSpiceAA	Allegro	Lite	Info
8-bit Analog to Digital converter	Y	N	Y	N	N	Y	
8-bit Digital to Analog converter	Y	N	Y	N	N	Y	
80C51 Board Schematic	Y	N	N	N	N	Y	
AC Analysis of RC circuit	Y	N	Y	N	N	Y	
ADC parameterizing circuit	Y	N	Y	N	N	Y	
Amplitude and Balanced Modulation	Y	N	Y	N	N	Y	
Analyzing Amplifier's Settling time	Y	N	Y	N	N	N	
BJT as a switch	Y	N	Y	N	N	Y	
BJT common base configuration circuit	Y	N	Y	N	N	Y	
BJT common emitter configuration circuit	Y	N	Y	N	N	Y	
BJT emitter follower circuit	Y	N	Y	N	N	Y	
Band pass filter	Y	N	Y	Y	Y	Y	
Basic Logic gates	Y	N	Y	N	N	Y	

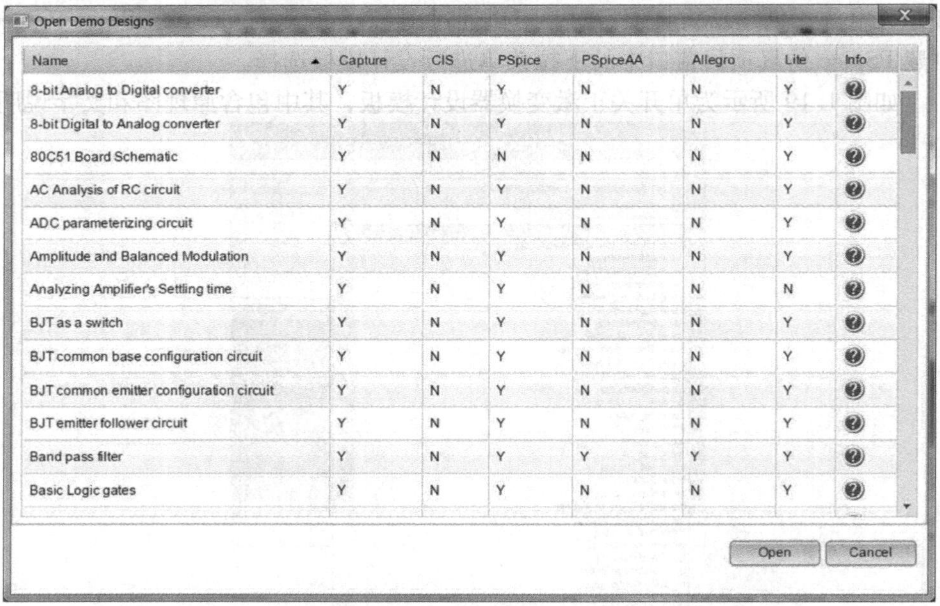

图 1.20　设计实例

上述设计为完整实际应用电路，包括电路计算和工作原理分析。

1.7 设计导出

从 Capture 16.3 版本开始可将原理图设计导出为带有可搜索文本文件功能的 PDF 文件。如果设计人员未安装 OrCAD 软件但已经安装 Adobe Reader，该功能将尤为实用。选择菜单 **File > Export > PDF** 可以导出 PDF 文件。

17.2 版本中的 PDF 导出功能可以生成智能 PDF 文件，实现导航分层设计、提供元器件和网络列表，并显示元器件属性。PDF 书签窗口包含原理图、元器件和网络列表。在选择元器件和网络名称时，相应元器件或网络名称将在设计原理图中突出显示。选择元器件或分层模块将会显示其附加属性。对于层模块，选择"**descend**"将会显示下层设计原理图。

导出智能 PDF 需要如下两个文件：Postscript（PS）驱动程序和 Postscript—PDF 转换器（PDD）。安装 17.2 版本时微软的 PS 驱动程序已经设置完成，并在"设备和打印机"列表中显示为 OrCADPS_17.2。如果未安装，使用"添加打印机向导"安装微软的 PS 驱动程序。

Devices and Printers > Add a printer

Add local printer > Create a new port > Local port

Enter a port name >（输入 OrCAD 或者其他名称）

Install the printer driver > Generic > MS Publisher Color Printer

Replace the current driver（如果需要）

Printer name >（输入 OrCADPS_17.2 或者其他）

Do not share this printer

Do not set as the default printer（取消复选框）

如果设置正确，OrCADPS_17.2 将添加至打印机列表。或者通过如下网址下载 Adobe Distiller PS 驱动程序。

(http://www.adobe.com/support/downloads/product.jsp?platform=windows&product=pdrv)。

建议从 Ghostscript 免费下载 PDD 转换器软件，地址如下：

https://ghostscript.com/download/. Acrobat Distiller 为另外一种 PDD 转换器，也可免费下载。

注意：

17.2 版本在安装过程中会自动安装微软 PS 驱动程序，该驱动程序在"设备和打印机"列表中命名为 OrCADPS_17.2，只需安装 PDD 转换器 Ghostscript 或者 Acrobat Distiller 即可。

当首次启动 **File > Export > PDF** 时，对话框提供指向在线 Ghostscript 转换器的链接。设计人员只需下载可执行文件，然后将其保存至指定路径即可。

也可使用其他 PDD 转换器，只需支持 pdfmark（书签）即可。

17.2 版本中的 Capture 设计文件可导出为单个 HTML 文件（**File > Export Design > HTML**），然后利用 Web 浏览器（如 Google Chrome）进行查看。文件导出时可选择所有或单个原理图和页面，具体如图 1.21 所示。

在 17.2 版本中，Capture 设计文件和库文件也可导出为 XML 文件形式，并且 17.2 版本还支持 XML 设计文件导入。

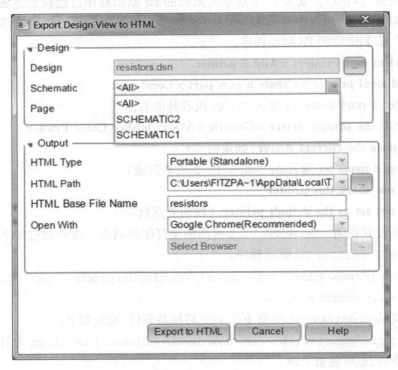

图 1.21 将 Capture 设计导出为 HTML 文件

1.8 设计工程保存

可以通过如下操作将设计项目及其所有相关文件和参考文件快速保存至其原始位置：**File > Save**、Control - S 或者单击"保存"图标。

项目管理器未处于活动状态时也可以在原理图页面中对设计项目进行保存。如果需要重命名项目或将项目保存至其他位置，可使用 **Save Project As** 命令 **File > Save Project As**。Save Project As 对话框允许重命名设计项目并且输入或浏览项目保存地址（见图1.22），

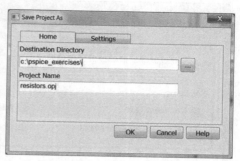

图1.22 将设计项目保存为其他名称或其他位置

但是需要激活 Project Manager（单击 dsn 文件）以使 Project Save As 命令在 File 菜单中可用。

项目管理器中的设计文件和所有元器件库均可使用 File 菜单中的 **Save As** 命令进行保存，也可单击鼠标右键（rmb）激活菜单，然后选择 Save As 进行保存。

1.8.1 设计保存

从 16.6 版本开始，未保存在设计项目中的电路图使用星号 * 进行标识。如图1.23所示，因为 RC 原理图中的 Page2 还未保存，所以原理图 **RC** 文件夹和设计文件 **rc.dsn** 均显示未保存。

图1.23 未保存的电路图以 * 标识

注意：

从 16.6 版本开始，不用对设计项目进行更新就可打开早期 OrCAD 版本创建的设计项目。仅在需要对设计项目进行保存时，会将其更新为 16.6 版本。

1.8.2 查找和替换文本工具

Capture 本身已经具有文本文件查找和替换功能（Edit > Replace），但 17.2 版本能够应用文本文件对全局名称、网络、端口、注释和页面连接器中的文本文

件进行查找和替换（见图 1.24）。输出报告提供文本类型及其位置等相关信息，但日志文件提供操作摘要。对整体设计或当前仿真页面进行搜索，然后从顶部工具栏选择 **Tools > Utilities > Find Replace Text** 对文本文件进行查找和替换。

图 1.24　查找并替换文本文件

1.8.3　密码保护

利用 Capture 17.2 版本创建的仿真项目可以通过使用密码进行保护，但会出现警告文字，即使 Cadence 也无法找回丢失的密码，只有 17.2 完整版具有该功能，演示版本无此功能。可以通过如下两种方式设置密码：**Design > Set Password** 或者在项目管理器中选中 dsn 文件，同时选择 **rmb > Set Password**，另外还可对密码进行删除和更改。

1.9　本章总结

如图 1.25 所示为 PSpice 项目管理器，里面详细列出了项目中的各种文件及仿真项目的检查结果，以保证仿真项目设置正确。一个常见的错误就是未选定所创建文件夹，以至于不能对其进行仿真设置（见图 1.4）。

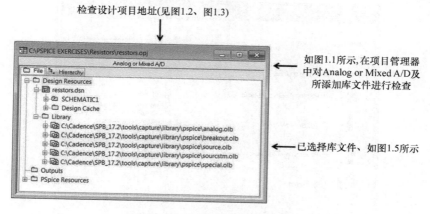

图 1.25　PSpice 项目管理器设置

创建项目时另一个常见错误为项目类型选择错误，例如，项目管理器中文件类型为 PCB 而非 Analog or Mixed A/D。解决此问题的方法如下：创建一个类型正确的新项目，将原项目管理器中的 .dsn 文件复制到新的项目管理器中。从 16.3 版本开始可以通过如下操作修改项目类型：选定项目管理器中的 **Design Resources**，然后通过单击右键 **rmb > Change Project Type** 进行项目类型修改，具体操作步骤如图 1.26 所示。

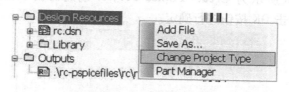

图 1.26　改变项目类型

1.10　本章练习

练习 1

按照第 1.2 节步骤建立新的 Pspice 仿真项目，命名为 **resistors**。该仿真项目将自动创建文件夹，例如 C：\ PSpice Exercises \ resistors，并且软件自动为该项目配置 5 个简单的默认元器件库。

1. 选择菜单 **File > New > Project** 建立新项目。在 **Name** 栏中输入 **resistors** 作为项目名称，然后选择 **Analog or Mixed A/D** 作为项目类型。最后在地址栏中

输入 C：\ PSpice exercises \ resistors 作为项目地址，设计人员也可以根据需求自己设定文件地址。具体设置如图 1.27 所示。

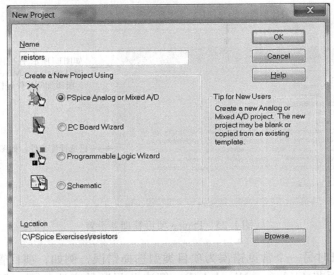

图 1.27　建立名称为 resistors 的 PSpice 仿真项目

注意：
设计人员利用 **Browse** 浏览按钮建立和命名项目文件夹。

2. 如图 1.28 所示为 **Create PSpice Project** 创建仿真项目窗口，选择 **simple.opj**，然后单击 OK 按钮进行确定。

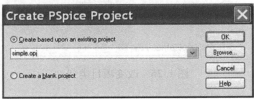

图 1.28　选择 simple.opj 项目模板

3. 接下来将出现如图 1.29 所示的项目管理器窗口。

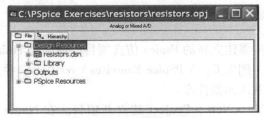

图 1.29　项目管理器窗口

4. 通过双击 **resistors.dsn** 对其项目文件进行展开，然后会出现如图 1.30 所示的 SCHEMATIC1 文件夹。

5. 双击 SCHEMATIC1 打开文件夹，然后双击 PAGE1 进入原理图页面（见图 1.31）。

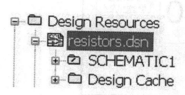

图 1.30　SCHEMATIC1 文件夹

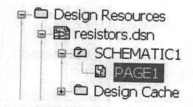

图 1.31　PAGE1 文件夹

6. 第一次打开原理图页面时将会看到预先放置好的文本文件和两个电压源。通过方框选定文本文件和电压源，然后按 Delete 键对其进行删除。

练习 2

绘制如图 1.32 所示的电阻网络。

1. 放置电阻步骤：选择菜单 **Place > Part**，然后从 analog.olb 库中选定 R 并对其进行左键双击，电阻将随光标移动至绘图页面。在早期版本中，可以通过单击 **OK** 按钮关闭放置元件窗口。从版本 16.0 开始，当左键双击某元件或者单击 **Place Part** 放置元件时，菜单将继续保持打开。当第一个

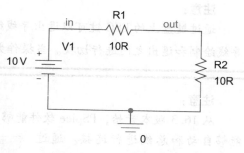

图 1.32　简单的电阻电路

电阻放置到原理图时，另一个电阻将马上出现在光标处等待继续放置。单击菜单 **rmb > Rotate** 或者按下键盘上的 R 键对电阻进行旋转并且放置第二个电阻。单击菜单 **rmb > End Mode** 或者按下 Esc 键退出放置元件功能。当选定某一元件时，可以通过右键单击菜单对其放置进行选择。P 为放置元件的快捷键，也可以通过放置元件图标对元件进行放置，不同软件版本的图标也不同，例如 或者 。

2. 对于电阻 R1 和 R2，双击其默认电阻值 1k，然后将其修改为 10R。

3. 从 source 库中选择电压源，并且放置到原理图中，然后修改其电压值为 10V。

4. 通过以下几种方式放置地符号：选择菜单 **Place > Ground**（或者按 G 键）、单击图标 或者 、从 capsym.olb 库中选择 0V 符号（见图 1.33）。

5. 通过选择菜单 **Place > Wire**（或者单击图标 或 ，或者按下快捷键

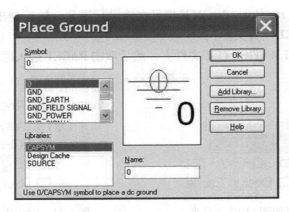

图 1.33 放置 0V 地符号

W)进行导线绘制。设计人员可以通过快捷键"I"和"O"对原理图分别进行放大和缩小。

注意:
通过键盘上的 ESC 键可以退出导线绘制模式,另外也可以通过 W 快捷键在导线绘制和退出之间进行切换。当操作失误时,通过撤销图标 进行恢复。

注意:
从 16.3 版本开始,PSpice 软件能够实现两点和多点之间的自动连线,并且能够自动和总线进行连接。通过菜单 **Place > Auto Wire > Two Points**(见图 1.34)或单击图标 可以实现点点之间的自动连线。左键单击第一个连接点,然后继续单击第二个连接点,两点就能实现自动连接。

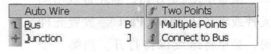

图 1.34 导线和总线的自动连接

6. Capture 能够实现导线节点的自动数字标识,但是默认情况下原理图上并不显示节点标识。然而,设计人员可根据实际意义对导线节点进行人工标识,例如,节点标识为 **input** 或者 **output**,当对电路的不同节点进行分析时非常实用。此类标识也被称为网络名,当对导线进行网络标识时首先选定需要标识的导线,然后通过菜单 **Place > Net Alias**(或者图标 N1 、 或者快捷键 N)进行标识。

7. 选择菜单 **File > Save** 对项目进行保存。

第1章 入门

注意：

多个元件可以重叠堆放在一起，当把它们分开时，各节点之间将会实现自动连线。如图 1.35 所示，在 **Options > Preferences > Miscellaneous > Wire Drag** 窗口中选定 **Allow component move with connectivity changes**，当元件移动到导线时就能实现元件节点和导线的自动连接。

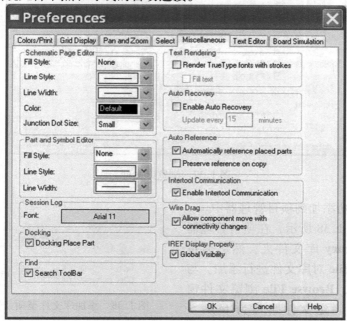

图 1.35　元件与导线自动连接设置

1.11　附加库文件练习

1. 选择 Place Part 放置元件菜单，将会打开放置元件窗口，然后单击图标 进行库文件的添加（见图 1.36）。在早期的版本中，只能通过 **Place Part** 窗口中的 **Add Library** 按钮进行库文件的添加（见图 1.10a）。

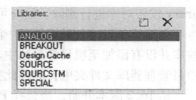

图 1.36　添加库文件

2. **Browse File** 浏览文件窗口（见图 1.37）将会打开。首先确定文件路径为 **tools > capture > library > PSpice**，然后选择 **ana_swit.olb** 元件库，最后单击 **Open** 打开按钮将库文件添加到仿真项目中。

3. 关闭 **Place Part** 放置元件窗口。可以通过对库文件的展开，确认所选库

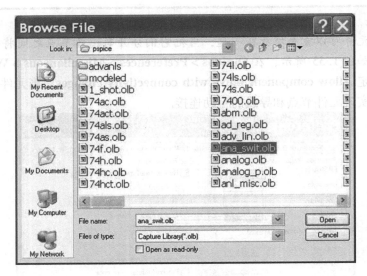

图 1.37 浏览库文件

文件是否成功添加到项目管理器中。

4. 如图 1.38 所示，在项目管理器中选择 **Library** 库文件夹，然后通过 **rmb > Add File** 对库文件进行添加。与步骤 2 一致，**Browse File** 浏览文件窗口被打开，确定文件路径为 **tools > capture > library > PSpice**，然后选择 **1_shot.olb** 元件库，最后单击 Open 打开按钮将库文件添加至仿真项目中。

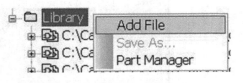

图 1.38 添加库文件至项目管理器

5. 打开 **Place Part** 放置元件窗口，确认 **1_shot.olb** 库文件是否添加至项目管理器中。

6. 在 **Place Part** 放置元件窗口中选定所有元件库，然后单击 **Remove Library** 按钮对库进行删除。这时可以确认一下哪些元件库仍然可用。

创建新项目时，早期项目中添加的库文件同样在新项目中可以使用，然而这些库并没有添加至项目管理器中。只有通过项目管理器添加的库文件才会添加至项目管理器库文件夹中，同样此类元件库也只能通过项目管理器进行删除。

从 16.2 版本开始，当选择 **Place Part** 放置元件时，菜单将会出现在原理图的右侧，这样将会减小原理图的可用页面。然而，在 **Place Part** 放置元件窗口的右上角有一个图钉图标（见图 1.39），通过选择该图标，可以对 Place Part 菜单进行有效的隐藏。如图 1.40 所示，当选择图钉图标时，Place Part 菜单将会消失，只留下字符 Place Part。当鼠标放置在 Place Part 窗口时菜单会再次出现，鼠标移开时菜单会继续隐藏，非常实用。

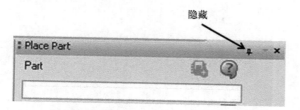

图 1.39　隐藏 Place Part 放置元件菜单

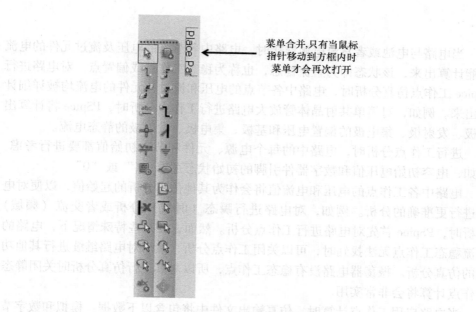

图 1.40　Place Part 放置元件菜单合并

第 2 章
直流工作点分析

当电路与电池或者直流电源连接时，电路中各节点的电压及流过元件的电流都能计算出来，该状态即为直流稳态，也称为稳态工作点或偏置点。对电路进行 PSpice 工作点仿真分析时，电路中各节点的电压和流过各元件的电流均被详细计算出来。例如，对简单共射晶体管放大电路进行工作点分析时，PSpice 将计算出基极、发射极、集电极的偏置电压和基极、集电极、发射极的静态电流。

进行工作点分析时，电路中的每个电源、元件和节点初始值都要进行考虑。例如，电容初始电压值和数字器件引脚的初始状态逻辑"1"或"0"。

电路中各工作点的电压和电流值将会作为其他仿真分析的起始值，以便对电路进行更准确的分析。例如，对电路进行瞬态（时域）分析或者交流（频域）分析时，PSpice 首先对电路进行工作点分析。然而，在某些特殊情况下，电路的直流稳态工作点无法找到时，可以关闭工作点分析，然后对电路继续进行其他功能的仿真分析。振荡器电路没有稳态工作点，所以对其进行仿真分析时关闭静态工作点计算将会非常实用。

当电路启用工作点计算时，仿真输出文件中将包含以下数据：模拟和数字节点电压值、电压源电流和功率值、所有元件的小信号参数。利用 PSpice 仿真设置可以对工作点输出信息进行取舍。

注意：
对电路进行工作点仿真计算时，所有电容均默认为开路，所有电感均默认为短路。

图 2.1 所示电路为 RC 电路，该电路以第 1 章的电阻电路为基础，但是增加了与电阻 R2 并联的电容 C1。首先绘制仿真电路图，然后通过顶部工具栏 **PSpice > New Simulation Profile** 对电路进行仿真设置。通过设置可对电路进行直流分析、交流分析、瞬态分析和工作点分析，通常情况下默认仿真类型为偏置工作点分析。

第 2 章 直流工作点分析

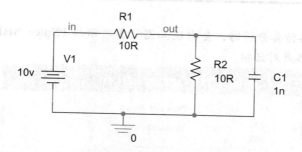

图 2.1　进行直流偏置工作点分析的 RC 电路

如图 2.2 所示，通常情况下电路的默认 PSpice 仿真类型为直流偏置工作点分析。本例采用默认仿真设置。

注意：

图 2.2 为最新版本 17.2 中偏置工作点仿真分析设置窗口，此时其具有与 HTML 一致的外观，但是功能不变。

通过选择菜单 **PSpice > Run** 或选择图标 ◉ 运行电路仿真分析。

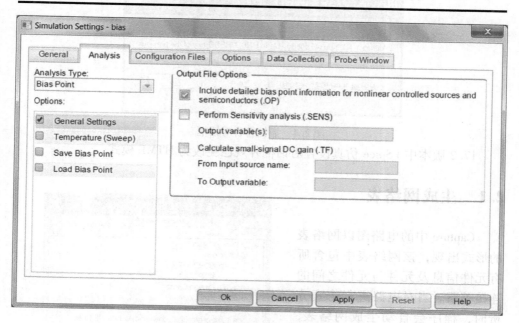

图 2.2　偏置工作点分析的仿真设置

注意:

当运行电路仿真分析时，会出现如图 2.3 所示的 **PSpice Netlist Generation** 生成 PSpice 网络表对话框。

图 2.3　生成 PSpice 网络表对话框

在早期版本中，当第一次运行电路仿真时，会出现如图 2.4 所示 **Undo Warning** 撤销警告对话框。该对话框提示设计人员将无法撤销或恢复以前的操作。只需选中 **Do not show this box again**（见图 2.4）不再显示此对话框，然后单击 **Yes** 按钮即可。

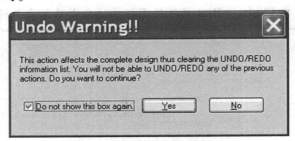

图 2.4　撤销警告对话框

17.2 版本中 PSpice 仿真设置对话框外观已更改为 HTML 模式。

2.1　生成网络表

Capture 中的电路图以网络表的形式出现，该网络表中包含所有元件信息及元件与元件之间的连接关系。当对电路进行仿真分析时，程序会自动生成网络表，并把该网络表保存在项目管理器的 **Outputs** folder 输出文件中（见图 2.5）。

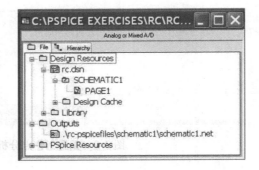

图 2.5　输出网络表保存位置

注意：

如图 2.5 所示，仿真电路图的默认名称为 **SCHEMATIC1**，所以其网络表的名称也为 schematic1.net。对原理图重命名时，首先选定 SCHEMATIC1，然后根据图 2.6 所示单击鼠标右键，然后选择 **Rename**，把原理图重命名为 RC。

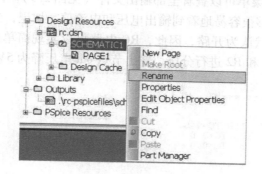

图 2.6 把 SCHEMATIC1 文件夹重命名为 RC

当运行电路仿真时，**rc.net** 网络表将出现在输出文件夹中，图 2.7 所示为原始的 **schematic1.net** 网络表和最新生成的 **rc.net** 网络表。需要注意的是 Capture 不区分大小写，所以任何以大写字母命名的原理图，其网络表都将以小写字母命名（见图 2.7）。

双击网络表名称打开文件，内容如图 2.8 所示。

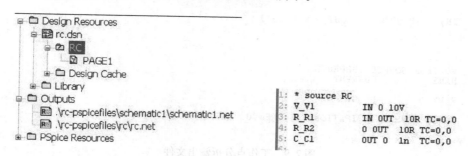

图 2.7 重命名 RC 原理图、生成 rc.net 网络表　　图 2.8 resistors.net 网络表内容

图 2.8 所示为原理图网络表，电阻 R1 连接于节点 IN 和 OUT 之间，阻值为 10Ω，温度系数为零（TC = 0）。V1 为电压源，连接于节点 IN 和 0V 之间，幅值为 10V。电阻的前缀 **R_** 表示该网络表为同级网络表，而不是层网络表。电阻特性和层电路将在第 20 章进行详细介绍。上述网络表详细定义 R1、R2 和 V1 之间的相互连接关系及各节点的网络名称。

当运行 PSpice 仿真分析时，PSpice 程序启动，仿真分析环境窗口出现。但是，当对电路进行直流工作点分析时，因为没有波形数据，所以不能进行图形绘制。然而，可以通过 **Output File** 输出文件或者原理图对计算结果进行查看，包括各元件的偏置电压、电流和瞬时功率。通过 Capture 或 PSpice 顶部工具栏中的 **View > Output File** 菜单可以查看全部输出文件（见图2.9）。因为每个网络节点均已命名，所以能够很容易地看到输出电压和电流值。切记，当电路进行直流工作点分析时，电容默认为开路，因此，RC 电路可以实现简单的分压功能，10V 直流电压由电阻 R1 和 R2 进行分压，输出节点 out 电压降为 5V。

```
**** INCLUDING RC.net ****
* source RC
V_V1          IN 0 10V
R_R1          IN OUT 10R TC=0,0
R_R2          0 OUT 10R TC=0,0
C_C1          OUT 0 1n TC=0,0

**** RESUMING bias.cir ****
.END

**** 05/15/11 11:03:59 ******* PSpice 16.3.0 (June 2009) ****** ID# 0 ********
** Profile: "RC-bias"  [ C:\PSPICE EXERCISES\RC\RC-PSpiceFiles\RC\bias.sim ]

****        SMALL SIGNAL BIAS SOLUTION         TEMPERATURE =  27.000 DEG C
*****************************************************************************

 NODE   VOLTAGE     NODE   VOLTAGE     NODE   VOLTAGE     NODE   VOLTAGE

(  IN)  10.0000   (  OUT)   5.0000


    VOLTAGE SOURCE CURRENTS
    NAME         CURRENT

    V_V1        -5.000E-01

    TOTAL POWER DISSIPATION    5.00E+00  WATTS
```

图2.9 工作点分析输出文件

注意：
进行网络命名时，Capture 不区分字母的大小写。

如图2.9所示，16.3版本具有一个新的功能，即在输出文件中利用颜色对不同语法进行区分，如文本、元件值、注释、表达式和关键词。如图2.10所示，通过菜单选项 **Options > Preferences > Text Editor** 可以对默认颜色进行更改。

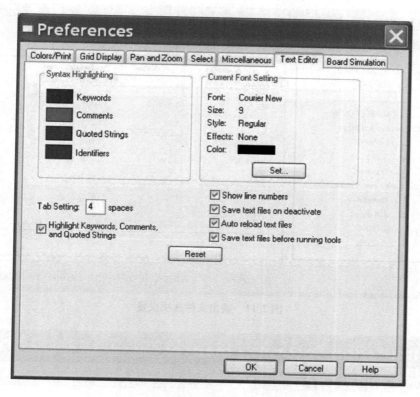

图 2.10 文本编辑器的默认颜色和字体设置

输出文件对仿真电路中出现的错误和警告也进行了详细的标注,尤其是进行错误查询时,上述标注将会显得更加实用。本章结尾将对输出文件操作进行练习。

如前所述,仿真输出文件提供了一个非常详细的电路分析报告,包括模拟和数字节点电压、流过元件的电流以及小信号参数列表。可以通过选项对工作点信息报告进行输出设置。在仿真设置窗口 **Category** 中选择 **Output file**,如图 2.11 所示,并且取消 **NOBIAS** 选项。选定 LIST 选项,输出文件将会列出电路中的所有元件、各连接节点值、参数值、模型型号等参数。图 2.11 中还列出了用于输出文件的其他选项。**Reset** 复位按钮将把所有选项恢复为默认设置。

图 2.12 为软件早期版本的仿真设置窗口。全新 17.2 版本仿真设置窗口的布局使得导航和访问所有选项更加便捷。

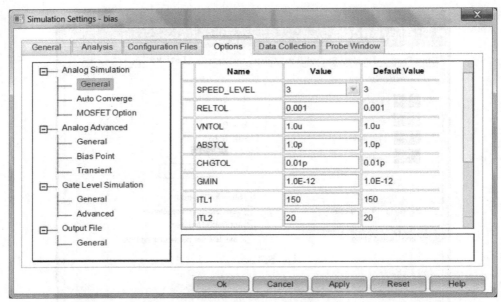

图 2.11 输出文件选项设置

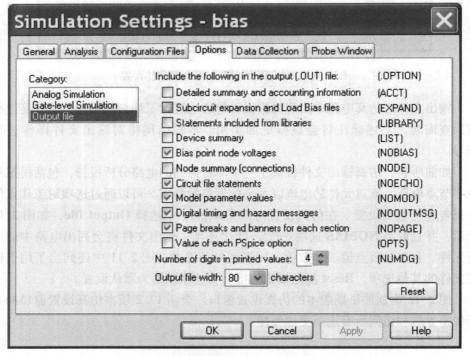

图 2.12 软件早期版本中输出文件选项设置

2.2 显示工作点数据

当电路运行仿真分析之后,各节点的偏置电压、电流和功率值都可以在原理图中进行显示。在 Capture 中,选择菜单 **PSpice > Bias Points > Enable** 或者通过工作点显示图标对以上信息进行显示,通过外观可知 16.3 版本的图标有所改变,如图 2.13 和图 2.14 所示。

图 2.13　16.3 以前版本工作点显示图标 　　　　图 2.14　16.3 版本工作点显示图标

图 2.15 显示出 RC 电阻电路的偏置电压、电流和瞬时功率。

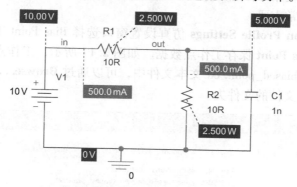

图 2.15　显示工作点电压、电流和功率

如图 2.16 所示,工作点数值的显示位数可以通过菜单 **PSpice > Bias Points > Preferences** 进行修改。到目前为止,数值的最高精度为 10 位。

可以对每个独立的工作点电压、电流或功率进行显示或者不显示。例如,当选定某条导线网络时,电压显示图标 将被激活,通过该图标可以设置其偏置电压显示或者不显示。

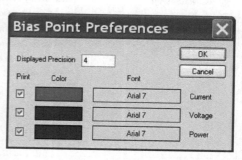

图 2.16　修改工作点数值精度显示

如果选定元件的某个引脚,电流显示图标 将被激活,通过该图标可以设置其偏置电流显示或者不显示。

如果选择某个元件,瞬时功率显示图标 将被激活,通过该图标可以设置其偏置功率显示或者不显示。

> **提示：**
> 当打开或者关闭工作点显示功能时，需要通过 F5 键对显示信息进行刷新。

2.3 保存工作点数据

对于庞大的复杂电路，PSpice 仿真需要耗费很长的时间，此时对工作点数据进行保存并且再利用将意义重大。如果使用保存的工作点数据，必须保证电路的网络表中的信息，例如各元件的连接等均未改变。同样，其他类型的仿真分析也可以利用工作点数据，但是必须保证电路进行再仿真时其网络表未发生任何改变。正确保存和使用工作点数据能够减少仿真运行时间。当仿真不收敛时保存工作点数据同样非常重要。

在 **Simulation Profile Settings** 仿真设置窗口选择 Bias Point 工作点分析，然后选择 **Save Bias Point** 保存工作点数据。如图 2.17 所示，工作点分析的详细数据保存在 saved_biased_point.txt 文本文件中，可以通过 **Browse...** 浏览按钮选择或者创建保存该文件的文件夹。

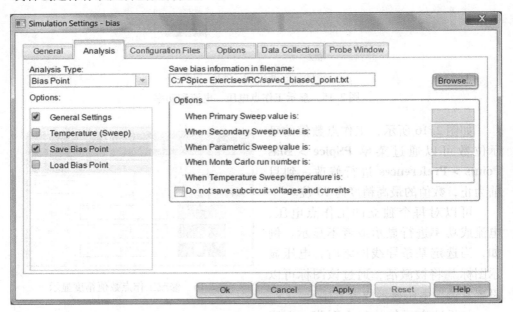

图 2.17 工作点设置

文本文件中保存的工作点数据主要包括：各节点电压值和电路中所有元件的

数字状态、总功率和电压源的电流、电路中所有元件的模型参数列表。

> **注意：**
> 保存工作点数据时建议所增加文件的扩展名为 .txt，如此便可通过 WordPad 或者 Notepad 等文字编辑器对其进行打开和浏览。

2.4 加载工作点数据

在仿真设置窗口中，可以通过 **Load Bias Point** 加载工作点数据选项对已保存的工作点数据进行加载。图 2.18 为选择以前保存的工作点数据对话框。工作点信息也可以保存并用于直流扫描和瞬态分析。

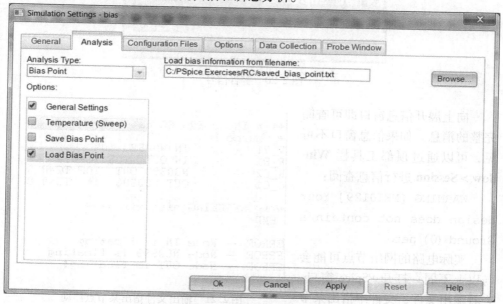

图 2.18　加载已保存的工作点数据对话框

2.5 本章练习

练习 1

1. 图 2.19 所示为 RC 电路，该电路以第 1 章的电阻电路为基础，增加电容 C1 与 R2 并联，电容选自 **analog** 库，容值为 1nF。

2. 删除 0V 符号，然后重新对电路进行仿真分析，将会出现如图 2.20 所示的警告信息，要求检查仿真状态记录，通常情况下仿真状态记录放置于 Capture

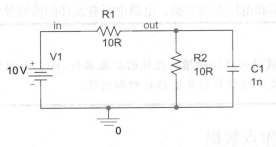

图 2.19　RC 电路

屏幕底部。

图 2.20　警告信号

向上展开信息窗口即可查阅完整的消息。如果信息窗口不可见，可以通过顶部工具栏 **Window > Session** 进行信息查阅：

WARNING [NET0129] Your design does not contain a Ground (0) net.

实际电路的网络节点可能会与以上不同。打开 PSpice 窗口，查看输出文件，文件中指出某节点浮动、未接地（见图 2.21）。

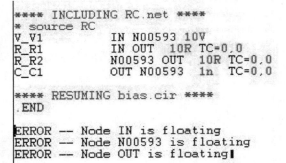

图 2.21　输出文件指出某节点浮动

3. 在 RC 电路中，重新连接地符号然后对电路进行仿真，此时仿真应该能够顺利进行，再无错误出现。

注意：

PSpice 能够自动为每条导线分配网络名称，除非设计人员对其进行手动命名。在上述输出文件中，每个节点都是浮动的，因为整个电路没有设置 0 节点。使用 PSpice 或者其他 Spice 仿真软件工具时，必须为电路设置 0V 节点，否则输出文件将会报告节点浮动，电路不能顺利进行仿真分析。

如图 2.22 所示，capsym 库中还包括其他的地符号。如果电路进行 PSpice 仿真，务必确保选择具有数字 0 标识的地符号。电路中只要有一个 0V 地节点即可，其他地符号可以放置于电路中体现与 0V 地节点之间的差异。

4. 通过选择菜单 **PSpice > New Simulation Profile** 或者单击图标 创建工作点仿真文件，在 **Name** 栏中输入 bias 作为仿真文件名称（见图 2.23），然后单击 **Create** 按钮创建仿真文件。

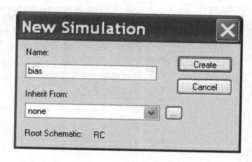

图 2.22　各种地符号　　　　图 2.23　创建工作点仿真文件

5. 当仿真文件同名时将会出现如图 2.24 所示的对话框，提示设计人员有相同名称的仿真文件已经存在。新仿真项目中已经包含默认名称为 bias 的工作点仿真文件。

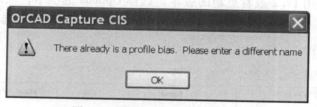

图 2.24　仿真文件同名时的提示

单击 OK 按钮进行确定，Capture 会自动将仿真文件命名为新名称 bias1（见图 2.25）。然后单击 **Create** 按钮创建工作点仿真文件。

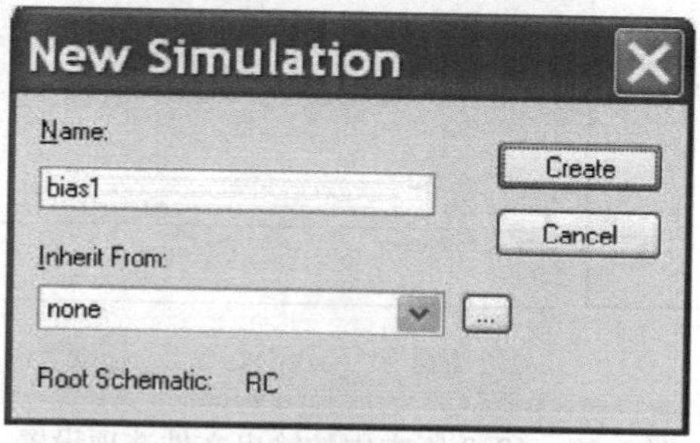

图 2.25　仿真文件名称自动更新为 bias1

6. 此时将出现图 2.26 所示的 17.2 版本的仿真设置窗口。如果未处于默认设置状态，在 **Analysis Type** 分析类型栏中选择 **Bias Point** 工作点分析，然后单击 **Apply** 按钮但不要退出仿真设置窗口。

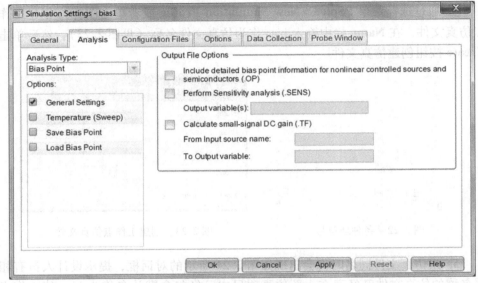

图 2.26　设置工作点仿真分析

7. 如果使用 17.2 或者更新的版本，选择 Options 选项卡，然后选择 **Output File > General**。如图 2.27 所示，取消 NOBIAS 选项并选定 LIST 选项。

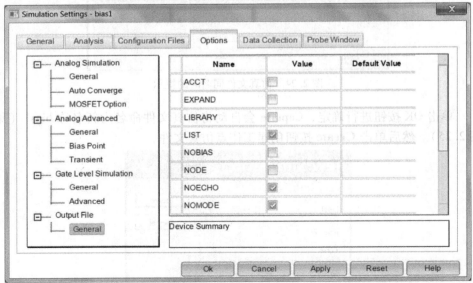

图 2.27　17.2 版本中的输出文件选项设置

如果正在使用17.2之前的版本,在 **Options** 选项卡中选择 **Output File** 输出文件并进行如下设置:取消 NOBIAS 选项,选定 LIST 选项,具体如图2.28所示,最后单击 OK 按钮进行确定。

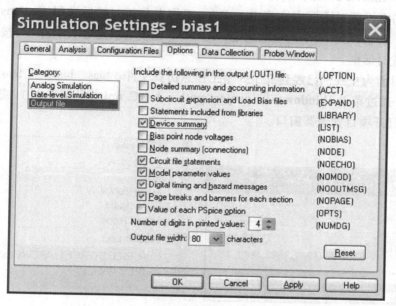

图 2.28 17.2 之前版本中的输出文件选项设置

8. 运行仿真程序。当仿真结束时,选择菜单 **View > Output** 查看输出文件。输出文件如图2.29所示,包括电阻、电容和电压源信息汇总,但是输出文件并未包含输出电压和电流信息。

```
****  RESISTORS

NAME              NODES       MODEL      VALUE        TC1         TC2         TCE
R_R1        IN     OUT                   1.00E+01
R_R2        0      OUT                   1.00E+01

****  CAPACITORS

NAME              NODES       MODEL      VALUE      In. Cond.    TC1         TC2
C_C1        OUT    0                     1.00E-09

****  INDEPENDENT SOURCES

NAME              NODES       DC VALUE   AC VALUE   AC PHASE
V_V1        IN     0          1.00E+01   0.00E+00   0.00E+00    degrees
```

图 2.29 输出元件信息汇总表

9. 创建新的 PSpice 仿真设置文件时可继承已有的仿真文件设置。在 **New Simulation** 新仿真文件窗口中输入 **bias2** 作为仿真文件名称,如图 2.30 所示单击下拉菜单 **Inherit From**,选择 RC – bias1,然后单击 **Create** 按钮创建新的仿真文件。在仿真设置对话框中选择 Bias Point 工作点分析,然后选择 **Options > Output file**,将会看到 LIST 选项被选定,NOBIAS 选项未被选定。单击 OK 按钮关闭仿真设置对话框。

到目前为止我们已经建立了 3 个工作点仿真文件:bias、bias1 和 bias2。

10. 通过菜单 Window > < project path > \ RC.opj(见图 2.31)或者图标 打开项目管理器窗口。

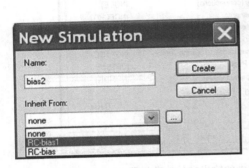

图 2.30 继承已有的仿真文件设置

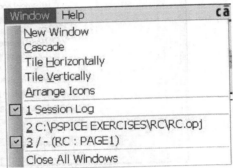

图 2.31 选择项目管理器

图 2.32 为 rc.dsn 项目管理器窗口。

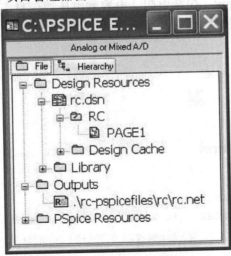

图 2.32 项目管理器窗口

11. 在项目管理器窗口中，展开 **PSpice Resources > Simulation Profiles** 仿真设置文件。如图 2.33 所示，项目管理器中列出 3 个已经创建的工作点仿真分析文件，同样图 2.34 所示的顶部工具栏下拉菜中也可以看到如下仿真文件：bias、bias1 和 bias2。

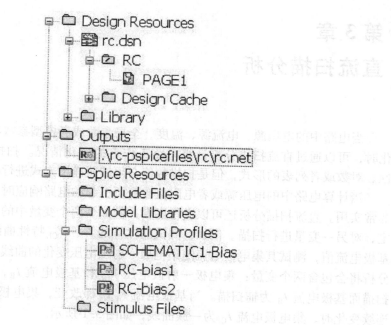

图 2.33 项目管理器中的工作点项目文件

在此项目中 bias2 被选中，项目管理器采用红色图标在其左侧进行标识，表示该文件为当前仿真文件或者处于激活状态。在项目管理器中通过 **rmb > Make Active** 对需要仿真的文件进行激活，以便 PSpice 对其进行仿真分析。

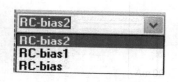

图 2.34 工作点仿真设置文件列表

12. 在图 2.34 所示的下拉菜单中选择 bias1，然后观察项目管理器中仿真设置文件的变化，可以看到此时 bias1 处于激活状态。

注意：

以上功能在不同仿真分析文件以及同一仿真文件不同的分析类型之间切换时非常实用。

第 3 章
直流扫描分析

当电路中的电压源、电流源、温度、全局参数或者模型参数在一定范围内变化时,可以通过直流扫描分析计算电路工作点的变化情况。扫描方式可以为线性、对数或者列表的形式,但是扫描数值必须按照递增方式进行改变。

当计算电路中的电压源或者电阻值改变所引起的电路响应时,直流扫描分析非常实用。直流扫描分析还可以进行嵌套,例如令两个变量中的某一变量的值固定,对另一变量进行扫描。例如,测试晶体管的 $I_C - V_{CE}$ 特性曲线时,对于每个基极电流值,测试其集电极电流随集电极—射极电压变化的曲线。这样直流扫描分析将会包含两个变量:集电极—射极电压 V_{CE} 和基极电流 I_B,其中,V_{CE} 为主扫描而基极电流 I_B 为辅扫描。当基极电流 I_B 阶梯改变,集电极—射极电压 V_{CE} 连续变化时,集电极电流 I_C 为一簇曲线,如图 3.1 所示。

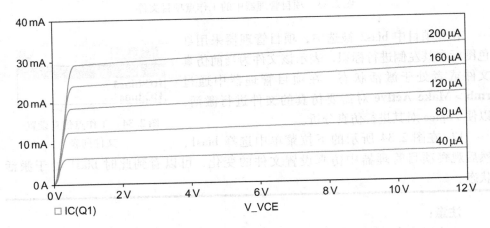

图 3.1 利用嵌套扫描对晶体管特性曲线进行仿真分析

3.1 直流电压扫描分析

与其他分析类型一致，对电路进行直流扫描分析时首先需要创建仿真设置文件。对电路进行直流扫描分析，选择菜单 **PSpice > New Simulation Profile** 创建仿真文件，然后在仿真类型对话框中选择 **DC Sweep** 直流扫描分析。选定 **Sweep Variable** 扫描变量为 **Voltage source** 电压源。**Name** 为扫描电压源的名称，对于下面实例，电压源名称为 **V1**。扫描类型为 Linear 线性扫描，起始值为 0V，结束值为 10V，步长为 1V。也可以在 **Value list** 列表中输入如下电压值 1 2 4 5 99 100 对电压源进行参数扫描分析，切记电压值必须按照递增顺序排列。

图 3.2 所示为直流线性扫描分析仿真设置对话框，对电压源 V1 进行线性扫描，起始值为 0V，结束值为 10V，步长为 1V。

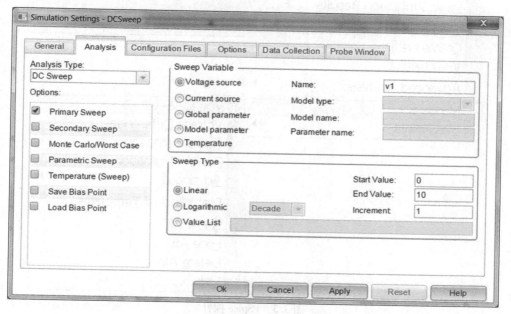

图 3.2　直流扫描分析仿真设置

注意：

可以根据设计人员的习惯对电压源进行重新命名，但是一定要确保电压源名称的首字母为 V，例如，电压源名称为 Vsupply。利用以上方法对其他元件进行命名，例如把负载电阻命名为 RL，这在对电路进行分析时更加有实际意义。

3.2 探针

PSpice 软件包含很多种探针，可以通过菜单选项对其进行调用。探针可以对节点电压值或者流过元件的电流值进行详细的记录。利用仿真数据，可以在 **Probe** 图形显示窗口对其进行波形显示。通过菜单选项 **PSpice > Markers** 可以添加探针。如图 3.3 所示为探针类型，主要包括电压探针、电流探针和差分探针。高级探针主要用于交流（AC）分析，本书第 4 章将对其进行详细讲解。

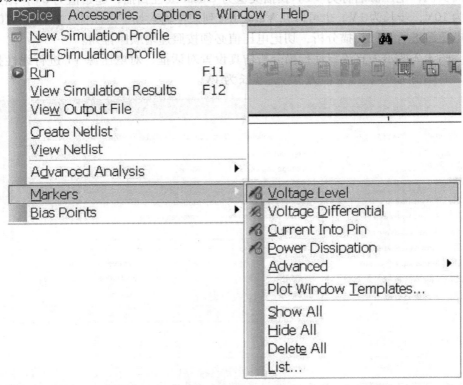

图 3.3 PSpice 探针

不同的 PSpice 版本的探针图标会有所不同，具体如图 3.4 所示，图 3.4a 为 16.2 版本的探针图标，图 3.4b 为 16.3 及其后期版本的探针图标，两者存在细微的差别。

将电压探针直接放置在导线上就能测试该导线的电压数据，但是电流探针必须放置在元件的引脚上才能采集流过该元件的电流数据。

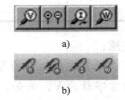

图 3.4 PSpice 不同版本的探针图标：
a) 16.2 版本　b) 16.3 版本

如果将电流探针放置在导线上而不是元件引脚上将会出现如图 3.5 所示的警告信息。在 PSpice 软件中，元件引脚和导线采用不同的颜色，而且在 16.3 版本中元件引脚看上去比导线更加细薄。放置功率探针时，务必将探针放置在元件体上。

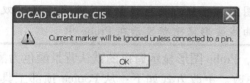

图 3.5　警告信息：电流探针不允许放置在导线上

注意：
对电路进行仿真之后才能放置探针，否则探针无数据输出。常见错误为先放置探针，然后对电路进行仿真设置，当设置完成后探针会消失。

如图 3.6 所示的电阻电路中，在节点 in 和 out 处增加两个电压探针以记录其电压值。当仿真结束后，在图形显示窗口中将会自动出现节点 **in** 和节点 **out** 的电压波形。

仿真运行时，**Probe** 图形显示程序会自动启动，并且对节点 **in** 和节点 **out** 两节点的电压波形进行显示。x 轴为扫描电压 V（in），y 轴为仿真结果 V（out）。如图 3.6 和图 3.7 所示，当电路中放置多个探针时，其波形颜色与探针颜色一致。

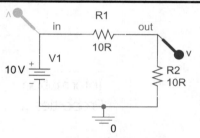

图 3.6　添加两个电压探针

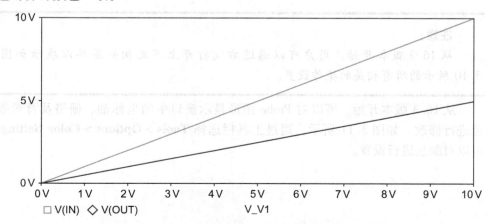

图 3.7　节点 in 和节点 out 处的电压波形

注意：

第一次放置探针时，探针的初始颜色为灰色。运行电路仿真分析后，探针的颜色将会改变，并且 Probe 中图形的颜色与探针颜色一致。当在 Probe 中删除某条曲线时，原理图上该探针的颜色将会变为灰色。通过双击该探针，探针颜色将会恢复，并且曲线波形将重新显示在 Probe 中。

在 16.3 版本中，Probe 图形显示窗口的默认背景颜色为黑色，用户可以根据设计要求对其进行更改。更改方式如下：从 PSpice 顶部工具栏选择 **Tools > Options > Color Settings**。

在 16.2 版本中，通过 **rmb > Properties** 可以对波形颜色进行修改，如图 3.8 所示；而在 16.3 版本中则通过 **rmb > Trace Property** 对其颜色进行设置。如图 3.9 所示，虽然不同版本操作略显不同，但是 **Trace Properties** 波形属性对话框却完全一致。

图 3.8 PSpice16.2 版本中波形选择

图 3.9 改变波形属性对话框

注意：

从 16.3 版本开始，用户可以通过右键打开上下文相关菜单以展示如图 3.10 所示的所有相关的操作设置。

从 16.3 版本开始，可以对 Probe 图形显示窗口中的坐标轴、栅格及背景颜色进行修改。如图 3.11 所示，通过工具栏选择 **Tools > Options > Color Settings** 可以对颜色进行设置。

```
Add Trace
Add Plot
Add Y Axis
Delete Plot
Delete Y Axis

Log X
Log Y
Fourier

Zoom In
Zoom Out
Zoom Area
Zoom Fit

Cursor On
Paste
Mark Data Point
Add Text Label

Trace Information
Trace Property
Copy to Clipboard
Hide Trace
Show All Traces
Hide All Traces
```

图 3.10　波形菜单选项

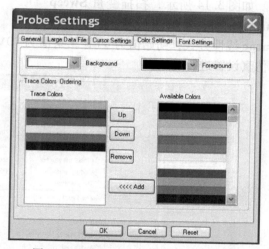

图 3.11　更改 Probe 图形显示窗口颜色

3.3　本章练习

练习 1

如图 3.12 所示的电阻网络为电压分压器，其输出电压与输入电压之比为

$$\frac{V_{\text{out}}}{V_{\text{in}}} = \frac{R1}{R1+R2} \quad (3.1)$$

计算得

$$V_{\text{out}} = V_{\text{in}}\frac{R1}{R1+R2} \quad (3.2)$$

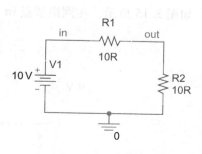

图 3.12　电阻网络

通过式（3.2）可知，输出电压值由电阻 R1 和 R2 之比决定。当电阻 R1 = R2 时，输出电压等于输入电压的一半。

1. 按照图 3.12 绘制电阻电路的仿真原理图，然后如图 3.13 所示选择 **Place > Net Alias** 对节点进行命名。

2. 通过选择菜单 **PSpice > New Simulation Profile** 创建 PSpice 仿真文件，在设置对话框中选择分析类型 **Analysis Type** 为 **DC Sweep** 直流扫描分析。如图 3.14 所示，扫描变量 **Sweep Variable** 为电压源 V1，扫描方式为 **Linear** 线性方式，初始值为 0V，结束值为 10V，步长为 1V。然后单击 OK 按钮对仿真设置进行确定。

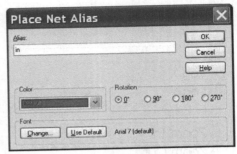

图 3.13 放置网络节点

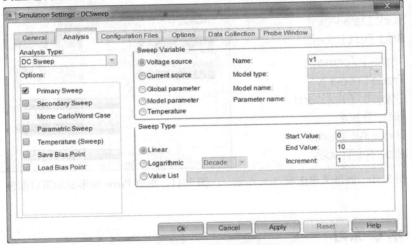

图 3.14 直流扫描仿真分析设置

3. 如图 3.15 所示，在网络节点 **in** 和节点 **out** 处放置电压探针。

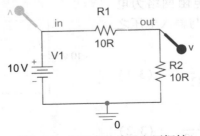

图 3.15 在节点处放置电压探针

4. 单击图标 ▶ 运行仿真。

5. 运行 PSpice 仿真，在 Probe 图形显示窗口中将输出 V（in）和 V（out）两条曲线的波形。从图 3.16 可以看出，波形颜色与图 3.15 中探针的颜色一致。本电路为分压电路，输出电压值为输入电压值的一半。

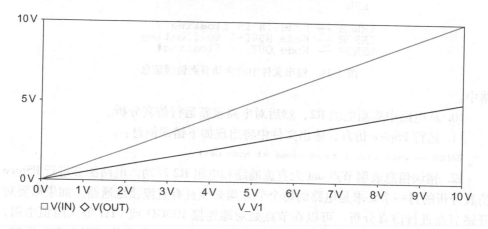

图 3.16 对电阻电路的输入电源 V_{in} 进行直流扫描分析时电路的输出电压特性

6. 删除接地符号，然后重新对电路进行仿真，将会出现如图 3.17 所示的警告信息对话框，以提示仿真人员对状态记录进行检查。

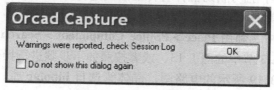

图 3.17 警告信息

7. 状态记录通常显示在屏幕下方。如果未显示，可以通过顶部工具栏菜单 **Window > Session Log** 进行设置，警告信息显示如下：

WARNING [NET0129] Your design does not contain a Ground (0) net.

8. 在如图 3.17⊖ 所示的警告信息对话框中单击 **OK** 按钮，运行 PSpice 仿真。如果未能显示输出文件，通过选择菜单 **View > Output File** 对其进行显示。输出文件如图 3.18 所示，但是相同电路的网络节点编号可能会不同。第 2 章对删除 0V 接地符号的影响进行了详细的讲解，在此还要强调指出，如果电路需要进行仿真计算，0V 节点必不可少，否则电路节点将被认为浮动，电路仿真不能进行。

9. 通过菜单 **Place > Ground** 或者快捷键 G 选择 0V 符号，重新连接到电

⊖ 原书为 3.15，出现错误。——译者注

```
* source RC SWEEP
V_V1         IN N00555 10V
R_R1         IN OUT    10R TC=0,0
R_R2         N00555 OUT 10R TC=0,0

**** RESUMING "DC Sweep.cir" ****
.END

ERROR -- Node IN is floating
ERROR -- Node N00555 is floating
ERROR -- Node OUT is floating
```

图 3.18 输出文件中的浮动节点错误信息

路中。

10. 从电路中删除电阻 R2，然后对电路重新运行仿真分析。

11. 运行 PSpice 仿真，输出文件中将出现如下错误信息：

```
ERROR -- Less than 2 connections at node out
```

12. 错误信息表明节点 out 无直流通路和电阻 R2 浮动。电路能够进行 PSpice 仿真分析的另一个要求是电路的每个节点均必须具有直流接地通路。如果需要对开路节点进行仿真分析，可以在节点处对地连接 100GΩ 或 1TΩ 等大阻值电阻，以提供直流接地通路，由于电阻阻值非常大，对直流工作点分析不会产生影响。同样的，可以通过阻值为 1μΩ 或者更小的电阻等效短路功能。

练习 2

利用直流嵌套扫描分析对晶体管特性曲线进行显示。设置电压源 V_{CE} 为主扫描，基极电流为辅扫描。

在 17.2 版本中，利用 **Place > PSpice Component > Search** 搜索 Q2N3904 晶体管，具体见 1.3.3 节中的图 1.13，或者按照如下步骤进行操作：

1. 绘制如图 3.19 所示的电路图。晶体管选自 **bipolar** 库。如图 3.20 所示，

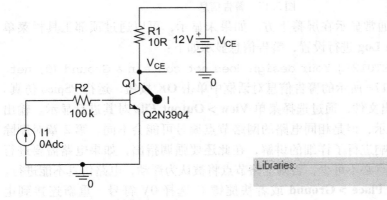

图 3.19 晶体管电路   图 3.20 添加库文件

在 **Place Part** 放置元件菜单中选择 **Add Library** 添加库文件图标 ▢，或者与旧版本一致，通过单击 Add Library 对元件库进行添加。

图 3.21 所示为库文件浏览窗口。在库文件中选择 BIPOLAR.OLB 然后单击 **Open** 按钮对该库文件进行添加。

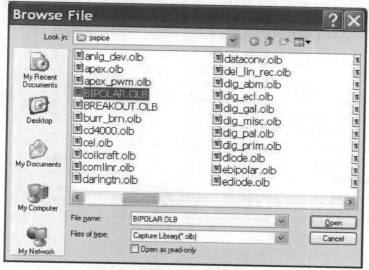

图 3.21 PSpice – Capture 库文件

2. 双极型晶体管 bipolar 库已经添加到 Place Part 放置元件菜单中。如图 3.22 所示，选定 bipolar 库，然后在元件名称栏中输入 Q2N3904（不区分大小写），通过双击 Q2n3904 晶体管使其放置到原理图绘制界面中。

注意：

OrCAD 演示版元件库中包含 Q2N3904 晶体管。

3. 按照如上步骤放置图 3.19 中的其他元件。直流电流源 idc 选自 **source** 库。

4. 对电路进行直流嵌套扫描分析，电压源 V_{CE} 为主扫描、基极电流为辅扫描。

5. 通过选择菜单 **PSpice > New Simulation Profile** 创建仿真设置文件，在设置对话框中选择分析类型 **Analysis Type** 为 **DC Sweep** 直流扫描分析。**Primary Sweep** 默认为主扫描，扫描变量

图 3.22 选择 Q2N3904 晶体管

Sweep Variable 为电压源 V_{CE}，扫描方式为 **Linear** 线性方式，初始值为 0V，结束值为 12V，步长为 0.1V（见图 3.23）。然后单击 Apply 应用按钮对仿真设置进行确定，但是不要退出仿真设置。

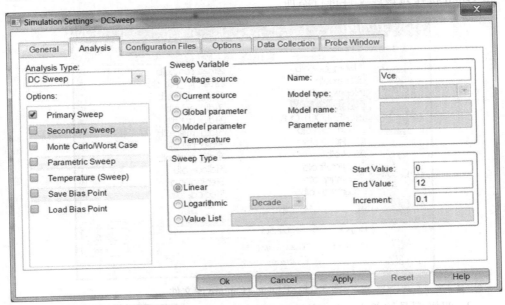

图 3.23 直流主扫描设置

6. 在 **Options** 栏中选择 **Secondary Sweep**。**Sweep Variable** 扫描变量为电流源 I1。**Sweep Type** 扫描类型为 **Linear** 线性扫描，起始值为 40μA，结束值为 200μA，步长为 40μA。确保选中辅扫描 **Secondary Sweep** 复选框，然后单击 OK 按钮对仿真设置进行确认，具体如图 3.24 所示。

7. 在晶体管的集电极引脚放置电流探针，然后对电路运行仿真分析。

8. 晶体管的特性曲线如图 3.25 所示。

9. 选择菜单 **Plot > Axis Settings > YAxis** 对 Y 轴进行设置，**Data Range** 选择 **User Defined**，范围从 0~40mA。然后单击 OK 按钮查看显示图形变化。

10. 选择菜单 **Plot > Axis Settings > YGrid** 对 Y 轴栅格进行设置，取消 **Automatic** 自动设置，并设置主栅格间距为 10m。然后单击 OK 按钮查看显示图形变化。

11. 选择菜单 **Plot > Axis Settings > XGrid** 对 X 轴栅格进行设置，主栅格和辅栅格均设置为 **None**。然后单击 OK 按钮查看显示图形变化。

12. 选择菜单 **Plot > Axis Settings > YGrid** 对 Y 轴栅格进行设置，主栅格和辅栅格均设置为 **None**。然后单击 OK 按钮查看显示图形变化。

第 3 章 直流扫描分析

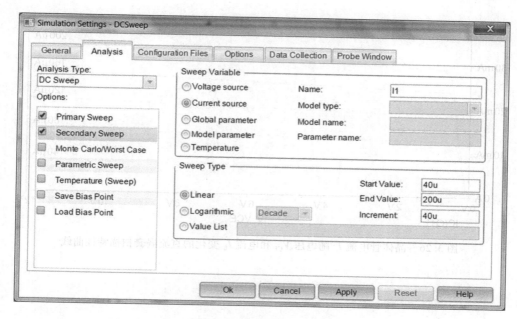

图 3.24 直流辅扫描设置

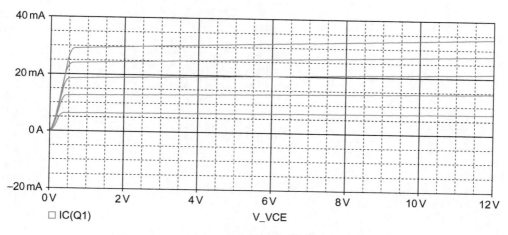

图 3.25 通过嵌套扫描分析得到晶体管的特性曲线

13. 选择菜单 **Plot > Label > Text** 输入文字，设置字体颜色为银色，然后添加晶体管基极电流，波形如图 3.26 所示。

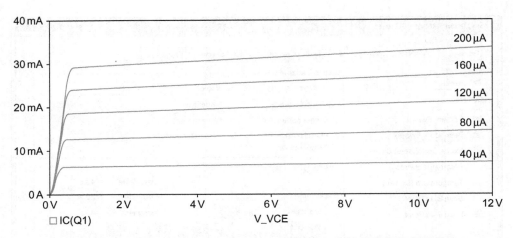

图 3.26 晶体管电流 I_c 随电压 V_{CE} 和电流 I_b 变化的直流嵌套扫描特性曲线

第 4 章 交流分析

通过对交流源的频率进行扫描，可以实现对电路的交流分析，以计算电路的频率和相位响应。交流扫描分析也是线性分析，首先利用线性模型对非线性模型进行等效，然后在一定范围内对电路的频率响应进行计算。对电路进行交流分析之前首先对其进行直流工作点分析，然后利用所得数据在直流工作点附近对电路进行线性化处理。务必注意，交流分析不考虑阶跃响应等因素的影响，如果需要对其进行测试，可以运行瞬态仿真分析。

进行交流分析时，独立的电压源 V_{AC} 或电流源 I_{AC}（见图 4.1a）均选自 source 元件库。但是，任何具有交流 AC 属性的独立电压源均可作为电路的输入。如图 4.1b 所示为电压源 V_{AC} 的属性编辑器对话框，通过该对话框对其属性进行修改。

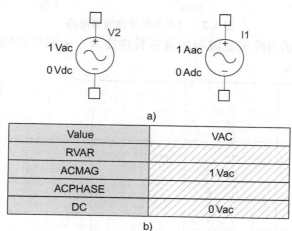

图 4.1 独立源 V_{AC} 和 I_{AC}

a) 元件符号 b) V_{AC} 属性

默认情况下，独立电压源 V_{AC} 的幅度为 1V。对电路进行频率响应计算时，通常希望求得电路的增益（幅频）和相频特性。因为电路的增益为 V_{out} 与 V_{in}

的比值,所以当输入电压 V_{in} 设定为 1V 时,电路的增益即为输出电压 V_{out}。

4.1 仿真参数设置

以陷波滤波器为例,利用交流分析计算电路的频率响应。陷波滤波器用来对某一不需要的窄带频率进行衰减,例如对导致音频放大器产生"嗡嗡"声的频率进行去除。图 4.2 所示为常用的双 T 型陷波滤波器电路,其陷波频率计算公式如下:

$$f_o = \frac{1}{2\pi RC} \tag{4.1}$$

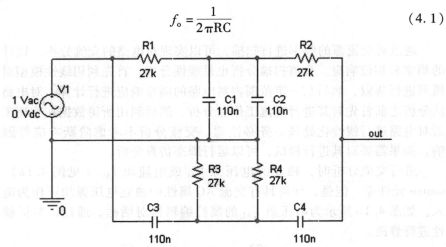

图 4.2 双 T 型陷波滤波器电路

如图 4.3 所示为陷波滤波器的幅频特性曲线,由图可得陷波频率为 53Hz 时,衰减 -60dB。

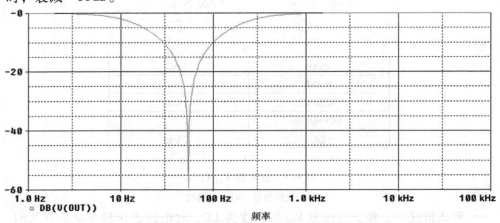

图 4.3 陷波滤波器幅频特性曲线

通过菜单选择 **PSpice > New Simulation Profile** 创建交流分析仿真设置文件。如图 4.4 所示，**Analysis Type** 分析类型为 **AC Sweep/Noise** 交流扫描/噪声分析，频率采用对数方式，从 1Hz 扫描至 100kHz。交流分析包含两种频率扫描方式：线性扫描和对数扫描，其中对数又分为十倍频或者八倍频率扫描方式。扫描设置时一定要注意：如果选用线性扫描，**Total Points** 总扫描点数为全频率范围内的扫描点数；如果选用十倍频对数扫描，**Total Points** 总扫描点数为十倍频范围的扫描点数。

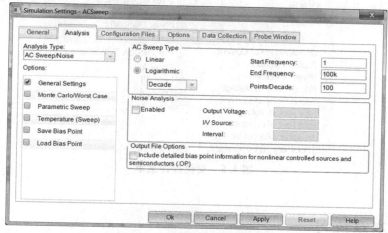

图 4.4　交流扫描仿真分析设置

注意：

仿真设置时容易把线性扫描的总扫描点数和对数扫描的十倍频（或八倍频）扫描点数混淆。如果在整个频率设置范围内的总扫描点数为 10，交流分析波形将产生严重变形。检查交流扫描仿真设置，选择正确的扫描方式：线性或者对数。另一个常见的错误为将 megahertz，即 MHz 写为 mHz（毫 Hz），PSpice 不区分大小写，会把 MHz 误认为 mHz（毫 Hz）。通常将 megahertz（兆 Hz）写成 megHz 或 MEGHz 或 10E6Hz。输入时单位 Hz 可以省略，例如 100megHz 可以写为 100meg。

4.2　交流探针

图 4.5 所示为 PSpice 仿真软件中交流探针的所在位置，通过选择菜单 **PSpice > Markers > Advanced** 对其进行选择和放置。利用这些交流探针可以显示曲线分贝幅度、相位、群延迟及电压和电流的实部与虚部。例如，利用这些探针的合理组合绘制伯德图和奈奎斯特曲线。

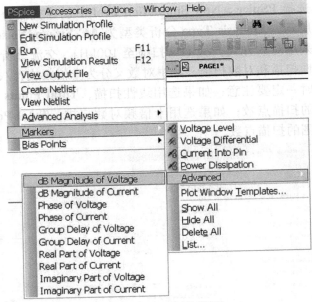

图 4.5 交流探针菜单

4.3 本章练习

练习 1

如图 4.6 所示为无源双 T 型陷波滤波器。对电路进行交流扫描分析,绘制其幅频特性曲线。

1. 绘制如图 4.6 所示的陷波滤波器电路。独立电流源 V_{AC} 选自 **source** 元件库。

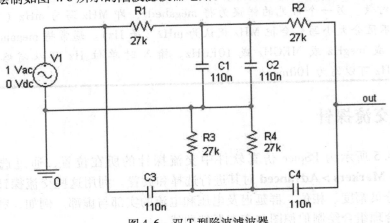

图 4.6 双 T 型陷波滤波器

2. 如图 4.7 所示，创建 PSpice 仿真设置文件：交流扫描分析，对数扫描方式，扫描频率从 1Hz 至 100kHz，每十倍频扫描点数为 100。

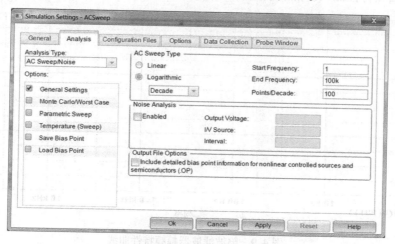

图 4.7　交流扫描分析仿真设置

3. V_{dB} 电压探针能够自动计算输出电压的分贝值。如图 4.8 所示，通过选择菜单 **PSpice > Markers > Advanced > dB Magnitude of Voltage** 放置分贝电压探针。

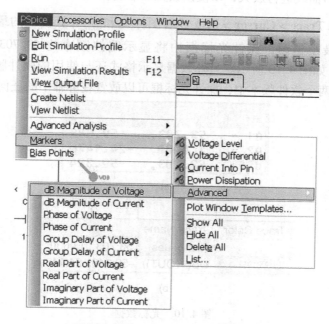

图 4.8　添加 dB（分贝）电压探针

4. 首先运行电路仿真，屏幕图形显示界面将会输出如图4.9所示的陷波滤波器的幅频特性曲线。然后利用该曲线计算陷波器最低点的频率值。

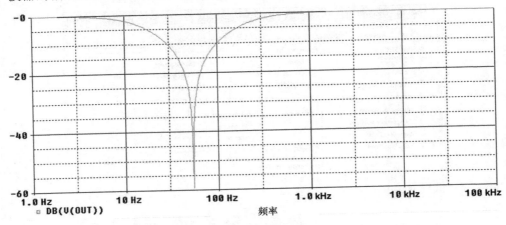

图4.9 陷波滤波器幅频特性曲线

5. 选择菜单 **Trace > Cursor > Display** 或者图标、打开光标，然后将光标置于陷波曲线的底部。通过菜单 **View > Zoom > Area** 或者图标对曲线进行放大，以便读数更加准确。

利用菜单 **Trace > Cursor > Min** 或者图标和计算曲线的最小值。计算陷波曲线的最小值时，探针光标框中将显示陷波频率为53.703Hz，衰减为 −59.348dB，如图4.10所示。另外数据显示格式还与使用的软件版本有关，在16.2和16.3两个软件版本中，探针光标框可以放置在屏幕中的任何区域。

```
Probe Cursor
A1 =    53.703,    -59.348
A2 =    1.0000,    -24.147m
dif=    52.703,    -59.324
```

a)

Trace Color	Trace Name	Y1	Y2
	X Values	53.703	1.0000
CURSOR 1,2	DB(V(OUT))	−59.348	−24.148m

b)

图4.10 光标数据
a) 16.2版本 b) 16.3版本

6. 选择菜单 **View > Zoom > Fit** 或者图标对屏幕图形显示进行还原。在屏幕底部选定曲线名称，然后通过选择菜单 **Trace > Delete all Traces** 或者单击键盘上的 **Delete** 删除键对曲线进行删除。现在，我们手动添加输出电压 V（out）的波形曲线。

7. 选择菜单 **Trace > Add Trace** 或者单击图标将出现如图 4.11 所示的 **Add Traces** 添加曲线对话框。

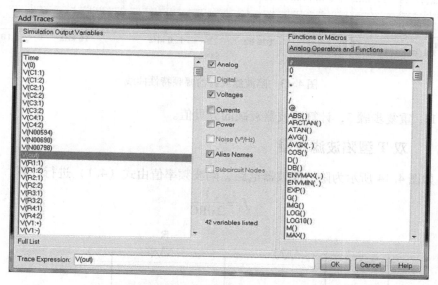

图 4.11 添加曲线对话框，包括输出变量列表、数据类型选择和各种函数

8. 在 **Add Traces** 添加曲线对话框中，显示电路中所有节点和元件的数据。在 **Simulation Output Variables** 仿真输出变量列表中取消 **Currents** 电流和 **Power** 功率复选框，通过下拉条使输出变量列表向下滚动，选择 V（out），然后单击 OK 按钮进行确定。

9. V（out）曲线将会出现在屏幕显示窗口中，但是，我们需要曲线进行电压分贝显示。选择曲线名称 V（out）然后单击 Delete 删除键对该曲线进行删除。

10. 选择菜单 **Trace > Add Trace** 将会出现 **Add Trace** 添加曲线对话框，在对话框右侧 **Analog Operators and Functions** 栏中选择 DB（）。与前面操作一致，在 **Simulation Output Variables** 仿真输出变量栏中选择 V（out），然后在屏幕图形显示窗口底部表达式框中将会出现 DB（V（out））。DB 函数将自动对 V（out）进行分贝计算，如图 4.12 所示。

图 4.12 V（out）转化为 dB（分贝）

单击 OK 按钮，将会得到如图 4.13 所示的波形曲线。

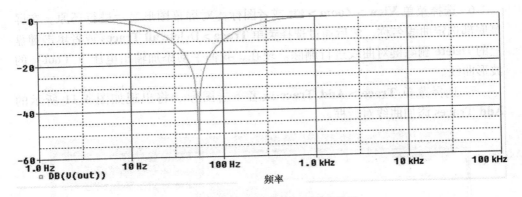

图 4.13 陷波滤波器的幅频特性曲线

11. 重复步骤 5，计算陷波器衰减的分贝值。

4.3.1 双 T 型陷波滤波器

如图 4.14 所示为陷波滤波器电路，陷波频率值由式（4.1）进行计算：

$$f_o = \frac{1}{2\pi RC}$$

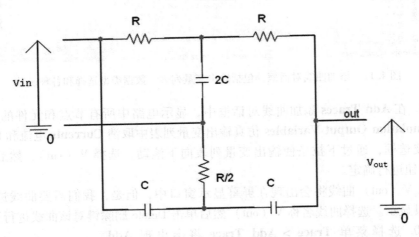

图 4.14 双 T 型陷波滤波器电路

假设图 4.14 中的所有电阻值一致，所有电容值一致，改进后的电路如图 4.15 所示。

两电容的并联电容值为 $C_P = C + C = 2C$

两电阻的并联电阻值为 $R_P = \dfrac{R \times R}{R + R} = \dfrac{R}{2}$

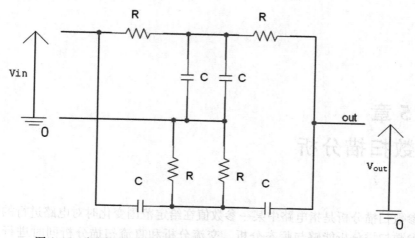

图 4.15 相同电阻值和相同电容值构成的双 T 型陷波滤波器电路

上述计算结果与图 4.14 所示电路完全一致。

如图 4.6 所示的陷波滤波器电路中，电阻 $R = 27\text{k}\Omega$、电容 $C = 110\text{nF}$。利用式（4.1）计算陷波频率值：

$$f_o = \frac{1}{2\pi RC}$$

$$f_o = \frac{1}{2\pi \times 27 \times 10^3 \times 110 \times 10^{-9}} = 53.6\text{Hz}$$

第 5 章
参数扫描分析

参数扫描分析是指电路中某一参数值在给定范围变化时对电路进行的特性分析。参数扫描分析能够与瞬态分析、交流分析和直流扫描分析同时进行。电压源、电流源、温度、全局参数或者模型参数都可以进行参数扫描分析。参数变量通过 **special** 元件库中的 **PARAM** 元件进行设置，全局参数变量可以通过数学表达式和参数变量的组合形式进行设置。通过对 **PARAM** 元件属性编辑器进行设置，可以添加

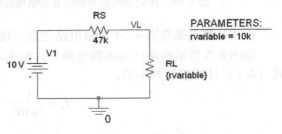

图 5.1　全局变量参数定义

新的全局变量。例如图 5.1 所示的电阻电路中，把电阻 RL⊖阻值更改为 {rvariable}，同样也可以根据设计要求对其进行其他命名。PSpice 软件通过大括号 { } 对全局参数变量进行定义。

PARAM 元件的名称为 **PARAMETERS**：包含定义变量名称及其默认值列表。在这种情况下，如果电路不进行参数扫描分析，RL 的默认值为 10kΩ。

5.1　属性编辑器

如上所述，在 **PARAM** 元件属性编辑器中，通过增加新属性对全局参数变量进行名称和默认值的设置。**PARAM** 元件属于 **special** 元件库，可以放置在原理图的任何地方。通过双击 **PARAM** 元件打开其属性编辑器（见图 5.2）。

属性编辑器详细列出了元件的所有属性。例如，电阻的属性包括封装、电阻值、额定功率、容差、产品编号和 PSpice 模型等。通过属性编辑器可以对元件

⊖　R2 应该为 RL，原书有误。——译者注

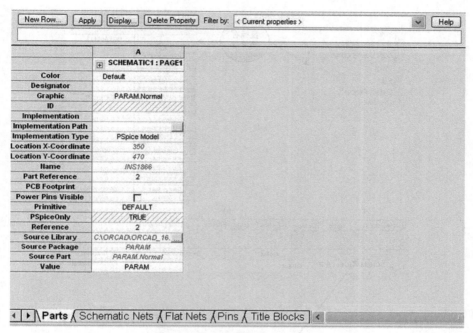

图 5.2　属性编辑器

属性进行添加，例如 **PARAM** 元件，对其添加属性来定义全局变量，以用于参数扫描分析。

当第一次选择属性编辑器并对其打开时，我们将看到两种显示模式：行显示（见图 5.3a）或列显示（见图 5.3b）。

如图 5.3a 所示，当属性编辑器进行行显示时，更容易对其所有属性内容进行查看。如果属性编辑器为列显示（见图 5.3b），必须通过属性编辑器底部的滚动条对其所有属性进行查看。另外，可以对属性编辑器进行行、列显示模式切换。例如，从列显示切换至行显示时，在 **Color** 属性左侧的空白处（见图 5.3b）通过 **rmb > Pivot** 对属性编辑器进行列到行的显示切换。

从行显示切换到列显示时，在 **Color** 属性左侧的空白处（见图 5.3b），通过 **rmb > Pivot** 对属性编辑器进行行到列的显示切换。

按照如下步骤添加全局参数变量，以用于参数扫描分析：首先在如图 5.3a 所示的属性编辑器对话框中选择 **New Row**，将会出现如图 5.4 所示的 **Add New Row** 对话框，然后在对话框中输入变量名称 **Name** 和默认值 **Value**。在图 5.4 中参数名称为 **rvariable**，默认值为 $10k\Omega$。如图 5.5 所示为添加新参数变量后属性编辑器的显示内容。

属性编辑器中所列出的每个属性均具有名称及其参数值。例如某晶体管的封装为标准 TO5 型，其中封装为属性名称，TO5 为参数值。当电阻的容差

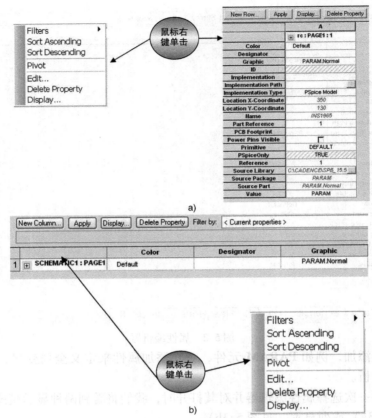

图 5.3　PARAM 元件的属性显示

a）行显示　b）列显示

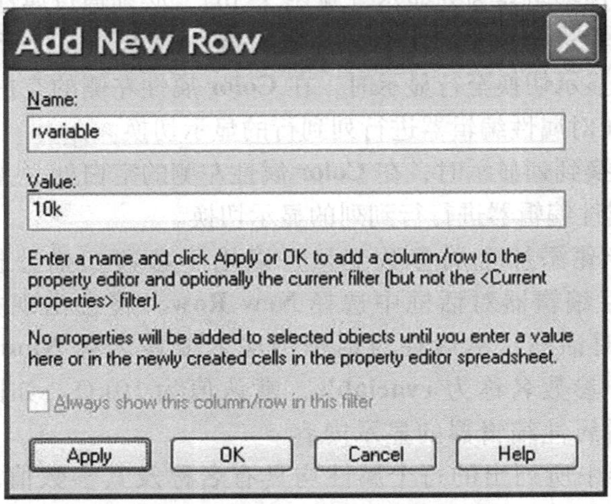

图 5.4　PARAM 元件中添加新属性

第 5 章 参数扫描分析

为 1% 时，容差为属性名称，1% 为参数值。表 5.1 列出了某些元件的属性名称及其参数值。

	A
	SCHEMATIC1 : PAGE1
Color	Default
Designator	
Graphic	PARAM.Normal
ID	
Implementation	
Implementation Path	
Implementation Type	PSpice Model
Location X-Coordinate	360
Location Y-Coordinate	370
Name	INS1858
Part Reference	1
PCB Footprint	
Power Pins Visible	
Primitive	DEFAULT
PSpiceOnly	TRUE
Reference	1
rvariable	10k
Source Library	C:\ORCAD\ORCAD_16...
Source Package	PARAM
Source Part	PARAM.Normal
Value	PARAM

图 5.5 PARAM 元件中成功添加新参数变量 **rvariable** 及其默认值 10k

表 5.1 属性实例

元件属性名称	元件参数值
封装	TO5
容差	1%
元件参数	R1

默认情况下，新建属性的名称和参数值并不显示在原理图中，所以必须通过手动设置使其显示。在属性编辑器对话框中选定需要显示的属性，然后选择按钮 **Display**（或 **rmb > Display**）打开 **Display Properties** 显示属性对话框，如图 5.6 所示。

如图 5.1 所示的电阻电路，当利用 PARAM 元件添加全局参数时，为了方便电路读

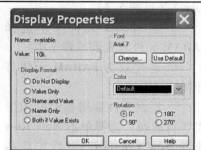

图 5.6 属性名称及其参数值显示设置

图，建议对其名称和参数值进行显示。

> **注意：**
> 通过单击属性编辑器窗口右下角十字交叉符号可以关闭属性编辑器。切记不要选择上面顶部十字交叉符号，如此便会关闭 Capture 软件。

5.2 本章练习

练习 1

当把传声器等音频输出设备与输入放大器连接时，需要传声器的输出阻抗与放大器的输入阻抗匹配。对于视频和射频（RF）设备同样也需要进行阻抗匹配。信号在输入信号源和负载之间传输时，当信号源的输出阻抗与负载的输入阻抗匹配时传输功率最大，最大传输功率为信号源输出功率的 50%。

如图 5.7 所示为简单的阻抗匹配电路，绘制负载电阻功耗随其阻值变化的曲线。

图 5.7 阻抗匹配

1. 创建一个全新的 PSpice 仿真项目或者使用第 1 章的电阻电路仿真项目。
2. 从 source 元件库选择 V_{DC} 直流电压源，并设置其值为 10V。从 analog 元件库选择电阻 R，重命名为 RS，阻值设置为 47k；选择电阻 R，重命名为 RL，阻值设置为 {rvariable}。从 capsym 元件库选择 0V 接地符号（Place > Ground）。把电阻 RS 与 RL 的连接节点命名为 VL（Place Net > Alias）（见图 5.7）。
3. 从 special 元件库中选择 PARAM 元件放置到原理图中。
4. 通过双击 PARAM 元件打开属性编辑器。
5. 根据属性编辑器的显示形式（行或列）选择单击 **New Row** 或者 **New Column**，以添加新参数。如图 5.8 所示，创建一个新

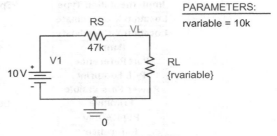

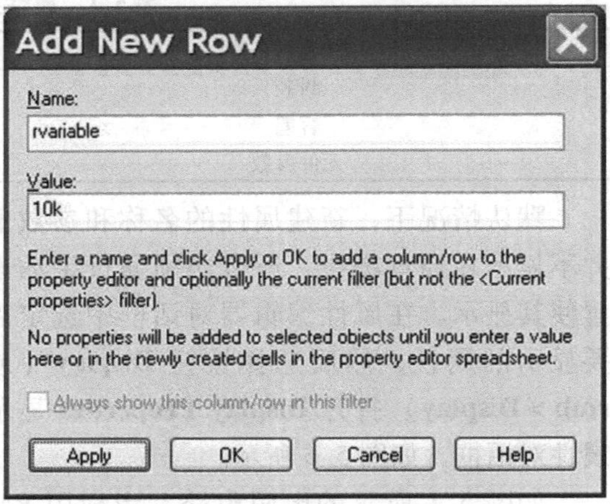

图 5.8 创建全局参数

参数,名称为 **rvariable**,参数值为 10k。该电路设置了一个全局参数,名称为 **rvariable**,默认值为 10kΩ。如果电路未进行参数扫描分析,该默认值即为电阻值。单击 OK 按钮对设置进行确定,切记不要退出属性编辑器。

6. 选定新参数 **rvariable**,然后对其进行显示属性设置。图 5.9 所示为 **Display Properties** 显示属性窗口,在显示格式对话框中选择 **Name and Value**,然后关闭属性编辑器。

7. 对全局参数 **rvariable** 进行直流扫描分析,采用线性扫描方式,起始值为 500Ω,结束值为 100kΩ,步长为 500Ω。可以通过菜单 **PSpice > New Simulation Profile** 创建仿真文件,命名为

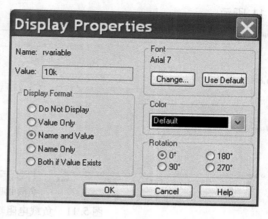

图 5.9 显示参数属性

global sweep 或者其他。仿真分析类型选择 **DC Sweep** 直流扫描分析,扫描变量选择 Global parameter 全局参数变量,名称为 **rvariable**。扫描类型为 linear 线性扫描,起始值为 500Ω,结束值为 100kΩ,步长为 500Ω(见图 5.10)。

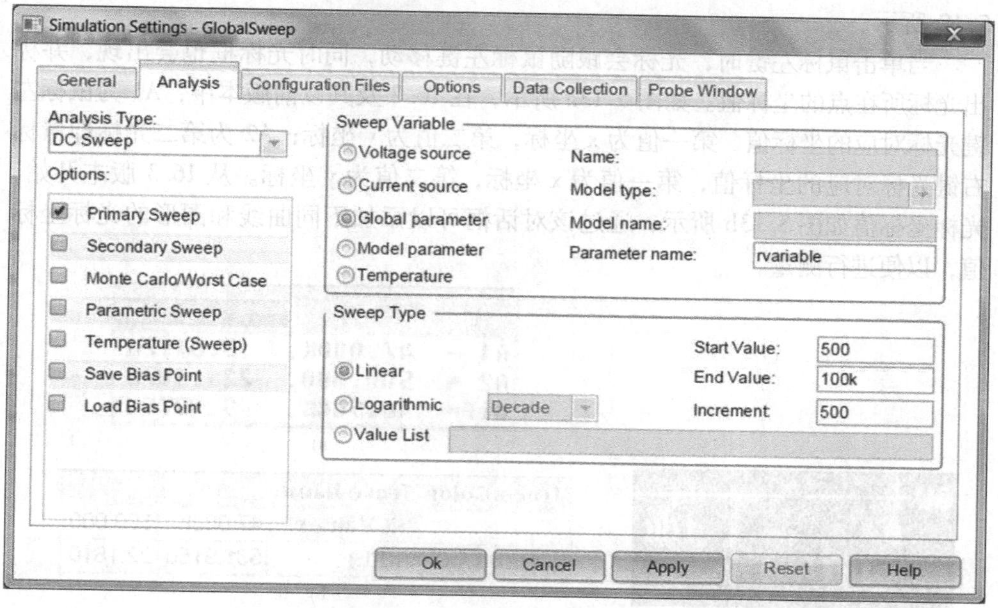

图 5.10 全局参数扫描仿真设置

8. 通过选择菜单 **PSpice > Markers > Power Dissipation** 或者图标 在电阻 RL 上放置功率探针，电路如图 5.7 所示。

9. 通过选择菜单 **PSpice > Run** 或者图标 运行电路仿真，功耗曲线如图 5.11 所示。

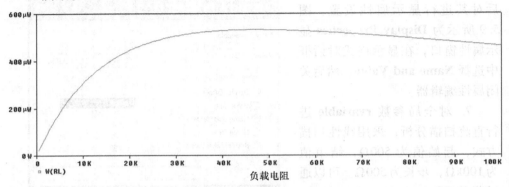

图 5.11　负载电阻功耗曲线

10. 如图 5.11 所示的曲线中，可以通过打开光标测量负载电阻的最大功率（见图 5.12～图 5.14）。通过选择菜单 **Trace > Cursor > Display** 或者图标 或 显示光标。在屏幕显示窗口中，鼠标左键和右键分别控制一个光标。当第一次选择 **Cursor > Display** 时，所选定曲线名称周围会出现白色虚线方框，如图 5.12 所示。

当单击鼠标左键时，光标会跟随鼠标左键移动，同时光标框也会出现，并标出光标所在点的坐标值。如图 5.13a 所示，在 16.2 及其以前版本中，A1 为鼠标左键光标对应的坐标值，第一值为 x 坐标，第二值为 y 坐标；A2 为第二光标即鼠标右键光标对应的坐标值，第一值为 x 坐标，第二值为 y 坐标。从 16.3 版本开始，光标坐标值如图 5.13b 所示，通过该对话框可以添加不同曲线和图形的光标坐标值，以便进行测量。

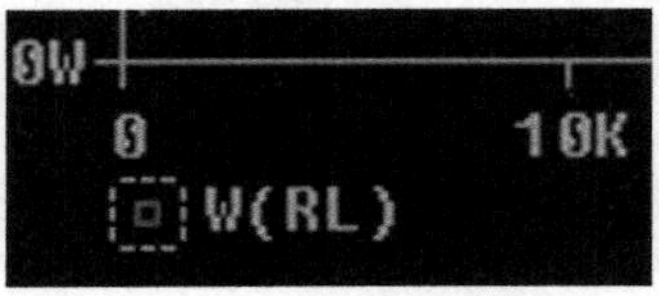

图 5.12　激活 W（RL）曲线

图 5.13　光标点坐标值
a）16.2 版本　b）16.3 版本

11. 将光标置于曲线的最大值处，然后读取负载电阻值。

同样，如图 5.14 所示，PSpice 软件中还有很多种光标功能，利用这些功能可以查找曲线上各点的值，如最大值或者最小值。通过选择菜单 **Trace > Cursor** 或者单击顶部工具栏的图标对光标功能进行选取。

图 5.14 光标各种功能图标

当光标移动到每个功能图标上时，该图标的功能将进行显示，以便读者进行正确选择。

12. 选择 **Cursor Max** 光标最大值图标，将会看到光标移动到曲线的最大值处。如图 5.15 所示，光标数据栏中显示曲线取得最大值时负载电阻值为 47k，此时电路传输功率最大。

Trace Color	Trace Name	Y1	Y2
	X Values	47.000K	500.000
CURSOR 1,2	W(RL)	531.915u	43.403u

图 5.15 光标最大值

13. 当光标置于曲线最大值处，选择菜单 **Plot > Label > Mark** 或者单击图标 或 ，如图 5.16 所示，该点的坐标值（47k，531.915μW）⊖ 将自动显示。

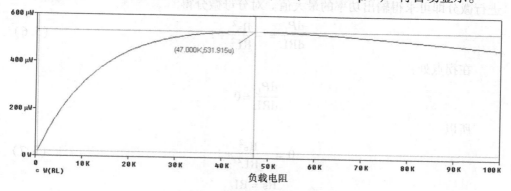

图 5.16 负载电阻变化时的功耗曲线

注意：

选择菜单 **Plot > Label** 可以给曲线添加指示箭头和文字注释。

⊖ 坐标值（47k，531.915μW），原书为（47k，531.915W），有误。——译者注

相关理论

如图 5.17 所示的电阻电路中，电流计算公式为

$$I = \frac{V_s}{R_s + R_L} \quad (5.1)$$

负载电阻的功耗计算公式为

$$P_L = I^2 R_L \quad (5.2)$$

由式（5.1）和式（5.2）整理得

$$P_L = \left(\frac{V_s}{R_s + R_L}\right)^2 R_L \quad (5.3)$$

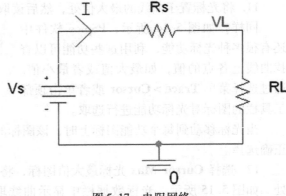

图 5.17 电阻网络

$$P_L = \frac{V_s^2}{R_s^2 + 2R_sR_L + R_L^2} R_L \quad (5.4)$$

分子分母同时除以 R_L，整理得

$$P_L = \frac{V_s^2}{\frac{R_s^2}{R_L} + 2R_s + R_L} \quad (5.5)$$

通过式（5.5）可以得出，分母最小时负载电阻功率最大。所以只需对分母进行微分即可求得输出功率的最大值。对分母微分得

$$\frac{dP_L}{dR_L} = -\frac{R_s^2}{R_L^2} + 1 \quad (5.6)$$

在拐点处：

$$\frac{dP_L}{dR_L} = 0$$

所以

$$0 = -\frac{R_s^2}{R_L^2} + 1 \quad (5.7)$$

$$R_s = R_L$$

通过微分方程（5.6）可得，在拐点处式（5.5）的分母值最小，即 $R_s = R_L$ 时负载电阻取得最大功率。

练习 2

陷波滤波器

图 5.18 为本书第 4 章讲解的陷波滤波器电路，对电路进行交流分析，电阻值设置为全局参数变量，当对电阻参数进行扫描分析时，观察电路的输出响应。如图 5.18 所示，四个电阻值由全局参数 {Rvalue} 代替，参数值由 Param 元件

进行定义，如果电路未进行参数扫描分析，其默认值为27k。

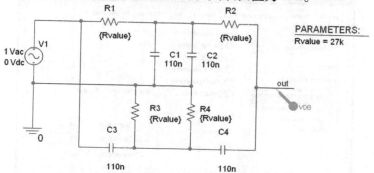

图 5.18　陷波滤波器：电阻值设置为全局参数，默认值为27kΩ

1. 从 special 库中选择 **PARAM** 元件放置于原理图中。然后双击 **PARAM** 添加新的全局参数变量，名称为 **Rvalue**，默认值为27k，名称和参数值均显示。具体步骤如练习1所示。

2. 创建交流扫描分析仿真文件，仿真设置与练习1的无源陷波滤波器一致：对数扫描方式，起始频率为10Hz，结束频率为10kHz，每十倍频扫描点数为100（见图5.19）。最后单击 **Apply** 按钮对仿真设置进行确认，并退出仿真设置窗口。

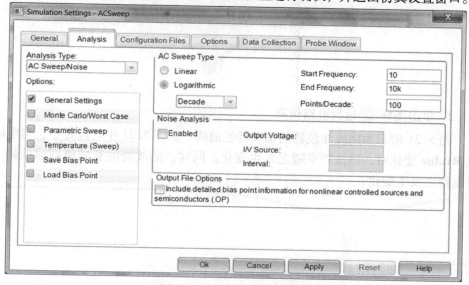

图 5.19　交流扫描分析设置

3. 如图5.20所示，在 Options 选项栏中选择 **Parametric Sweep** 参数扫描，然后对 Global 全局参数 **Rvalue** 进行 **linear** 线性方式扫描，起始值为24kΩ，结束值为30kΩ，步进为1kΩ，一共需要进行7次交流扫描分析。最后单击 OK 按钮对仿真设置进行确定。

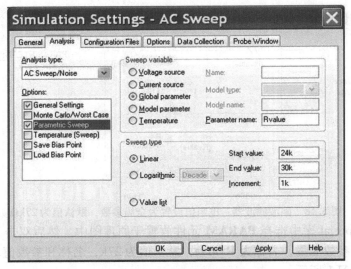

图 5.20　全局参数变量设置

4. 选择菜单 **PSpice > Markers > Advanced > dB Magnitude of Voltage** 在输出节点 **out** 上放置 V_{db} 电压分贝探针。

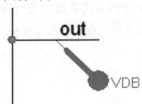

5. 单击图标 ▶ 运行电路仿真。

图 5.21 所示为陷波滤波器的幅频特性曲线。从图 5.21 中可以看出，当电阻值 **Rvalue** 变化时，陷波频率随之发生变化。同时，陷波处的衰减值即滤波器 Q 值也随之发生变化。

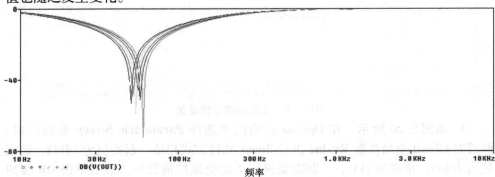

图 5.21　无源陷波滤波器幅频特性曲线

练习 3

有源陷波滤波器

图 5.22 所示为有源陷波滤波器电路，该电路以前面章节的双 T 型陷波滤波器为基础进行设计。与无源滤波网络一致，陷波频率通过电阻和电容值进行设定，Q 值（陷波处的衰减值）由电位器 R5 设定，该值与频率无关。

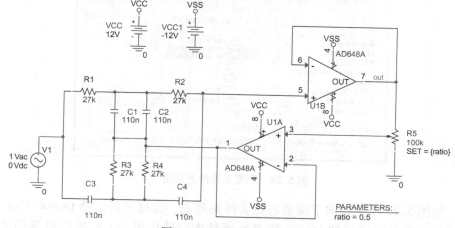

图 5.22　有源陷波滤波器

电位器 R5 具有 **SET** 调节参数，利用该参数可以有效地调节 1 脚和 2 脚的阻值与电位器阻值的比例。例如，如果比例设置为 0.4，1 脚和 2 脚之间的阻值为 $0.4 \times 100k = 40k$，2 脚和 3 脚之间的阻值为 $(1 - 0.4) \times 100k = 60k$。所以当 SET 参数在 $0 \sim 1.0$ 改变时，调节点的电阻值可以在全阻值范围变化。

为了使 SET 参数能够在 $0 \sim 1$ 自动扫描，添加全局参数变量 **ratio**，默认值为 0.5，即电位器中间值（$50k\Omega$）。

该有源陷波滤波器使用 AD648A 运算放大器。任何型号运算放大器均可使用，本节实例对特殊元件查询进行详细讲解。

注意：

如果设计人员持有 OrCAD 演示版光盘，PSpice 软件安装完成之后，可以从 eval 元器件库中搜索 μA741 运算放大器。

1. 如图 5.23 所示，**Place Part** 放置元器件菜单中包含 **Search for Part** 元器件搜索功能，利用该功能对运算放大器元器件库进行查询。

更改搜索路径方法如下：点击元器件搜索对话框右边的浏览图标

图 5.23　元器件查询

[□]，然后将打开如图 5.24 所示的文件浏览窗口，并且显示 [**install path**] > **capture** > **librayr** 文件夹路径，选择右侧文件夹，该文件夹下元器件库列表将会在对话框左侧详细列出。

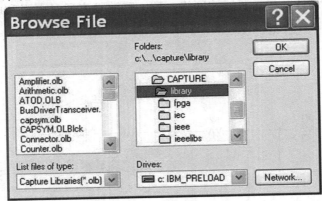

图 5.24 浏览元器件查询路径

如图 5.25 所示，向下滚动右侧文件夹列表，通过双击选择 **pspice** 文件夹。对话框左侧出现可用的 PSpice 仿真元器件库。最后单击 OK 按钮对选择进行确定。

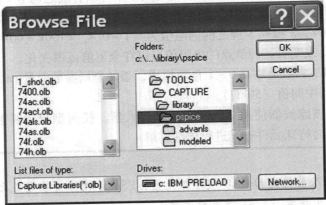

图 5.25 PSpice 仿真库文件夹选择

注意：
默认情况下，如图 5.23 所示的搜索路径指向 Capture.olb 元器件库而非 PSpice.lib 元器件库。因此对运算放大器进行搜索时将不会有任何查询结果。常见错误：搜索元器件时忘记更改查询路径。

第 5 章 参数扫描分析

2. 对于标准的元器件型号，不同厂家均有其各自的数字和字母编号。例如，查询 BC337 晶体管时，在搜索栏中输入 BC337，我们只能查询到唯一结果。但是，如果在晶体管名称后面输入通配符号（*），例如 BC337*，就会查询到很多结果。当进行元器件搜索时，由于使用了通配符而有效地忽略了制造商的额外字符。

在 **Search for Part** 元件搜索对话栏中输入 AD648*，按下回车键或者单击元器件搜索图标 开始进行元器件搜索。

如图 5.26 所示，在 opamp 元器件库中只有一种型号为 AD648A 运算放大器型号。通过双击 AD648A 把 opamp 元器件库添加至库文件列表中，并且从放置元器件对话框中能够浏览该运放的外形图。

注意：

如果仿真人员所用 PSpice 为演示版本，请搜索 μA741* 运算放大器，因为演示版软件中没有运放 AD648A。

放置元器件菜单中包含运放图形显示窗口，在 **Packaging** 封装对话栏中显示该运放包含 A、B 两个分离组件，即该运放为双运放。在图 5.26 中组件 A 被选中，而在图 5.27 中组件 B 被选中。由图 5.27 中可以看出运放的标识和引角均不同。如果两个组件的性能一致称为同质；相反，如果两个组件的性能不一致，例如继电器和线圈，则称为异质。

图 5.27 中包含两种图标，分别表明 AD648A 具有 PCB 封装和 PSpice 模型，因此 AD648A 可以用于电路仿真。当所选元器件用于电路仿真时，PSpice 图标非常重要，如果所选元器件无该图标，则该元器件不能用于电路仿真。

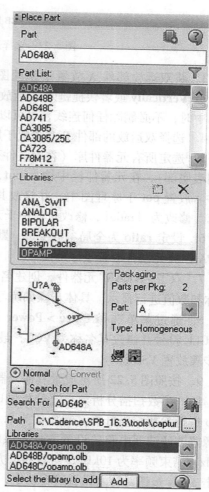

图 5.26 运放 AD648A 属于 opamp 元器件库

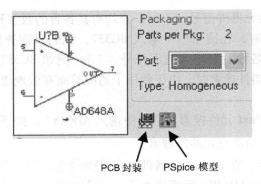

图 5.27 选择运算放大器部件 B

3. 将双运放部件 A 放置于原理图中，选定运算放大器，然后通过 **rmb > Mirror Vertically** 或者快捷键 V 对运放进行镜像垂直旋转。当运放已经连接至电路图中时，不必删除任何连线，也可以对其进行镜像和旋转。

4. 选择双运放的部件 B 并放置于原理图中。

5. 选定所有元器件库（在库文件列表顶部单击鼠标左键并拖动鼠标至库文件列表底部），在元器件栏中输入 **pot**，将会在 breakout 元器件库中查询到该元器件。放置 **pot** 于原理图中，并修改其参数为 100k。双击 SET 属性，把其默认值 0.5 修改为 {ratio}，修改过程中千万不要忘记大括号。

6. 设定 **ratio** 为全局参数变量，默认值为 0.5。首先从 special 元器件库中选择 **PARAM** 元器件放置于原理图中。

7. 双击 **PARAM** 元器件，创建名称为 **ratio** 的新属性，默认值为 0.5，对其名称和数值进行显示。具体步骤如练习 1 所示。

8. 通过菜单选择 **Place > Power** 放置电源符号，然后在列表中选择 VCC_CIRCLE 符号并修改其名称为 VCC，最后单击 OK 按钮对设置进行确定。按照上述步骤放置 VSS 符号。

9. 按照图 5.22 所示放置其他元器件，并将各元器件进行正确连接。

10. 参数扫描分析与交流分析同时运行。在本实例中，对电位器的比例值 ratio 进行参数扫描分析，起始值为 0.1，结束值为 0.9，步长为 0.1。首先按照无源陷波滤波器电路的设置方式对该电路进行交流扫描分析设置，起始频率为 10Hz，结束频率为 10kHz，对数扫描方式，每十倍频 100 点（见图 5.28），然后单击 apply 按钮对仿真设置进行确定，但不要退出仿真设置对话框。

11. 在 **options** 选项栏中选择 **Parametric Sweep**。扫描变量选择 **Global parameter** 全局参数变量，名称为 **ratio**。扫描方式为 linear 线性扫描，起始值为 0.1，结束值为 0.9，步长为 0.1（见图 5.29）。然后单击 OK 按钮对仿真设置进行确定，并退出仿真设置对话框。

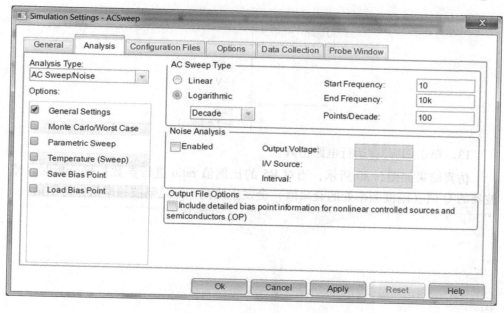

图 5.28　交流扫描分析设置

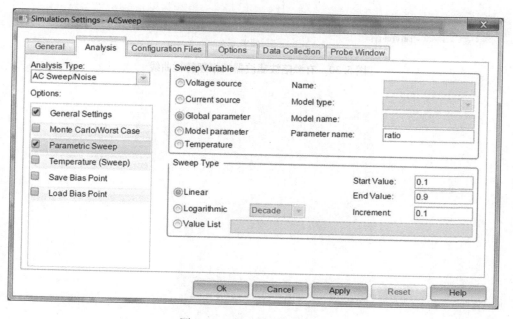

图 5.29　全局参数变量设置

12. 通过菜单选择 **PSpice > Markers > Advanced > dB Magnitude of Voltage**，在输出节点 **out** 放置 V_{db} 电压分贝探针。

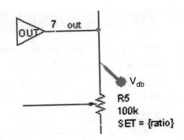

13. 单击图标 ▶ 运行电路仿真。

仿真结果如图 5.30 所示，当对 R5 的比例值 ratio 进行参数扫描分析时，滤波器的 Q 值（陷波频率处的衰减值）会发生改变，但是陷波频率值保持恒定。

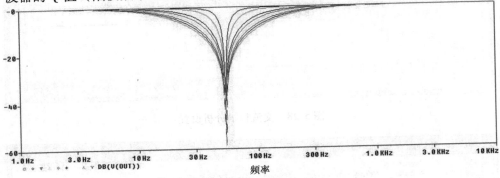

图 5.30　有源陷波滤波器的幅频特性曲线

第6章
激励源编辑器

激励源编辑器为图形化编辑工具,帮助用户自定义用于瞬态仿真分析的模拟和数字信号源。如图 6.1 所示,在 sourcestm 元件库中包含三种信号源元件,其中每一种信号源都可以在激励源编辑器中由用户根据仿真需求进行自定义。

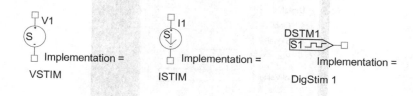

图 6.1 激励源编辑器——用于瞬态仿真分析中的模拟和数字信号源设置

当第一次从 sourcestm 元件库中选择信号源时,其配置属性 implementation 显示在原理图中。该属性与激励源编辑器中所设置的激励源名称一致。对激励源进行编辑时,可以在原理图中直接输入激励源的名称,也可以在激励源编辑器中确定其名称。

首先选定激励源,然后选择 **rmb > Edit PSpice Stimulus** 对激励源编辑器进行启动。

当激励源编辑器启动后,将会出现如图 6.2 所示的 **New Stimulus** 新激励源窗口。设置时应该注意,在 16.3 版本中,激励源文件的名称与 PSpice 仿真设置文件的名称一致,例如,本例中为 transient.stl。在早期版本中,激励源文件名称与项目名称一致。

在新激励源设置窗口中,可以定义激励源类型为模拟或者数字,如果在原理图中未对激励源名称进行设定,可以在该窗口对其进行命名。

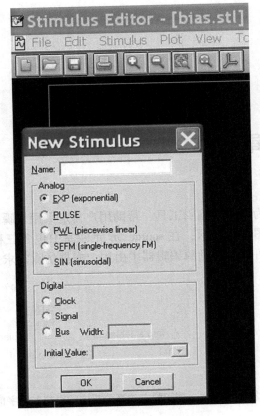

图 6.2 启动激励源编辑器

6.1 瞬态激励源设置

6.1.1 EXP 指数激励源

如图 6.3 和图 6.4 所示为两种可能的指数波形,该波形可以通过电压源 VSTIM 或者电流源 ISTIM 分别对其进行设置。

两指数波形在特定延迟时间(td1)后启动,然后在电压 V1 和 V2 之间,以 tc1 为时间常数按照指数形式上升或下降直至时间 td2。时间 td2 之后,波形以 tc2 为时间常数按照指数形式下降或上升。

例如,在图 6.3 中,从 0~td1 (10μs) 时间内波形电压值为 V1 (0V) 保持恒定,然后电压按照指数形式增加,时间常数为 tc1 (10μs),一直增加到 V2 (10V)。波形上升时间为 td2~td1,为 30μs (40-10μs),然后波形按照指数形

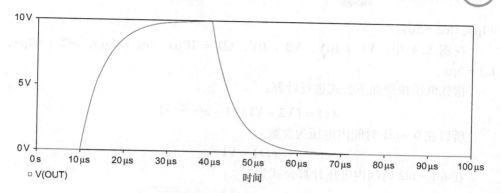

图 6.3 指数上升电压波形

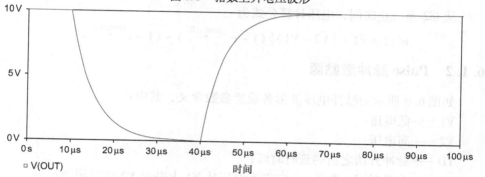

图 6.4 指数下降电压波形

式下降，时间常数为 tc2（5μs），一直下降到电压 V1。

如图 6.5 所示为指数电压波形图 6.3 的设置对话框，其中：

V1——零时刻初始电压值，

V2——电压上升或下降值，

td1——指数上升（或下降）的启动时间（延迟），

tc1——波形上升（或下降）的时间常数，

td2——指数下降（或上升）的启动时间（延迟），

tc2——波形下降（或上升）的时间常数。

在图 6.3 中，V1 = 0V，V2 = 10V，td1 = 10μs，tc1 = 5μs，td2 =

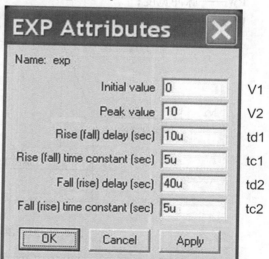

图 6.5 指数激励源属性设置

40μs，tc2 = 5μs。

在图 6.4 中，V1 = 10V，V2 = 0V，td1 = 10μs，tc1 = 5μs，td2 = 40μs，tc2 = 5μs。

指数电压按照如下公式进行计算：

$$v(t) = (V2 - V1)(1 - e^{\frac{time}{time\ constant}})$$

所以在 0 ~ td1 时间内电压为常数：

$$v(t) = V1$$

在 td1 ~ td2 时间内电压计算公式为

$$v(t) = V1 + (V2 - V1)(1 - e^{-\frac{(time - td1)}{tc1}})$$

从 td2 至截止时间，电压计算公式为

$$v(t) = V1 + (V2 - V1)[(1 - e^{-\frac{(time - td1)}{tc1}}) - (1 - e^{-\frac{(time - td2)}{tc2}})]$$

6.1.2 Pulse 脉冲激励源

如图 6.6 所示为脉冲电压波形各设置参数含义，其中：

V1——低电压；
V2——高电压；
TD——脉冲开始之前的延时时间；
TR——上升时间，单位 s，定义为电压从 V1 上升至 V2 的时间差；
TF——下降时间，单位 s，定义为电压从 V2 下降至 V1 的时间差；
PW——脉冲宽度；
PER——脉冲周期，即脉冲频率。

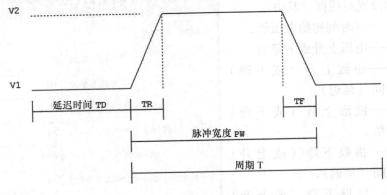

图 6.6 脉冲波形设置

同样地，如图 6.7 所示，可以使用 ISTIM 激励源定义脉冲电流源。

当第一次在原理图中放置 VSTIM、ISTIM 或者 DigSTIM 激励源时，其属性名

第 6 章 激励源编辑器

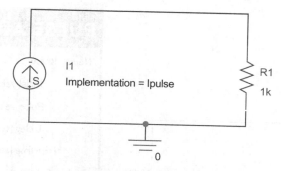

图 6.7 使用 ISTIM 激励源定义脉冲电流源

称和数值均会显示。其实只需对其 **Name** 名称进行显示即可。如图 6.8 所示，双击 **Implementation =** 将打开显示属性对话框，通过选择 **Value Only** 就可以只显示该属性的 Value 值，即激励源的 Name 名称。

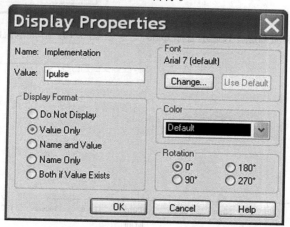

图 6.8 设置 Implementation = 不显示

如图 6.9 所示，使用 ISTIM 元件定义电流激励源，通过显示属性设置，只显示其名称 Ipulse。与前面操作一致，通过选择 **rmb > Stimulus Editor** 启动激励源编辑器，然后选择 PULSE 脉冲作为 **New Stimulus** 新激励源类型。使用 ISTIM 元件定义脉冲电流源，其具体属性设置如图 6.10 所示。图 6.11 为脉冲电流源波形图。

6.1.3 VPWL 分段线性激励源

分段线性信号源（PWL）可以用于绘制实际的电压或电流波形。首先定义时间和电压（或电流）坐标轴，然后使用光标绘制波形。本章结尾通过实例对分段线性信号源的使用方法进行具体讲解。

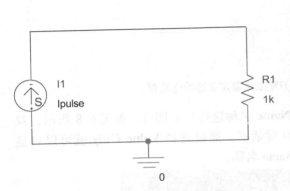
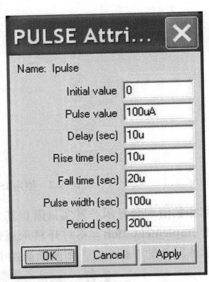

图 6.9 ISTIM 电流激励源，只显示名称 Ipulse

图 6.10 脉冲电流源属性参数设置

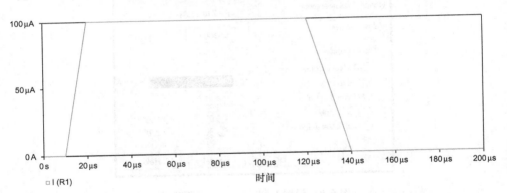

图 6.11 按照图 6.10 中属性参数设置的脉冲电流源波形图

6.1.4 SIN 正弦波激励源

如图 6.12 所示为正弦波属性设置对话框，其完整定义包括正弦波阻尼系数、相位角和偏置值。Offset value 为 0 时刻电压或电流偏置值；Amplitude 为最大电压或电流幅值；Frequency（Hz）为波形每秒钟的周期数即频率；Time delay（s）为启动延迟时间；Damping factor（1/s）为波形阻尼因数；Phase angle（°）为波形初始相位角。如图 6.13 所示为频率调制正弦波设置。

6.1.5 SSFM 单频调频激励源

如图 6.14 所示为正弦波频率调制波形，通过对载波频率进行调制以改变其

信号波形。正弦波公式如下:
$$v(t) = V_\text{off} + V_\text{ampl} \times \sin[2\pi f_c t + (\text{mod} \times \sin(2\pi f_m t^{\ominus}))]$$

其中,V_off为偏置电压;V_ampl为正弦波电压最大值;mod 为调制系数;f_c为载波频率;f_m为调制频率。

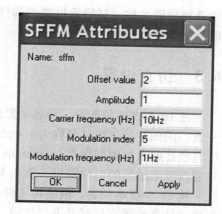

图 6.12 正弦波属性设置对话框　　　　图 6.13 频率调制正弦波

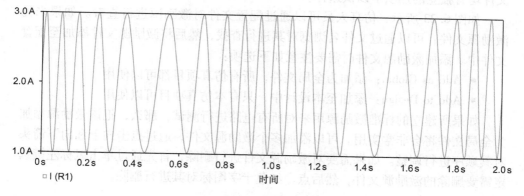

图 6.14 单频调频波形

6.2 自定义电压源

对电路进行瞬态分析时,利用屏幕图形显示窗口可以获得时间—电压波形数据,以作为激励源进行使用。在屏幕图形显示窗口中通过菜单 **File > Export** 可以得到如图 6.15 所示的数据选项。

⊖ 原书中 t 为 time,出现错误。——译者注

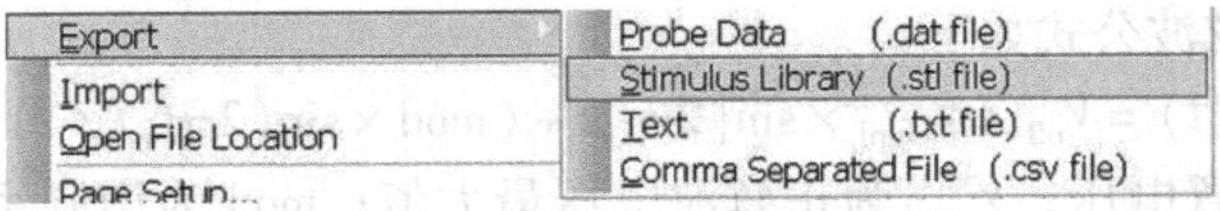

图 6.15 导出时间—电压数据

也可以利用另一种方法创建时间—电压文本文件。首先在屏幕图形显示窗口中选择曲线名称，然后通过菜单选择 copy 对波形数据进行复制，最后将数据粘贴至文本文件中。

6.3 仿真设置

在 16.3 之前版本中，当启动激励源编辑器时，激励源文件名称与项目名称一致，例如，所建项目名称为 stimulus，则创建的激励源的名称同为 stimulus.stl。所有创建的激励源均保存在 stimulus.stl 文件中，当对不同的激励源进行调用时，只需改变激励源的名称即可，例如 VSTIM、ISTIM 或 DigSTIM。

从 16.3 版本开始，激励源文件与当前激活状态的仿真配置文件相关联，可以通过仿真配置文件对其进行访问。在以前版本中，激励源文件、库文件和包含文件均有独立的选项卡以供选择。

如图 6.23 所示，仿真人员可以通过配置文件对激励源进行查看。如果未见激励源文件，可以通过文件名浏览对其进行查找，然后将激励源文件添加至配置文件中。添加激励源文件时需要注意如下选项：

- Add as Global：添加为全局文件，所有仿真项目都可以使用
- Add to Design：添加至本设计中，只有本仿真项目可以使用

如果所建立的标准激励源用来对所有电路进行测试，那么，把该激励源添加为全局文件将会非常实用。可以添加多个激励源文件，通过点击向上和向下箭头对其顺序进行调整。如果需要对激励源文件进行删除，首先通过单击鼠标左键选定需要删除的激励源文件，然后点击红色十字图标对其进行删除。

6.4 本章练习

注意：

与之前版本相比，16.3 版本从以后版本发生了很大变化。当第一次创建新项目时，PSpice 会自动创建偏置点仿真配置文件，可以通过选择 **PSpice Resource > Simulation Profiles** 对其进行查看。为了保持版本之间的兼容性，可在项目管理器中删除偏置点仿真配置文件。

1. 创建名称为 stimulus 的仿真项目。

2. 如图 6.16 所示,在项目管理器中,通过选择 **PSpice Resources > Simulation Profiles** 对项目文件进行展开,然后删除 SCHEMATIC1 - Bias 文件。

3. 绘制如图 6.17 所示的电路图。信号源 V1 为 VSTIM,选自 Sourcestm 元件库。

4. 单击鼠标左键选中 VSTIM 信号源,然后通过右键 **rmb > Edit PSpice Stimulus** 对信号源进行编辑。如图 6.18 所示,在 New Stimulus 新建激励源窗口中将信号源命名为 sin100Hz,选择 **SIN** 正弦波作为信号源类型。

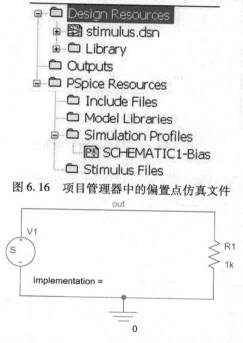

图 6.16 项目管理器中的偏置点仿真文件

图 6.17 利用 VSTIM 生成 100Hz 正弦波信号源

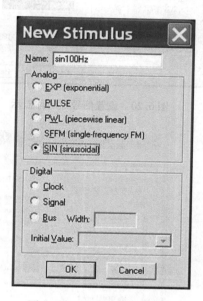

图 6.18 新建正弦波信号源

5. 创建 100Hz 正弦波信号源,直流偏置为 0,振幅为 1V,其他为默认值 0,具体设置如图 6.19 所示。单击 OK 按钮对设置进行确认并保存,根据提示更新原理图,退出激励源编辑器。

6. 在 Capture 中,信号源的实现名称也显示在 V1 上。如图 6.20 所示,双击 **Implementation = sin100Hz** 然后选择 **Value Only**,这样就只显示信号源的名称,更加简洁,如图 6.21 所示。

7. 选择菜单 PSpice > New Simulation Profile 创建 PSpice 仿真设置文件,命名为 **transient**。

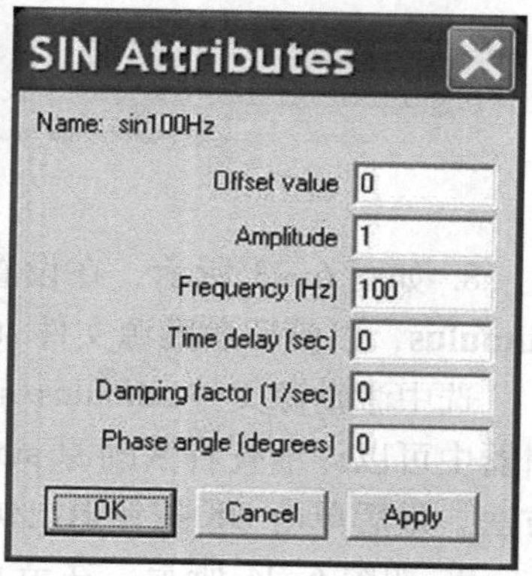

图 6.19 创建 100Hz 正弦波信号源

如图 6.22 所示，在分析类型下拉菜单中选择 **Time Domain（Transient）**时域分析，运行时间为 20ms。单击 **Apply** 按钮对仿真设置进行确认，但是不要退出设置窗口。

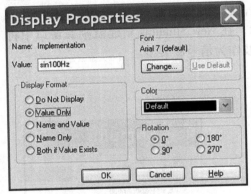

图 6.20 设置信号源名称显示

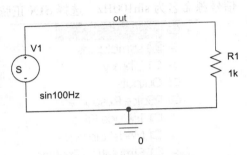

图 6.21 只显示信号源名称

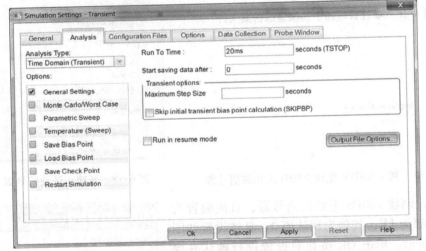

图 6.22 仿真设置

8. 如图 6.23 所示，在设置对话框中选择 **Configuration Files > Category > Stimulus**，以验证激励源文件 stimulus.stl 已经加入到配置文件列表中。

选中激励源文件 stimulus.stl，然后单击 **Edit** 按钮启动激励源编辑器，在编辑器中可以详细查看激励源 sin100Hz 的具体设置，该方法为查看激励源的快速方法。最后单击 OK 按钮退出仿真设置。

9. 如图 6.24 所示，在节点 **out** 处放置电压探针，然后选择菜单 **PSpice > Run** 运行电路仿真，从仿真结果可以得到电阻两端为正弦电压波形。

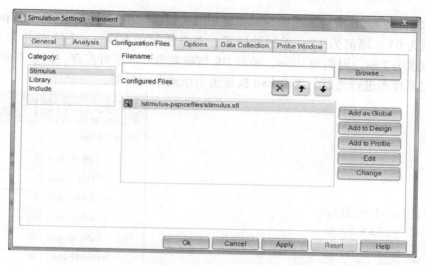

图 6.23　仿真激励源文件显示配置

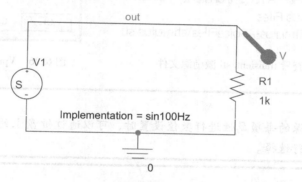

图 6.24　放置电压探针

注意：

如果在屏幕图形显示窗口中输出为平直曲线，很可能由于没有删除默认配置激励源文件 bias.stl。此时可以查看本章练习开始部分的设置。激励源编辑器将 bias.stl 默认为当前仿真配置文件。如果在图 6.23 中未发现激励源文件，可以通过 **Browse** 浏览按钮对偏置文件夹进行选择，然后将激励源文件添加至设计中。

10. 如图 6.25 所示，在项目管理器中，选择文件夹 **PSpice > Resources > Stimulus Files** 将会看到 **transient.stl** 激励源文件。可以通过双击该文件打开激励源编辑器对其进行查看。

11. 在 Capture 中选中 VSTIM 并启动激励源编辑器。激励源编辑器中包含之前设置的 SIN 正弦波信号源。通过单击 Cancel 按钮对其进行取消。

12. 如图 6.26 所示，选择 **Stimulus > New** 创建脉冲信号源，名称为 **Vpulse**，初始值为 0V，幅值为 1V，无初始延迟，上升时间为 500μs，下降时间为 1ms，脉冲宽度为 2ms，周期为 10ms。单击 OK 按钮对激励源进行保存，但是不要根据提示对原理图进行更新。点击 Exit 按钮退出激励源编辑器。

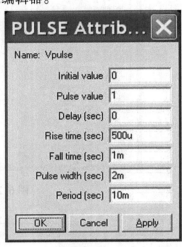

图 6.25　查看 transient.stl 激励源文件　　　图 6.26　Vpulse 脉冲源设置

注意：
当对激励源的每项属性进行数值设置时，可以通过键盘上的 TAB 键从上到下对属性框进行选择。

注意：
在 Capture 中，如果已经将激励源命名为 sin100Hz，则不能通过激励源编辑器对其名称进行修改。在早期软件版本中，如果对原理图进行更新，光标将会变成一个沙漏形，停在那里不动。如果确实需要对原理图进行更新，切换到 Capture 窗口，然后再进行更新，此时将会看到图 6.27 警示对话框，单击 OK 按钮进行确定。

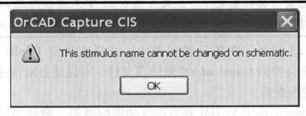

图 6.27　更改激励源名称警告

13. 如图 6.28 所示，在 Capture 中双击激励源名称 sin100Hz，将其更改为 Vpulse。

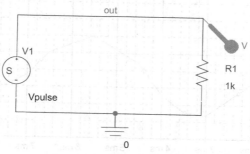

图 6.28　使用 Vpulse 激励源

14. 通过选择菜单 **PSpice > Run** 或者单击蓝色运行图标 ▶ 对电路进行仿真分析。

15. 测试电阻两端是否为脉冲电压波形。

16. 在 Capture 中，选中 VSTIM，然后通过 **rmb > Edit Stimulus Editor** 对其进行编辑。在激励源编辑器中，之前设置的 PULSE 信号源属性将会显示出来。点击 Cancel 按钮对其设置进行取消。

17. 通过选择 **Stimulus > New** 创建新激励源。将其命名为 Vin，信号类型为 PWL（分段线性曲线）。

注意：
信号源设置过程中可能会遇到坐标轴调整的提示问题。

18. 从顶部工具栏选择菜单 **Plot > Axis Setting** 对坐标轴进行设置。如图 6.29 所示，对绘制图形的分辨率进行设置。

19. 在图形窗口将会出现笔状光标。绘制如图 6.30 所示的近似于分段线性电压波形。软件自动选择图形第一点，该点坐标为 (0，0)。只需将三个峰值坐标点定义精确，其他各点精度并不十分重要。该激励源将在第 7 章瞬态仿真分析中使用。按 Escape 键退出绘图模式。

20. 如果需要删除或者移动某点，按 Escape 键退出绘图模式，将光标移动

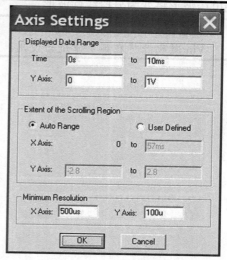

图 6.29　坐标轴设置

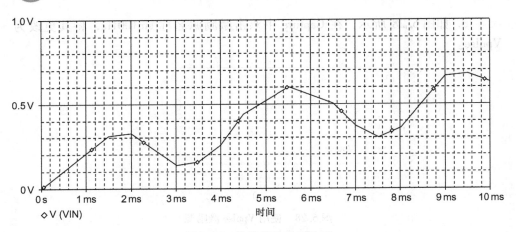

图 6.30 分段线性电压波形

到该点,此时所选中坐标点将变成红色,然后对其进行删除或者移动。修改完成后,选择菜单 **Edit > Add** 或者单击图标 ![icon] 或 ![icon] 重新返回绘图模型。

注意:

在 16.3 之前版本中,用户只能随时间增加放置坐标点,而不能倒退。如果需要删除或者移动某坐标点时,按下 Escape 按键退出绘图模式,将光标放置于某点,该点将会变成红色,然后对其进行删除或者移动。

21. 保存激励源文件并退出激励源编辑器,但是不要对原理图进行更新。

22. 将激励源名称由 Vpulse 更改为 Vin,然后重新对电路进行仿真,电阻两端电压波形将变为分段线性波形。

注意:

Vin 激励源将在第 7 章进行使用。

第 7 章
瞬 态 分 析

瞬态分析用于计算电路在用户设定时间内的输出响应。瞬态分析的精度取决于软件内部所设置的时间步长的大小,该步长与仿真开始时间以及仿真结束时间共同决定了电路的仿真运行时间。然而,根据第 2 章分析,在时间 $t=0s$ 时刻,电路首先进行直流偏置工作点分析,以确定各点直流工作点状态。对于每个时间步长,节点电压和电流值都进行计算,并且与前一时刻的数值进行比较。只有当两者之差优于所设定容差的时候,电路才会继续按照步长进行仿真计算。在电路仿真过程中,时间步长动态调整,以满足仿真容差要求。

例如,对于缓慢变化的信号,时间步长将会增加,但不会降低计算精度。然而对于快速变化的信号,例如上升沿非常陡峭的脉冲波形,时间步长将减小,这样才能满足仿真精度的要求。电路进行仿真分析时,软件内部的最大仿真步长由用户设定。

如果通过减小仿真步长,计算结果仍然不能满足精度要求,仿真分析将不会收敛,仿真报告中将会输出仿真不收敛信息。第 8 章将对收敛问题以及解决方案进行详细的讨论。

在某些电路中无法得到直流工作点数值,例如振荡器电路。对于此类电路,在仿真分析设置时可以通过选择跳过初始直流静态工作分析,以保证电路仿真分析能够正常运行。如果为电路增加初始值设置,在瞬态分析时,电路将把所设置的初始值设定为直流偏置工作点数值。

7.1 仿真设置

图 7.1 为 PSpice 瞬态(时域)仿真分析设置对话框。在本例中仿真时间为 5μs。**Start saving data after** 为开始保存数据的时间点设置,在该时间点之后的数据才进行保存,以便 Probe 进行图像显示时使用,使用该设置的主要目的为减少数据量。

Maximum Step Size:软件内部最大仿真步长,该值取决于 **Run to time** 仿真结束时间,通常设置为仿真结束时间的 1/50。

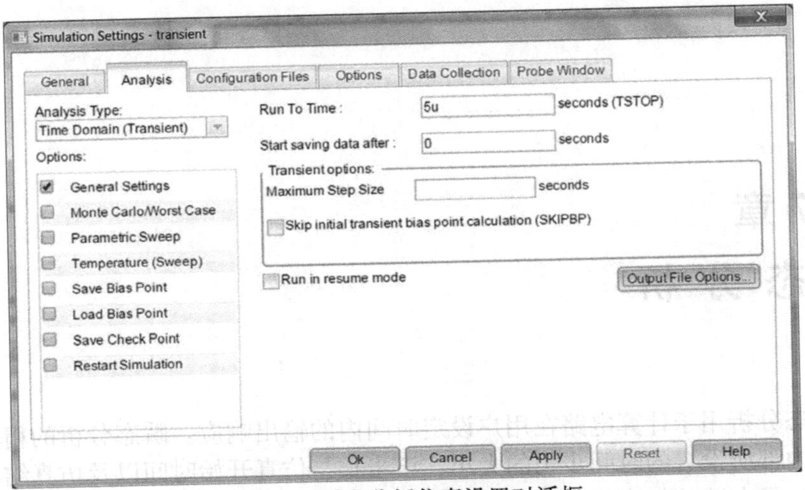

图 7.1　瞬态分析仿真设置对话框

Skip initial transient bias point calculation（SKIPBP）：瞬态分析时是否跳过初始偏置点计算选项，如果选定该选项，电路在进行瞬态分析时将不再计算偏置点数值。

7.2　SCHEDULING 设置

SCHEDULING 选项允许用户在瞬态分析过程中动态地修改仿真步长。例如，对某段时间进行高精度仿真时需要小步长，而对于精度要求不高的时段就可以使用大步长。同样 SCHEDULING 也可以用于其他与运行时间相关的仿真设置参数中，例如 RELTOL、ABSTOL、VNTOL、GMIN 和 ITL，可以通过菜单 PSpice > Simulation Profile > Options 查看上述参数。用户可以按照如下 SCHEDULING 命令格式对其数值进行替换：

｛SCHEDULE（t1，v1，t2，v2…tn，vn）｝

仿真设置时务必注意，t1 通常设置为 0。

例如，为了使仿真更加高效，需要每间隔 1ms 把相对精度 RELTOL 数值从 0.001% 修改为 0.1%，具体设置格式如下：

｛schedule（0，0，1m，0.1，2m，0.001，3m，0.1，4m，0.001）｝

第 8 章将对仿真设置进行更详细的讨论。

7.3　测试点设置

16.2 版本对测试点进行了介绍，允许用户能够有效标记和保存测试点的瞬态仿真分析状态，并且根据测试点数据重新对电路进行瞬态仿真。允许用户根据所选仿真周期对电路进行仿真分析。如果电路进行仿真时出现收敛问题,可以在出现仿真错误之前定义测试点,这样就可以只对测试点之前进行仿真,而不必运行全部仿真分析,以大大节省仿真时间。

测试点设置只能用于瞬态仿真分析,如图 7.2 所示,首先选择菜单 **Analysis > Options**,然后在对话框中选择 **Save Check Point** 和 **Restart Simulation**。测试点通过指定测试点之间的时间间隔进行定义。仿真时间间隔为秒,实际的时间间隔通常为分钟(默认值)或小时。按照设定时间点对测试点数据进行创建。

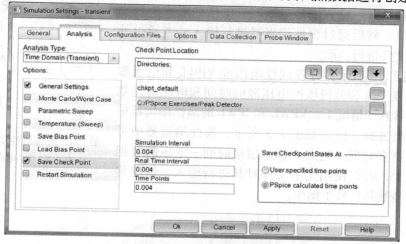

图 7.2 保存测试点数据

对已经保存测试点的电路进行重新仿真之前,用户可对其元件值、参数值、仿真设置选项、测试点重启和数据保存选项进行设置更改。如图 7.3 所示为 **Restart Simulation** 重新仿真选项设置。

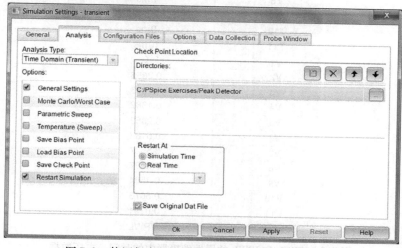

图 7.3 使用保存的测试点数据重新对电路进行仿真

所保存的测试点数据为仿真时间，以秒（s）为单位，例如测试点数据文件内容为 Restart At，重新仿真起始时间设定为 4ms。接下来电路将进行瞬态分析，并且从 4ms 开始保存数据。

7.4 利用文本文件定义时间—电压激励源

第 6 章已经对分段线性激励源进行了介绍，该激励源利用图形化电压波形对电路进行输入。输入波形以时间—电压的形式进行坐标值定义，然后通过属性编辑器进行输入或者通过外部文本文件进行读取。

如图 7.4 所示为分段线性电压源 VPWL 和电流源 IPWL，图 7.5 为分段线性电压源的时间和电压对应数值。通常默认情况下，VPWL 和 IPWL 的属性编辑器中显示八组数据，但是如图 7.5 所示，属性编辑器中可以添加更多时间—电压数据。如果时间—电压的数据量非常大，可以使用文本文件对其进行输入，这样将会更加高效并且易于操作。

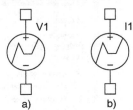

图 7.4 分段线性信号源
a) 电压源 b) 电流源

T1	0
T2	1 ms
T3	2 ms
T4	3 ms
T5	4 ms
T6	5 ms
T7	6 ms
T8	7 ms
T9	8 ms
T10	9 ms
T11	10 ms
V1	0
V2	0.2055
V3	0.3273
V4	0.1382
V5	0.2852
V6	0.5182
V7	0.5527
V8	0.3727
V9	0.3584
V10	0.6673
V11	0.6291
Value	VPWL

图 7.5 VPWL 和 IPWL 的属性编辑器中的时间—电压数据

图 7.6 所示为引自某文本文件的 VPWL_FILE 元件，图 7.7 所示为该元件的部分时间—电压参考数据对。例如，在 1ms 时电压为 0.2055V，在 2ms 时电压为 0.3273V，以此类推。PSpice 经常忽略语句的第一行，所以利用第一行语句功能进行注释是一种非常实用的方法。

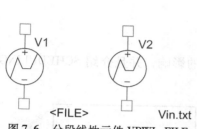

```
* Stimulus Vin
0, 0
0.001, 0.2055
0.0015, 0.3109
0.002, 0.3273
0.0025, 0.2345
0.003, 0.1382
0.0035, 0.1564
0.004, 0.2582
```

图 7.6　分段线性元件 VPWL_FILE　　　图 7.7　激励源 Vin 对应的时间—电压数据点

当引用如同 Vin.txt 类似的文本文件时，需要指明其文件的详细保存地址。可以使用绝对地址以指明该文件的直接路径，或者使用相对寻址指定该文件相对于该项目的具体位置。

如图 7.8 所示，通过层次结果形式表示出 Vin.txt 允许放置的不同文件夹位置以及相应的 <FILE> 名称是以 VPWL_FILE 部分的 Vin.txt 作为参考来命名的。

Project Folder > PSpiceFiles > schematics > simulation profiles

..\..\Vin.txt　　..\Vin.txt　　Vin.txt

图 7.8　调用 VPWL_FILE 建立的时间—电压文本文件 Vin.txt

例如，如果将 Vin.txt 文件与原理图放置在同一文件夹中，可以在 VPWL_FILE 元件的 <FILE> 属性中输入 ..\Vin.txt 作为其文件名。具体如下所示：

Project Folder > PSpiceFiles > schematics > simulation profiles

..\..\Vin.txt　..\Vin.txt　Vin.txt

还可以为文本文件提供绝对路径。例如，放置激励源的文件夹名称为 stimulus，可以在 VPWL_FILE 元件的 <FILE> 属性框中输入 C:\stimulus\Vin.txt 作为名称。

source 库中还包含其他 VPWL 和 IPWL 元件，利用这些元件可以生成多周期或者重复周期的信号波形。PSpice 软件的 source 库中的 file 元件列表如下：

VPWL_F_RE_FOREVER

VPWL_F_RE_N_TIMES

VPWL_RE_FOREVER

VPWL_RE_N_TIMES

IPWL_F_RE_FOREVER

IPWL_F_RE_N_TIMES

IPWL_RE_FOREVER
IPWL_RE_N_TIMES
下面结合练习对上述文件信号源的实际应用进行详细讲解。

7.5 本章练习

练习 1

本练习主要演示最大时间步长对仿真精度的影响，并且介绍 SCHEDULING 命令的具体使用。

1. 绘制如图 7.9 所示电路，其中信号源 V1[⊖]选自 source 库，然后与负载电阻 R1 相连接。

2. 创建名称为 **transient** 的仿真文件，**Analysis Type**（仿真类型）设置为 **Time Domain (Transient)** 时域分析，**Run To Time** 运行时间设置为 10ms，

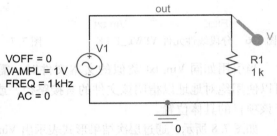

图 7.9　正弦波电压源与负载电阻相连接

恰好显示 10 个正弦周期波形，具体设置如图 7.10 所示。

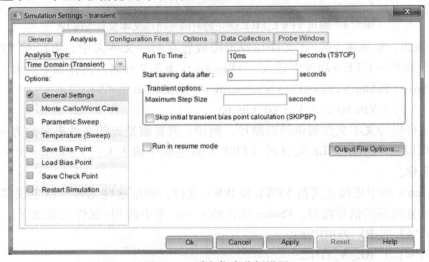

图 7.10　瞬态仿真分析设置

在节点 **out** 放置电压探针，仿真波形如图 7.11 所示，由图 7.11 可以看出波形分辨率比较低。

[⊖] 原书为 VSIN。——译者注

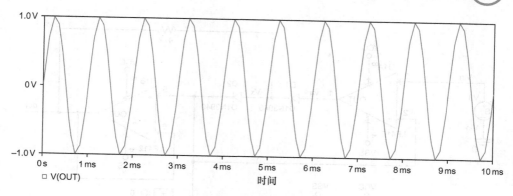

图 7.11　分辨率低时正弦波波形发生失真

3. 在 Probe 图形显示界面选择工具栏 **Tools > Options** 中的 **Mark Data Points** 选项或者单击图标 以便清楚地看到组成正弦波的各个数据点。

4. 仿真设置文件通过使用 schedule 命令，可以对设定时间点的仿真步长进行缩小。在 **Maximum Step Size** 最大步长设置对话框中输入 schedule 命令，但是由于输入框比较小，所以建议首先在类似记事本的文本编辑器中对 schedule 命令进行编辑，然后再把编辑好的命令复制并粘贴至命令框中，例如：

{schedule (0, 0, 2m, 0.05m, 4m, 0.01m, 6m, 0.005m, 8m, 0.001m)}

5. 运行电路仿真。保持 **Mark Data Points** 处于选定状态，由图 7.12 中可以看出，随着仿真步长的减小，波形的分辨率逐渐提高。

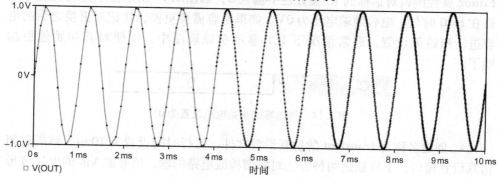

图 7.12　仿真最大步长减小时的正弦波波形变化

练习 2

如图 7.13 所示为峰值检波电路，其中输入信号源 Vin 由 Sourcstm 库中的激励源编辑器生成，或者为 file 文件输入的时间—电压波形。下面对以上两种方式进行详细讲解。

1. 创建名称为 Peak Detector 的仿真项目，然后绘制如图 7.13 所示的电路

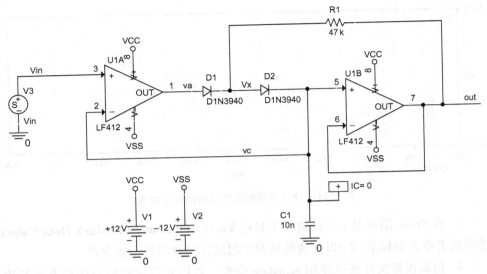

图 7.13 峰值检波电路

图。如果用户所用仿真软件为演示版,运算放大器型号选择 uA741。

2. 将文件夹 SCHEMATIC1 重命名为 Peak Detector。

3. 从 special 元件库中选择 IC1,对电容 C1 的初始电压值(IC)进行设置,以保证在 $t=0$ 时刻电容两端电压为 0V,或者,双击电容 C1,在 **Property Editor** 属性编辑对话框的 IC 设置栏中输入 0,如图 7.14 所示。上述设置能够保证在 $t=0$ 时刻,电容两端电压为 0V。如果电容需要更换,切记对更换之后的电容进行初始值设置。通常情况下 IC1 显示在原理图中,以便对其初始值更加明了。

IC	0

图 7.14 将电容的初始电压设置为 0V

4. 创建名称为 **transient** 的仿真设置文件,运行时间设置为 10ms,然后关闭仿真设置窗口。下面通过两种方法对峰值检波电路的输入信号源 Vin 的电压波形进行设置。

使用激励源编辑器生成的图形波形

5. 使用第 6 章已经定义的 Vin 信号源作为输入激励源,在仿真设置窗口中选择 **Configuration Files** 文件配置选项,然后在 **Category** 目录中选择 **Stimulus** 激励源,最后通过 **Browse** 浏览按钮对激励源文件 stimulus.stl 进行选定。如图 7.15 所示,单击 **Add to Design** 将所选激励源添加到设计中。第 6 章已经对激励源的具体添加步骤进行了详细的讲解。

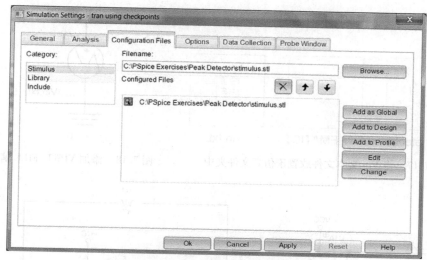

图 7.15 在仿真设置中添加激励源文件

6. 选定激励源名称，然后单击 **Edit** 对激励源进行编辑。接下来软件会自动启动激励源编辑器，并显示 Vin 电压波形。设置完成后关闭仿真设置文件。

7. 转到设置步骤 12。

使用时间—电压 FILE 文件描述输入波形

8. 如图 7.16 所示，在类似记事本的文本编辑器中输入时间—电压数据点。默认情况下，仿真程序会忽略文本文件的第一行内容，所以第一行不要输入具体数据。然而，可在第一行开头使用星号 *，对文本文件添加说明或者对数据内容进行注释。仿真器将忽视开头为星号 * 的字符串。

将文件命名为 Vin，选择 txt 文本格式，并且将文件保存在该项目的仿真文件夹中，如图 7.17 所示，**Peak detector > peak detector – PSpiceFiles**。确保文件的扩展名为 .txt，即 Vin.txt。

9. 从 **source** 库中选择 VPWL_FILE 信号源，将其名称 < FILE > 按照图 7.18 所示 .. \ .. \ Vin.txt 进行重命名。

10. 峰值检波电路如图 7.19 所示。

11. 转到设置步骤 12。

12. 将电压探针放置于 **in**、**out** 输入、输出节点，然后对电路运行瞬态仿真分析。如图 7.20 所示为输入电压 Vin 随时间变化时峰值检波电路的输出响应。

```
* Stimulus Vin
0, 0
0.001, 0.2055
0.0015, 0.3109
0.002, 0.3273
0.0025, 0.2345
0.003, 0.1382
0.0035, 0.1564
0.004, 0.2582
0.0045, 0.44
0.005, 0.5182
0.0055, 0.6018
0.006, 0.5527
0.0065, 0.5018
0.007, 0.3727
0.0075, 0.3
0.008, 0.3564
0.0085, 0.5109
0.009, 0.6673
0.0095, 0.6782
0.01, 0.6291
```

图 7.16 输入电压波形 Vin 的时间—电压对应数据

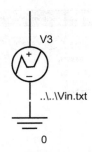

图 7.17 将 Vin 文本文件放置于仿真文件夹中　　图 7.18 添加 VPWL_FILE 信号源

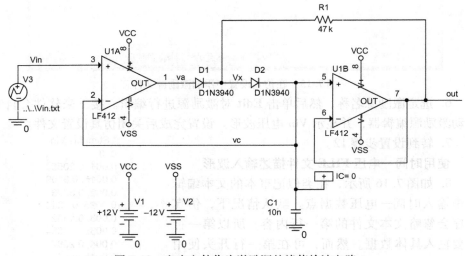

图 7.19 文本文件作为激励源的峰值检波电路

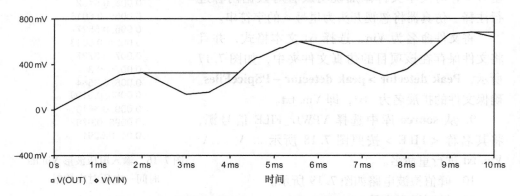

图 7.20 峰值检波电路输入、输出电压随时间变化波形

生成 Vin 周期信号

13. 删除 VPWL_FILE 信号源，然后从 source 库中选择 VPWL_F_RE_FOREV-

ER 周期信号源。按照步骤 9 设置方式，双击 < FILE > 然后输入 .. \ ..
\ Vin. txt。

14. 配置 PSpice 设置文件，仿真时间增加至 50ms，运行仿真程序。仿真结果如图 7.21 所示，其中 Vin 为周期信号。

15. 对 VPWL_F_RE_N_TIMES 信号源进行研究。

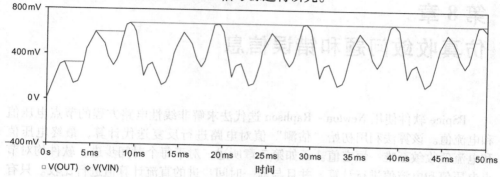

图 7.21 输入电压 Vin 为周期信号

第 8 章
仿真收敛问题和错误信息

PSpice 软件使用 Newton – Raphson 迭代法求解非线性电路方程的节点电压值和电流值。该算法利用初始"估测"值对电路进行反复迭代计算，最终电压值和电流值收敛至唯一恒定值。正如第 7 章所述，对于每个时间步进，软件均对节点电压值和电流值进行计算，并且与前一时间步进的直流计算值进行比较。只有当相邻两个直流差值符合规定的容差时，软件才会按照下一内部时间步长继续对电路进行分析计算。在对电路仿真计算过程中，时间步长根据实际计算值进行动态调整，直到满足设置容差。然而，如果无论如何调整仿真步长都不能满足设置容差时，PSpice 将输出报告：由于收敛问题，仿真不能继续进行。当迭代过程中时间步长变得太小时，电路也不能继续进行仿真。当电路中出现快速变化的信号，此时例如上升沿非常快的脉冲信号，此时电路也有可能出现不收敛问题。

电路设计不合理、参数缺失或者数值错误时也会出现电路不收敛现象。本章将对主要的常见错误进行详细的讨论。

8.1 常见错误信息

Error – Node < name > is floating
上述语句表明电路中缺少零伏节点 0。具体实例参考第 2 章练习 1 和第 3 章练习 1。

Error – Missing DC path to ground
缺少对地直流通路。该节点与 0 节点或者接地路径之间增加大阻值电阻。具体实例参考第 3 章练习 1。

Error – Less than two connections at node < name >
Capture 元件无对应 PSpice 模型，所以该元件不能用于 PSpice 仿真分析。当某个网络点悬空时，也会输出上述错误信息。

Error – Voltage source or inductor loop
电压源模型为理想元件，无内部串联电阻，因此，当两个电压源并联时，电流将会无限大,从而超越最大电流限制值。电压和电流的极限值限定为 ±1e10V 和 ±1e10A。

电感本质上为时变电压源,当电感与电压源或者另一电感并联时也会出现上述错误。在 PSpice 元件库中,电感为理想模型,其绕组阻抗为 0Ω。

8.2 建立静态工作点

当对电路进行瞬态分析和直流扫描分析时,首先需要对电路进行偏置点分析。然而,当 PSpice 无法计算出电路各节点的偏置点数值时,电源电压值将会从 100% 降低至零,非线性电路将会被有效地线性化,从而提高偏置点计算成功的概率。

当对电路进行瞬态仿真分析时,PSpice 程序启动,仿真程序将会出现在仿真状态窗口和输出窗口。如图 8.1 所示为输出窗口中的仿真报告:偏置点计算完成,瞬态分析起始和结束信息以及仿真结束等信息。

```
Reading and checking circuit
Circuit read in and checked, no errors
Calculating bias point for Transient Analysis
Bias point calculated
Transient Analysis
Transient Analysis finished
Simulation complete
```

图 8.1 PSpice 输出信息

当电路进行工作点分析、瞬态分析、直流扫描分析和交流分析时,仿真人员可以通过输出窗口中的显示信息判断电路仿真是否收敛。

8.3 收敛问题

如果电路在仿真过程中出现收敛问题,PSpice 仿真将会暂停,并且会出现如图 8.2 所示的仿真运行设置对话窗口。此时用户根据电路特性对仿真参数进行修改,然后重新进行仿真分析。

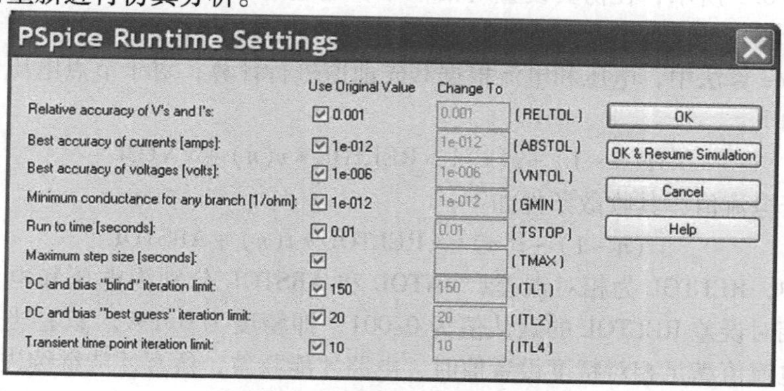

图 8.2 PSpice 运行设置

输出文件内容主要为最后一次仿真计算的电压值以及仿真不收敛元器件，通过以上信息，可以判断电路不收敛的问题根源。

对于收敛问题，至今仍然没有非常明确的解决办法，我们需要做的就是尽量把问题具体定位，然后根据电路特性进行具体解决。对于大规模电路，有条不紊地对电路进行分解，然后对各个局部电路进行仿真分析。对于层次电路，首先对每个模块进行独立仿真分析，如此操作对解决收敛问题非常有益。对大规模电路进行仿真分析时，首先对每个模块成功地进行仿真分析，然后再把各模块顺次组合成为完整设计。第 20 章将对分层设计进行详细讲解。

对于非常复杂的大规模电路，可以利用模拟行为模型（ABM）对各个模块进行代替。ABM 主要利用数学表达式或数组形式对元器件或者电路行为进行模拟。利用该模型进行仿真分析时，仿真速度非常快，以便更加快捷地对不收敛电路进行定位，然后对其进行替换和消除。然而，如果 ABM 使用不当，也可能会导致收敛问题出现，尤其是数学表达式中包含分母变量时，在一定的电路条件下，分母可能为零，从而超出 PSpice 的极限值 ±1e10V 和 ±1e10A。

仅由几个元器件构成的小电路也可能引起收敛问题；对于普通二极管，如果建模时未包含串联电阻，其电流和电压值也可能会超出 PSpice 的限制值 ±1e10V 和 ±1e10A。

理想情况下，半导体厂商提供的元器件模型非常齐全，并且已经通过仿真测试，不应该成为收敛问题的主要原因。唯一可能出现的问题就是，某些半导体模型由子电路形成，尤其是功率 MOSFET 器件，此时出现收敛问题的概率就会大大增加。

8.4 仿真设置

如图 8.3 所示，在仿真设置对话框中，通过选择 Options 选项对仿真收敛进行具体设置。

PSpice 算法中，电压和电流根据其先前值进行计算，对于节点电压值，其收敛条件如下：

$$|v(n-1)-v(n)| > \text{RELTOL} * v(n) + \text{VNTOL} \qquad (8.1)$$

对于电流值，其收敛条件如下：

$$|i(n-1)-i(n)| > \text{RELTOL} * i(n) + \text{ABSTOL} \qquad (8.2)$$

其中，RELTOL 为相对误差；VNTOL 和 ABSTOL 分别为电压和电流的绝对误差。相对误差 RELTOL 的默认值为 0.001，即精度为 0.1%。只有当连续电压和连续电流值满足相对精度设置值时，电路才能收敛，仿真才能继续进行。

如果某高压电路的输出电压为 100V，电压绝对误差 VNTOL 的默认值为

1μV,而此时可以增加到 10mV 或者 100mV 却不会影响计算精度,但是对收敛问题却有很大帮助。电流绝对误差 ABSTOL 的默认值为 1pA,对于大电流电路,同样可以应用上述策略对其绝对电流误差进行增加。

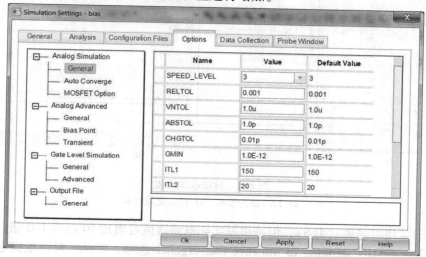

图 8.3 仿真设置对话框

PSpice 仿真软件通过 ITL1、ITL2 和 ITL4 对迭代次数进行设置,以便仿真收敛。在某些情况下,仅仅通过增加迭代次数就可使电路收敛,而无须降低仿真精度。在图 8.3 中,ITL1 和 ITL2 用于直流偏置点计算,ITL4$^{\ominus}$用于瞬态分析。对电路进行瞬态分析时,可以通过直流偏置点计算和瞬态分析测试电路是否收敛,以便决定是否增加其迭代极限。

在仿真设置窗口的 Options 选项中增加了 AutoConverge 自动收敛功能。当仿真过程中出现不收敛问题时,PSpice 软件通过 AutoConverge 改进仿真设置以便电路能够成功进行仿真。如图 8.4 所示,在自动收敛窗口中输入各设置值的最大限定值,软件将会按照该最大限定值对电路进行仿真计算。当电路出现不收敛问题时,PSpice 将会自动对其仿真设置进行修改,电路将会再次从 $t=0$ 时刻进行仿真分析。图 8.4a 和图 8.4b 分别为 17.2 之前版本和之后版本的 AutoConverge 设置窗口。

每个半导体器件内部均有很小的电导区为电流提供通路,以便电流和电压的初始值偏置点数值能够进行计算。如图 8.3 所示,在 PSpice 中该电导被称为 GMIN,为仿真设置全局参数之一。当电路中含有大关断电阻元件例如功率 MOSFET 或者二极管时,电导参数的设置将会非常实用。GMIN 默认值为 $1.0E-12$

$\ominus$ 图 8.3 中无 ITL4。——译者注

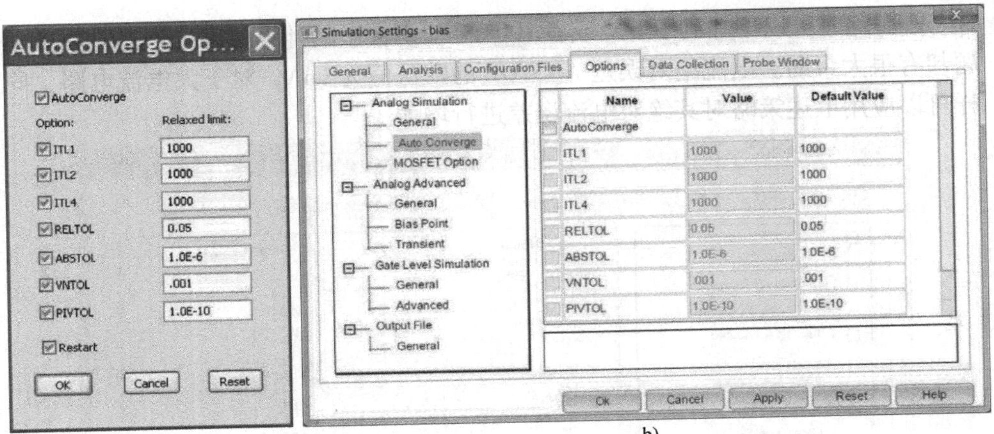

图 8.4 自动收敛设置
a) 17.2 之前版本 b) 17.2 之后版本

西门子（用符号表示为 S），但是根据实际电路该值可增加 10 倍或 100 倍。通过选定 **Use GMIN stepping to improve convergence** 选项，PSpice 可以根据电路仿真状态自动调节 GMIN 参数值，使得电路仿真能够顺利进行，实践表明该选项非常实用。

8.5 本章练习

练习 1

1. 绘制如图 8.5 所示的电路图，然后通过选择 **PSpice > New Simulation Profile** 创建偏置点分析文件。在 **Analysis** 分析类型中选择 **Bias Point** 工作点分析，然后单击 OK 按钮对仿真设置进行确定。

2. 通过选择菜单 **PSpice > Run** 或者单击运行按钮 对电路进行仿真分析，将会出现如图 8.6 所示的警告信息对话框，该对话框要求仿真人员对状态记录进行检查。

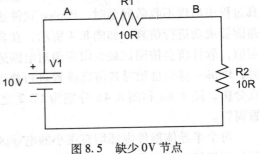

图 8.5 缺少 0V 节点

通常情况下，仿真状态记录出现在屏幕底部，如果状态记录没有出现，可以通过选择顶部工具栏的 **Window > Session Log** 对其进行读取，具体信息如下：

WARNING［NET0129］Your design does not contain a Ground（0）net.

第 8 章 仿真收敛问题和错误信息

图 8.6 警告信息

单击 OK 按钮对警告信息进行确定，然后 PSpice 程序将会启动。

3. 在 PSpice 输出文件中，显示如图 8.7 所示的错误信息。因为电路未设置 0V 节点，所以所有节点均悬空。通过在电路中连接 0V 地节点符号可以使电路顺利进行仿真。

```
V_V1        A N00514 10V
R_R1        A B     10R TC=0,0
R_R2        N00514 B 10R TC=0,0

**** RESUMING bias.cir ****
.END

ERROR -- Node A is floating
ERROR -- Node N00514 is floating
ERROR -- Node B is floating
```

图 8.7 浮动节点错误信息

练习 2

1. 绘制如图 8.8 所示的仿真电路图，然后通过菜单 **PSpice > New Simulation Profile** 创建偏置点仿真文件。在 **Analysis** 分析类型对话框中选择 **Bias Point** 工作点分析，然后单击 OK 按钮对仿真设置进行确定。

2. 通过选择菜单 **PSpice > Run** 或者单击运行按钮 ▶ 对电路运行仿真分析。

3. 在 PSpice 输出文件中，显示如图 8.9 所示的错误信息。输出该错误信息的主要原因在于节点 B 无对地直流通路，当两个电容串联连接时经常会出现上述错误信息。通过给 C1 或者 C2 并联大阻值电阻可以消除上述错误信息，从而使电路继续进行仿真分析。

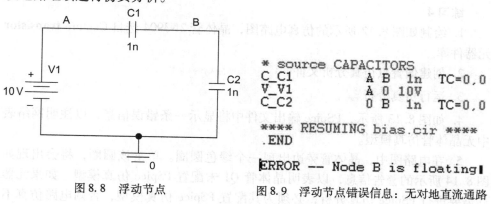

图 8.8 浮动节点   图 8.9 浮动节点错误信息：无对地直流通路

练习 3

1. 绘制如图 8.10 所示的仿真电路图，然后通过菜单 PSpice > New Simulation

Profile 创建偏置点仿真文件。

2. 运行仿真分析 。

3. PSpice 仿真输出文件中显示如图 8.11 所示的错误信息。电感中未包含串联电阻,通过对其增加串联电阻可以使电路仿真继续进行。

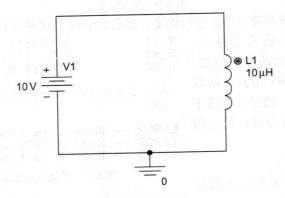

图 8.10 电感回路

```
* source SINEWAVE
V_V1         N00502 0 10V
L_L1         N00502 0 10uH

**** RESUMING transient.cir ****
.END
```

图 8.11 电感环路仿真错误信息

练习 4

1. 绘制如图 8.12 所示的仿真电路图,晶体管 2N3904 选自 Capture **transistor** 元器件库。

2. 创建偏置点仿真分析文件。

3. 运行仿真分析 。

4. 如图 8.13 所示,PSpice 输出文件中将显示一条错误信息,以注明网络表中无晶体管仿真模型。

5. 在电路图中,晶体管旁边出现一个绿色圆圈。单击该圆圈,将会出现如图 8.14 所示的警告信息,以表明晶体管 Q1 未配置 PSpice 仿真模型。如果元器件需要进行 PSpice 仿真分析,必须为其配置 PSpice 仿真模型,否则电路仿真不能运行。仿真模型配置将在第 16 章进行详细讲解。

第 8 章 仿真收敛问题和错误信息

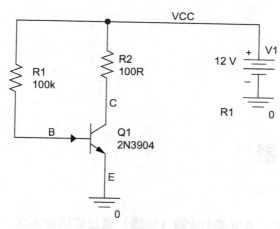

图 8.12 电路元器件缺少 PSpice 仿真模型

```
* source SINEWAVE
R_R2        C VCC    100R TC=0,0
V_V1        VCC 0 12V
R_R1        B VCC    100k TC=0,0

**** RESUMING transient.cir ****
.END

ERROR -- Less than 2 connections at node C
ERROR -- Less than 2 connections at node B
```

图 8.13 电路中某元器件无 PSpice 仿真模型

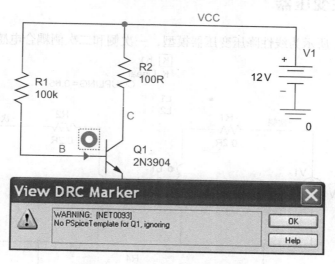

图 8.14 缺少 PSpice 仿真模型

第 9 章
变 压 器

变压器由两个或者更多个线圈（电感）通过磁耦合实现。空心变压器由 analog 元器件库中的 K_Linear 耦合元器件构成，非线性变压器由磁心模型 K 构成。对于线性变压器，绕组为线圈电感，单位为亨利（H）；而对于非线性变压器，绕组为线圈匝数，所以，设计人员在仿真变压器时务必要注意。

PSpice 中的磁心模型具有滞环效应，并且其耦合系数介于 0～1 之间，耦合系数用来定义线圈之间的磁通耦合程度。耦合于同一磁心的多个线圈，其耦合系数接近于 1，但是对于空气线圈来说，其耦合系数就要小很多了。

9.1 线性变压器

如图 9.1 所示为线性降压变压器模型，一次侧和二次侧耦合电感的单位为亨

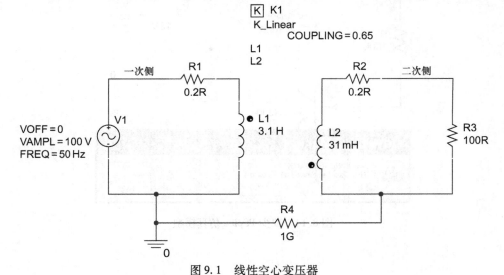

图 9.1 线性空心变压器

利（H）。两个线圈 L1 和 L2 通过磁心 K1（K_Linear）紧密地耦合在一起。理想情况下，一次侧和二次侧电路完全电气隔离。然而如第 2 章所述，PSpice 仿真电路中的每个节点必须具有直流接地通路，否则电路不收敛。在变压器二次侧和 0V 地之间连接一个大阻值电阻 R4，可以解决上述不收敛问题，而不会对仿真精度造成显著影响。

> **注意：**
> 电感标识上面增加了一个小圆点，以指示电流的流动方向和电压极性，同时也可以指明线圈的相互绕制方式。早期的 OrCAD 版本中，只能通过对电感的引脚显示才能判断绕组之间的耦合方式。

9.2 非线性变压器

如图 9.2 所示为非线性变压器电路，该变压器由三个电感线圈 L1、L2 和 L3 耦合而成。首先把电感名称 L1、L2 和 L3 添加至磁心 K 的属性编辑器中，然后修改其属性，使其显示到原理图中，以便能够更加清晰地表明变压器的构成。标准磁心 K 最多耦合六个电感。制造商磁心模型都保存在 **magnetic** 元器件库中，本节电路实例所用磁心模型为 E13_6_6_3C81。

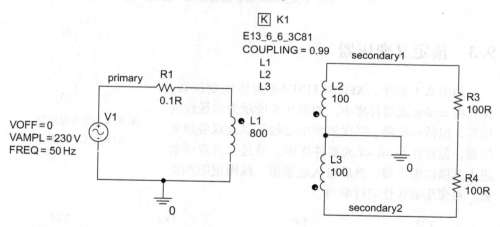

图 9.2 非线性中心抽头变压器

选定磁心 K，然后通过 **rmb > Edit PSpice Model** 打开 PSpice 模型编辑器，可以观测磁心的磁滞回线。在模型编辑器中可查阅磁心模型的详细文本描述。通过选择 **View > Extract Model**，然后在信息窗口中单击 **Yes** 按钮，磁滞回线将直接绘制出来。磁心各参数组成的表格显示在模型编辑器底部。对于每个磁心，其气隙参数均可被设定。另外通过表格窗口输入 BH 曲线数据，以便提取模型参数。如图 9.3 所示为磁心 E13_6_6_3C81 的模型参数和磁滞回线图形。第 16 章将对模型编辑器的具体使用进行更加详细的讲解。

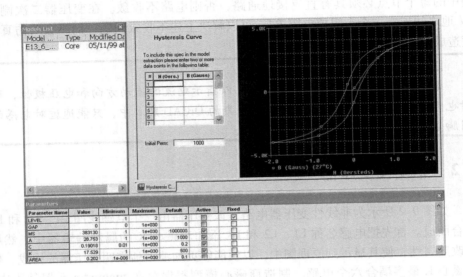

图 9.3　E13_6_6_3C81 磁心模型参数和磁滞回线

9.3　预定义变压器

如图 9.4 所示，XFRM_LINEAR 为线性变压器，保存在 analog 元器件库中。如图 9.5 所示为非线性变压器，包括一次侧、二次侧带中心抽头以及双绕组变压器，保存在 breakout 元器件库中。通过双击变压器进入其属性编辑器，然后输入电感值、线圈电阻和匝数，对变压器属性进行编辑。

图 9.4　线性变压器
XFRM_LINEAR

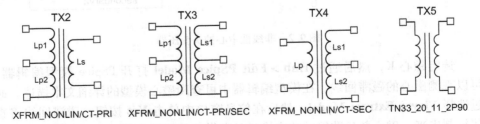

图 9.5　非线性变压器

9.4 本章练习

练习1

绘制降压变压器电路，一次绕组电感值为 3.1H，串联电阻为 0.2Ω；二次绕组电感值为 31mH，串联电阻为 0.2Ω。该变压器与 100Ω 负载电阻连接，对输入信号源实现 10 倍降压功能。

1. 创建名称为 Linear Transformer 的新仿真项目，然后绘制如图 9.6 所示的电路图。其中电感、电阻和磁心 K_Linear 均选自 **analog** 元器件库。V1 为正弦波信号源 VSIN，选自 **source** 库。耦合系数设置为 0.65。

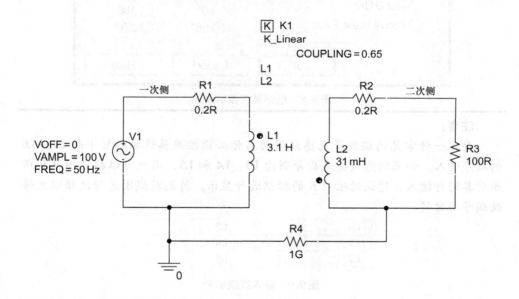

图 9.6 线性变压器

2. 如果所用 OrCAD 为老版本，电感符号上面没有圆点标识，可以通过对引脚 1 进行显示以标注其极性，然后根据设置对其进行相应的定向旋转。

3. 双击 K_Linear，打开属性编辑器，并按照图 9.7 所示输入电感名称。

图 9.7 定义耦合电感

选中 L1 和 L2，然后通过 **rmb > Display** 选择 **Value Only** 对其显示属性进行设置，如图 9.8 所示。

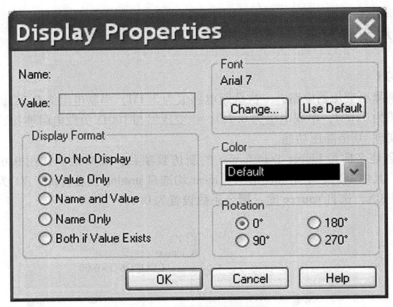

图 9.8 电感属性显示设置

注意：
存在一种常见的误解是电感线圈的名称必须按照属性编辑器中的 L1~L6 的顺序键入。如果电感线圈名称分别为 L3、L4 和 L5，用户可以按照图 9.9 所示对其进行输入。建议对磁心 K 的标识进行显示，特别对线圈进行注释以及修改编号的时候。

图 9.9 输入线圈编号

4. 如图 9.10 所示为电路瞬态仿真分析设置，运行时间为 50ms。

5. 在变压器的一次侧和二次侧网络节点处放置电压探针，对电路运行仿真分析。仿真结果如图 9.11 所示，当输入电压为 100V 的正弦波时，输出电压为 6.4V 的正弦波，输入、输出相位差 180°。

如果电路中未放置电压探针，当 PSpice 仿真窗口出现时，选择 **Trace > Add Trace**，然后从左侧仿真变量窗口中选择 **V（primary）** 和 **V（secondary）** 进行变压器一次电压和二次电压波形显示。

6. 空心变压器一次电压、二次电压之比与一次电感、二次电感值的关系如下：

第 9 章 变 压 器

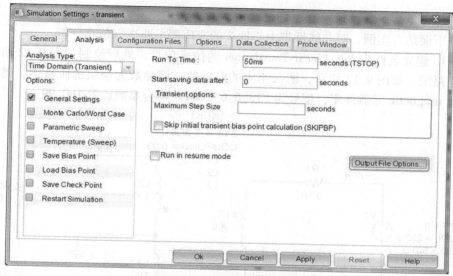

图 9.10 瞬态仿真分析设置

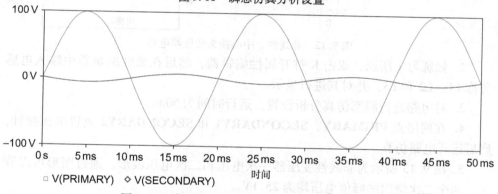

图 9.11 降压变压器的一次电压和二次电压波形

$$\frac{V_\text{S}}{V_\text{P}} = \sqrt{\frac{L_\text{S}}{L_\text{P}}}^{\ominus}$$

所以,当耦合系数 K 的值增加为 1 时,变压器的二次电压值近似为 10V。在实际设计和生产中,空心变压器的耦合系数很低。

注意:

在对变压器电路进行仿真分析时,当输出正弦波的波形出现失真时,需要对仿真最大步长进行限制。

⊖ 原书为 $\frac{V_\text{S}}{V_\text{P}} = \frac{\sqrt{L_\text{S}}}{L_\text{P}}$,有误。——译者注

练习 2

下面结合实例，对非线性带中心抽头的变压器电路进行仿真分析。

1. 建立名称为 Non Linear Transformer 的仿真项目，然后绘制如图 9.12 所示的电路图。如图 9.12 所示，输入相应的电感值，该参数为绕组的匝数值。磁心选自 **magnetic** 元器件库，型号为 E13_6_6_3C81。耦合系数设置为 0.99。

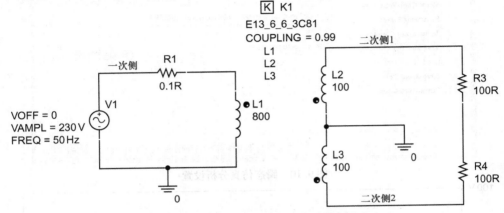

图 9.12　非线性、中心抽头变压器电路

2. 如练习 1 所示，双击 K 打开属性编辑器，然后在属性编辑器中输入电感名称 L1、L2 和 L3，并对其进行显示。

3. 对电路进行瞬态仿真分析设置，运行时间为 50ms。

4. 在网络点 **PRIMARY**、**SECONDARY1** 和 **SECONDARY2** 放置电压探针，然后运行电路仿真。

5. 图 9.13 所示为非线性变压器一次电压和二次电压波形。通过图形可以看出，两个二次绕组的峰值电压均为 25.1V。

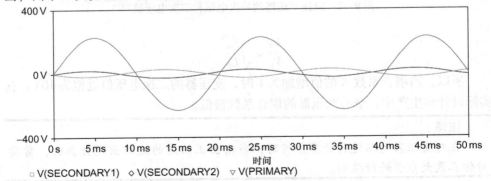

图 9.13　变压器一次电压和二次电压波形

6. 如果读者有时间和精力，可以继续对 analog 和 breakout 库中的其他变压器进行研究。

第 10 章
蒙特卡洛分析

蒙特卡洛分析本质上是一种数学统计分析，根据指定的统计分布，当元器件模型参数按照规定的容差极限随机变化的时候计算电路的响应。例如，迄今为止本书仿真的所有电路，其元器件参数值均为固定值。然而，对于电阻、电感和电容等实际分立元件，其参数值均有一定的容差。例如，当选择10(1±1%)kΩ的电阻时，可以预测设计测量的电阻应该在9900~10100Ω。电路中的其他分立元件和半导体器件均存在容差。所以，当所有元器件的容差效果组合在一起时，可能对电路的输出响应造成巨大的偏差。尤其当设计滤波器时，元器件容差可能会导致滤波器的频率特性产生偏差。

当元器件模型参数或者元器件参数值在规定容差范围内随机变化时，蒙特卡洛分析为电路设计提供统计数据，以预测电路的输出响应。在蒙特卡洛分析过程中，元器件参数值的改变遵循特定的统计分布。进行蒙特卡洛分析时，PSpice按照指定的次数对电路重复进行直流分析、交流分析或者瞬态分析，每次仿真分析所用的元器件参数值或元器件模型参数值均按照蒙特卡洛指定分布随机生成。仿真运行次数越多，元器件的各个参数值在其容差范围内出现的概率越大。为了使统计分析更加准确，可以对电路进行成百上千次的仿真分析，以便在元器件容差范围内覆盖更多的参数和模型值。实际上，蒙特卡洛分析主要通过改变元器件值和元器件模型参数值来预测电路的鲁棒性和产品的成品率。

虽然蒙特卡洛的分析结果在PSpice图形显示界面（Probe）中为一簇曲线，但是通过**Performance Analysis**性能分析能够生成直方图，并且将统计数据及其统计数据摘要共同显示于直方图中，如此就能更加直观地对蒙特卡洛分析的统计结果进行研究。

10.1 仿真设置

蒙特卡洛分析与交流分析、直流分析或者瞬态分析同时进行。首先在原理图

中通过 **Property Editor** 元器件属性编辑器对各元器件的容差进行设置，然后再根据设计需求对电路进行仿真设置。如图 10.1 所示为带通滤波器，电阻和电容等元器件的容差已经添加并且显示于电路中。对电路进行交流仿真分析设置，起始频率为 10Hz，结束频率为 100kHz。PSpice 首先按照各元器件的标称值对电路进行蒙特卡洛分析，然后按照规定运行次数，利用随机参数值进行仿真分析。

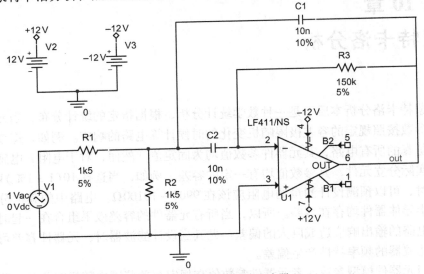

图 10.1　1500Hz 带通滤波器

如图 10.2 所示为交流扫描分析与蒙特卡洛分析仿真设置。

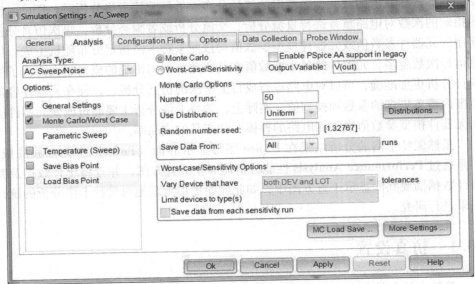

图 10.2　蒙特卡洛仿真分析设置

10.1.1 输出变量

仿真输出变量由用户指定，可以为节点电压值、独立电流源或者独立电压源。在本例中，输出变量设置为 V（out）。

10.1.2 运行次数

运行次数用来设置电路进行直流分析、交流分析或者瞬态分析的仿真次数。在 Probe 中能够显示的波形数量最多为 400 条。然而，如果对波形进行打印输出，在最新版本的 PSpice 仿真软件中，最大打印数量已经从 2000 条增加至 10000 条，数量大大扩展，以满足用户的需求。电路运行第一次仿真时所使用的元器件参数为其标称值，未包含容差值。

10.1.3 分布类型选择

元器件模型参数按照指定的概率曲线在标称值和最大容差极限值之间分布。默认情况下为均匀分布，即元器件取得每个值的概率相等；另一种分布类型为高斯分布，即钟形曲线分布，通常用于生产制造行业。与容差边缘数值相比，元器件参数值更倾向于在标称值中心点附近分布。

用户可以根据指定的偏差和概率数组定义特定的概率分布曲线，其中偏差的范围为 -1 ~ +1，概率的范围为 0 ~ 1。PSpice A/D 参考手册对概率分布进行了详细的讲解，用户可以根据实际需求进行相关学习。PSpice A/D 参考手册的安装地址为 <install dir> doc \ pspcref \ pspcref.pdf。

10.1.4 随机种子数

与通用随机数发生器一致，PSpice 也需要利用初始种子数生成随机数。该种子数必须为 1 ~ 32767 的奇数，如果用户未指定该数值，则其默认值为 17533。

10.1.5 数据保存形式

按照指定的运行方式对仿真数据进行保存。例如，如果只想查看标称值运行时的电路响应，选择 none。如果需要保存每次运行的数据，选择 all。如果从标称值开始，每运行三次保存一次数据，例如第四次、第七次、第十次等以此类推，可以通过选择 every，然后在 run 栏中输入 3 来实现上述功能。如果希望对前三次仿真数据进行保存，选择 first，然后在 run 栏中输入 3 来实现上述功能。如果希望对第三次、第五次、第七次、第十次的仿真数据进行保存，选择 run（list），然后在 run 栏中输入 3、5、7、10 就可以实现上述功能。所保存的数据波形将会在 Probe 屏幕图形显示窗口进行显示。

10.1.6 MC 加载/保存

PSpice 对电路进行蒙特卡洛分析时，把仿真过程中随机生成的模型参数值和元件参数值保存在规定文件中，以供后续分析和研究。

10.1.7 更多设置

利用该选项对数据整理函数进行配置，使得输出波形只返回唯一数值。例如，MAX 最大值，函数用于搜索并返回该波形的最大值。YMAX 函数用于计算电路在标称值和随机值仿真时波形的最大差值。RISE 和 FALL 函数用于计算波形第一次向上或者向下通过设定阈值时的时间值。对于每个功能函数，都可以根据实际计算需求对其指定工作范围。如图 10.3 所示为整理函数设置窗口。

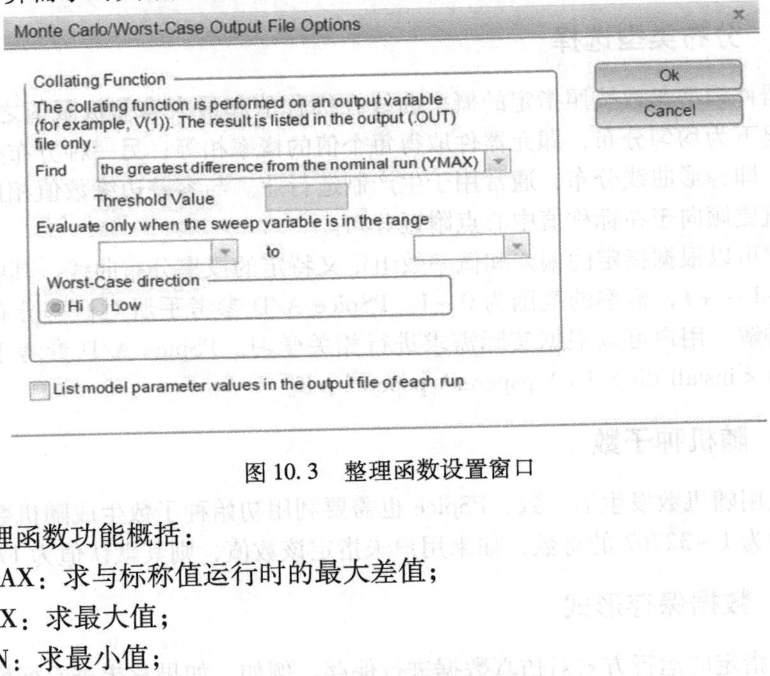

图 10.3 整理函数设置窗口

整理函数功能概括：
YMAX：求与标称值运行时的最大差值；
MAX：求最大值；
MIN：求最小值；
RISE_EDGE：求第一个与设置阈值交叉的上升点；
FALL_EDGE：求第一个与设置阈值交叉的下降点。

10.2 元件容差设置

在 PSpice 最新版本中，分立元件 R、L 和 C 均具有容差属性，通过属性编辑器可以对其容差进行添加和设置。当输入容差参数值时，务必在数值后面输入%

符号，例如10%，否则仿真结果会出现误差。

早期OrCAD版本中，只有通过唯一途径——**breakout**元件和模型编辑器为分立元件添加容差。例如对电阻添加容差时，首先从**breakout**元件库中选择Rbreak元件，然后通过rmb > Edit PSpice Model打开模型编辑器，最后通过设置语句对其容差进行添加。Rbreak的默认模型语句为

.model Rbreak RES R = 1

其中，Rbreak为模型名称，可以根据实际电路需求对其名称进行修改，该名称显示在原理图中；RES为PSpice模型类型；R为数值因子，用于设置电阻参数值的倍率；**dev**和**lot**为两种容差类型，可以按照如下格式对模型进行添加：

.model Rmc1 RES R = 1 lot = 2% dev = 5%

上述语句中，模型名称已经修改为Rmc1，包含两种容差类型。dev容差规定同一模型名称的元件其参数值在该容差范围内独立变化，而lot容差规定同一模型名称的元件其参数值在该容差范围内统一变化。

dev设置为5%，该电阻模型与标准的5%电阻意义完全一致，即每个电阻的阻值在5%范围内独立变化，彼此之间不受任何影响。

lot设置为2%，即相同模型名称的元件参数值按照2%的容差一起改变。该容差主要用于集成电路设计，当温度变化时，所有元件参数值按照相同的趋势改变。合并后，电阻模型Rmc1的总容差将达到±7%。

下面结合单列直插式（SIL）或双列直插式（DIL）排阻模型对lot和dev容差进行讲解：每个电阻设定独立的dev容差值，这样随机生成的每个电阻的阻值将与其他电阻值不同。由于电阻模型的lot容差设置值一致，当温度升高时，所有电阻的参数值将按照相同的百分比同时增加。

如上所述，只有分立元件才具有附加的容差属性参数，并且可以通过属性编辑器对其进行设置。如果需要对某厂家生产的晶体管的放大倍数Bf添加容差值，以测试电路特性，可以通过模型编辑器对其Bf值添加dev容差，具体添加格式如下：

.model Q2N3906 PNP (Is = 1.41f Xti = 3 Eg = 1.11 Vaf = 18.7
Bf = 180.7 dev = 50% Ne = 1.5 Ise = 0)

在本例中，对晶体管的放大倍数Bf添加dev容差，数值为50%，容差分布类型为平均分布。然而，通常情况下Bf的数值更符合高斯分布，通过对模型添加语句dev/gauss = 12.5%进行高斯分布设置，其极限误差为±4σ，具体模型设置语句如下：

.model Q2N3906 PNP (Is = 1.41f Xti = 3 Eg = 1.11 Vaf = 18.7
Bf = 180.7 dev/gauss = 12.5% Ne = 1.5 Ise = 0)

10.3 本章练习

练习 1

如图 10.4 所示为 Sallen 和 Key 1500Hz 带通滤波器电路图。电阻和电容均添加容差属性，利用蒙特卡洛分析预测带通频率的统计变化。

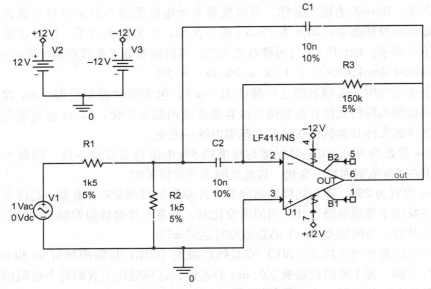

图 10.4　1500Hz 带通滤波器

1. 绘制如图 10.4 所示电路图。如果所用 OrCAD 软件为演示版，则运放型号选择 **eval** 库中的 uA741；或者选用 **opamp** 库中的 LF411 运算放大器；通过 **Part Search** 元器件查询可知 LF411 运放来自不同的生产商，每个运放均可使用。V1 为 V_{AC} 交流源，选自 **source** 元器件库，用于交流 AC 分析；通过选择菜单 **Place > Power** 放置电源符号 VCC_CIRCLE，然后分别对其重命名为 +12V 和 -12V。

注意：
当对运放 LF411 进行元器件搜索时，务必确认搜索地址为 <install dir> \ Tools \ Capture > Library > PSpice library（详见第 5 章的练习 3）。

2. 首先将所有电阻容差值设置为 5%。按住 **Ctrl** 键并选择电阻 R1、R2 和 R3，然后选择 **rmb > Edit Properties** 打开属性编辑器。如图 10.5 所示，在属性编辑器中选择 TOLERANCE 容差行（或列），然后通过 **rmb > Edit** 对其进行编辑。如图 10.6 所示，在属性值编辑对话框中输入 5%，然后单击确定，完成容差值设置。

3. 在图 10.5 中选择整个 TOLERANCE 容差行，然后选择 **rmb > Display**，在

第 10 章 蒙特卡洛分析

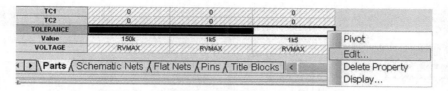

图 10.5 选中整个 TOLERANCE 容差行，然后选择 Edit 对其进行编辑

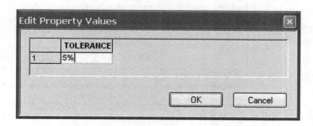

图 10.6 为电阻添加 5% 容差值

图 10.7 属性显示对话框中选择 **Value Only** 只对数值进行显示，最后单击 OK 按钮对显示设置进行确定。

4. 重复步骤 2 的操作，将电容 C1 和 C2 的容差值设置为 10%。

5. 如图 10.8 所示，创建名称为 AC Sweep 的 PSpice 仿真设置文件，对电路进行交流对数扫描分析，频率范围从 100Hz 至 10kHz，每十倍频 50 个点。并且在 Options 对话框中选择 **Monte Carlo/ Worst Case**（蒙特卡洛/最坏情况）分析。

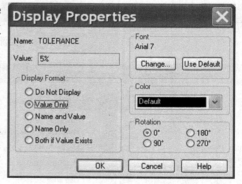

图 10.7 容差显示值设置

输出变量设置为 **V（out）**，运行次数为 50。采用平均分布，随机数种子采用默认值，保持为空。蒙特卡洛仿真分析设置如图 10.9 所示。

6. 通过选择菜单 **PSpice > Markers > Advanced > dB Magnitude of Voltage** 在 **out** 输出节点处放置 dB（分贝）探针，然后对电路运行仿真分析。

注意：

对电路进行蒙特卡洛仿真分析时会生成大量数据。由于我们只关心输出节点的波形数据，所以可以设置为只保存电路图中放置探针节点处的显示波形数据。在仿真设置窗口中，选择 **Probe Window** 探针窗口，然后选定 **All markers on open schematic** 即可实现上述功能。

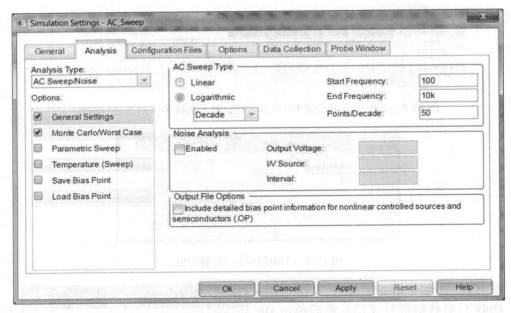

图 10.8　交流分析仿真设置

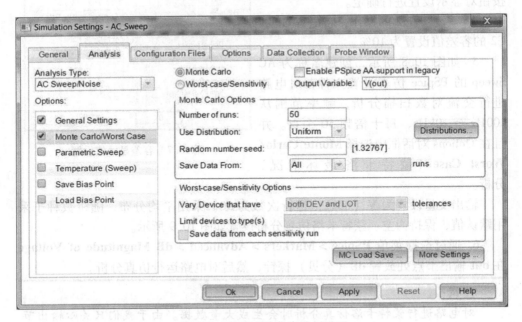

图 10.9　蒙特卡洛仿真分析设置

7. 当仿真运行时，将会出现如图 10.10 所示的运行列表，选择 **All**，然后单击 OK 按钮进行确定。

第 10 章 蒙特卡洛分析

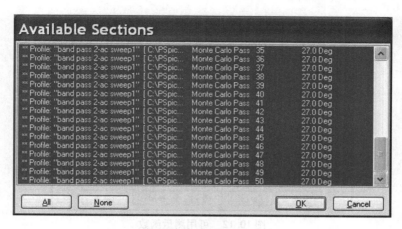

图 10.10 数据显示选择

8. 如图 10.11 所示为带通滤波器的输出频率特性曲线。通过选择菜单 **View > Output File** 打开输出文件 ｛**XE** "**Output File**"｝，然后向下拖动查看每次蒙特卡洛仿真运行的数据。在文件底部将会看到数据统计结果概述以及每次仿真数值与标称值的偏差。

但是，通过 **Performance Analysis** 高性能分析可以以柱状图的形式更好地对中心频率统计分布进行观测。高性能分析将在第 12 章中进行详细讲解，练习 2 仅对带通滤波器中用到的性能分析进行讲解。

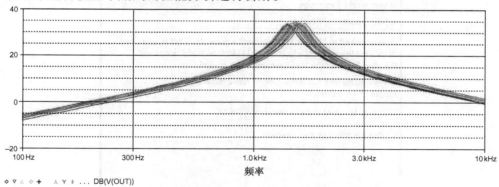

图 10.11 利用蒙特卡洛分析带通滤波器的输出特性曲线

练习 2

1. 在 Probe 屏幕图形显示窗口中，通过顶部工具栏选择 **Trace > Performance Analysis** 对电路进行高性能分析。在 **Performance Analysis** 窗口底部单击 **Wizard** 向导，然后在下一个窗口中单击 Next 按钮将会出现如图 10.12 所示的测量函数列表。

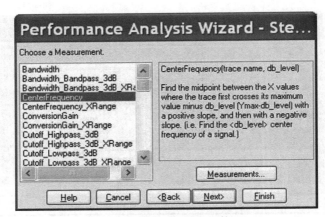

图 10.12　可用测量函数

2. 选择 **CenterFrequency** 测量函数，然后单击 **Next** 按钮。

3. 在如图 10.13 所示的 **Measurement Expression** 测量函数表达式窗口中输入需要查询的波形名称 **V**（**out**）。在 db level down for measurement 中输入 3。上述设置将对滤波器中心频率两边下降 3dB 的频率点进行测量，该测量以标称值（无元件容差）运行时的最大输出值点频率为中心频率。然后在 **Performance Analysis Wizard** 高性能分析向导中单击 Next 按钮进行下一步设置。

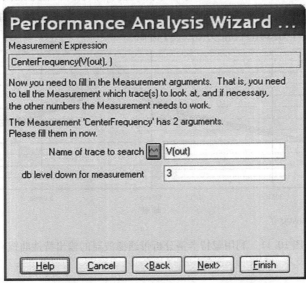

图 10.13　设置 V（out）为输出变量，下降值为 -3dB

4. 如图 10.14 所示为标称值仿真时带通滤波器的输出波形曲线。波形上面所显示的数值为两测量点的中心频率值。此时中心频率定义为最大值的 -3dB 带宽值。通过该数值，可以确定电路响应是否正确，波形图中的测量点是否正确。

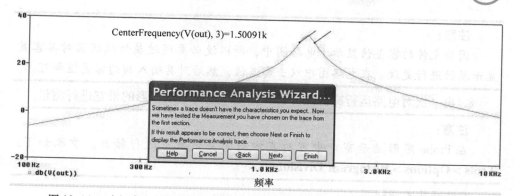

图 10.14 对电路进行标称值仿真时，输出波形曲线上的 -3dB 带宽测量值显示

5. 在 **Performance Analysis Wizard** 高性能分析向导对话框中选择 **Next** 继续进行分析。

6. 图 10.15 所示为直方图显示，将统计数据和概率值汇总在一起。

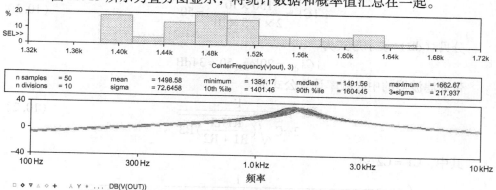

图 10.15 利用直方图形式对中心频率可能的扩散区域进行显示

7. 把电阻容差修改为 1%，电容容差修改为 5%，对电路重新运行仿真分析。与上述高性能分析步骤一致，对电路进行中心频率测量，仿真结果如图 10.16 所示。

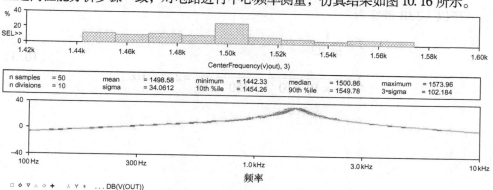

图 10.16 当元件的容差值变小时中心频率的统计分布数据

注意：
因为元件的容差值显示于电路图中，所以没必要通过属性编辑器对其容差显示属性进行更改。在电路图中双击容差值，然后对其输入新的容差值即可。

8. 再一次对电路运行高性能分析，但是本次对输出波形的带宽进行测量。

注意：
在 Probe 图形显示窗口中可对直方图的显示数目进行修改。步骤如下：
Tools > Options > Histogram Divisions。

滤波器技术指标

滤波器增益计算公式：

$$|G| = \frac{R3}{2R1}$$

$$|G| = \frac{150 \times 10^3}{2 \times 1.5 \times 10^3} = 50 \tag{10.1}$$

分贝（dB）表示形式为

$$|G|_{dB} = 20\log_{10}50 = 34\,dB$$

带通滤波器的中心频率计算公式为

$$f = \frac{1}{2\pi C \sqrt{\left(\frac{R1R2}{R1+R2}\right)R3}} \tag{10.2}$$

其中，C1 = C2 = C

$$f = \frac{1}{2\pi \times 10 \times 10^{-9} \sqrt{\left(\frac{1.5 \times 10^3 \times 1.5 \times 10^3}{1.5 \times 10^3 + 1.5 \times 10^3}\right) \times 150 \times 10^3}}$$

$$f = 1501\,Hz$$

所以 −3dB 带宽为

$$f = \frac{1}{\pi CR3} \tag{10.3}$$

$$f = \frac{1}{\pi \times 10 \times 10^{-9} \times 150 \times 10^3} = 212.2\,Hz$$

第 11 章
最坏情况分析

最坏情况分析主要用于确定电路性能影响最关键的元件。首先，PSpice 对每个具有容差参数设置的元件进行灵敏度分析，按照最大容差值的一定百分比在正负两个方向进行仿真计算，以确定正容差和负容差中的哪个对最坏情况下的输出影响比较大。然后，将所有执行最坏情况分析的元件值设置为其容差最大值，以便对电路进行最坏情况分析。为了减少仿真运行次数，利用测量函数对最小值、最大值和阈值在最坏情况下的输出差异进行检测。

如图 11.1 所示为回转等效电感电路，由运放 U1B、电阻 R4 和 R5 以及电容

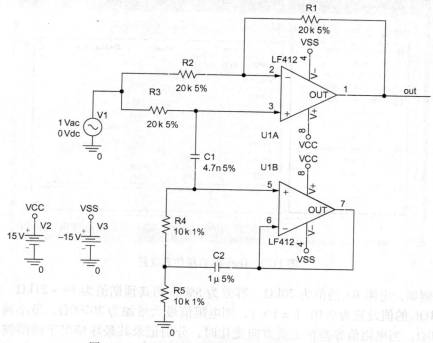

图 11.1 由回转等效电路构成的陷波滤波器电路

C2 组成，该电路可实现高感抗功能，在本例中等效电感值为 100H。等效电感与电容 C1 串联构成串联调谐电路，利用该电路确定陷波滤波器的频率特性。首先利用理想的元件值对陷波滤波器的频率特性进行仿真分析。但是每个元件都有容差，将会对滤波器的陷波频率产生影响。因此，为每个元件添加容差值，利用最坏情况分析确定哪些元件对电路的性能影响最大。陷波频率值可以通过对输出电压最小值的检测得到。因此，最坏情况分析可以通过对输出电压进行测量函数计算求得，该函数只记录输出电压的最小值。

11.1 灵敏度分析

首先记录每个元件参数值改变时滤波器输出电压最小值，然后通过数据分析各元件对陷波滤波器特性的影响效果，以确定哪种元件对陷波频率影响最大。PSpice 依次对每个元件进行灵敏度分析，每个元件的参数值计算公式为

value = nominal value * (1 + RELTOL)

其中，RELTOL 为相对容差，如图 11.2 所示，可以通过菜单 **PSpice Simulation Settings > Options** 对其进行修改。默认情况下 RELTOL 的值为 0.001 (0.1%)。

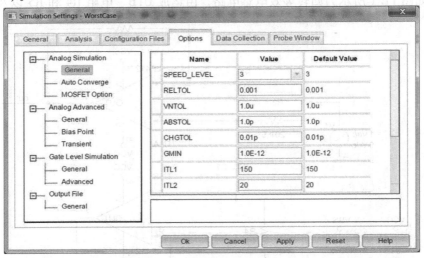

图 11.2　Options 选项仿真设置

例如，电阻 R1 的值为 20kΩ，容差为 5%，则其预期值为 19 ~ 21kΩ。如果 RELTOL 的值设置为 0.01 (±1%)，则电阻值最大增加为 20200Ω，最小减小为 19800Ω。当电阻值容差在正负方向变化时，分别记录其最坏情况下的陷波电压值，以确定当电路进行最坏情况分析时应该使用正负哪个容差极限值。如果电阻

值减小1%时输出电压最小,则电路进行最坏情况分析时电阻R1的阻值取其负容差极限值,即19kΩ。

当对电阻R1完成灵敏度分析后,其参数值将被重新设置为其标称值20 kΩ,然后继续对电阻R2进行灵敏度分析,修改其参数值为容差极限值,记录输出电压最小时的容差改变方向。最后根据上述计算结果,设置电阻值为其对应方向容差极限值,计算出最坏情况下输出电压的最小值。

在上述分析中,假设输出电压值跟随元件值的连续变化而连续变化,而且各元件独立变化,无相互交叉变化。当元件值同时变化时,输出电压值可能发生变化。

11.2 最坏情况分析

电路进行最坏情况分析时,根据灵敏度仿真分析结果,设置各元件值为其对应方向的容差极限值。如果仿真时电阻R1为20(1-1%)kΩ时的输出电压最小,则R2的阻值将被设置为20(1-5%)kΩ。

最坏情况分析与DC(直流)分析、AC(交流)分析或者Transient(瞬态)分析同时运行,对元件参数的相互耦合关系不予考虑。灵敏度分析和最坏情况分析的结果均保存在输出文件中,仿真人员可以通过Probe屏幕图形显示窗口对其进行查阅。

11.3 添加元件容差

电路进行蒙特卡洛仿真分析时,可以在原理图中直接对电阻R、电感L和电容C等元件添加容差值。同样地,也可以利用breakout元件中的**dev**和**lot**语句设置容差值,例如

. model Rwc1 RES R = 1 dev = 5% lot = 2%

dev语句所设置容差为具有相同模型名称的元件独立变化的容差值;lot语句设置的容差为相同模型名称的元件同时变化的容差值。

进行蒙特卡洛分析时,首先必须定义一个输出变量,该变量可以为节点电压值、独立电流源或者独立电压源。如图11.3所示,输出变量为节点电压值**V(out)**。

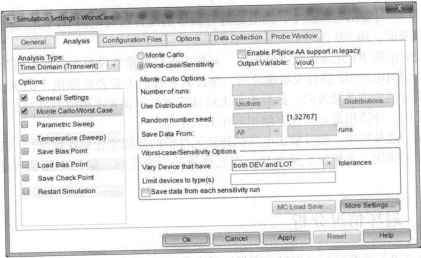

图 11.3　最坏情况分析仿真设置

11.4　测量函数设置

电路进行蒙特卡洛分析时，利用测量函数对电路的输出响应进行测量，并且与设定参数值进行比较。利用以下五种函数对最坏情况仿真结果进行定义：

・YMAX 查询每个波形仿真结果与元件标称值仿真结果在 Y 方向上的最大差值。

・MAX 查询每个波形的最大值。

・MIN 查询每个波形的最小值。

・RISE_EDGE（value）查询波形第一次以上升方式穿越阈值（value）的时间值。该函数假定曲线上至少有一个点在规定值以下，至少有一个点在规定值以上。

・FALL_EDGE（value）查询波形第一次以下降方式穿越阈值（value）的时间值。该函数假定曲线上至少有一个点在规定值以上，至少有一个点在规定值以下。

11.5　本章练习

1. 绘制如图 11.4 所示的电路图。LF412 为双运算放大器，选自 opamp 元器件库，用户也可以根据实际情况选择其他运算放大器。

2. 按住 Ctrl 键对所有电阻进行选定，然后通过 **rmb > Edit Properties** 对其属性进行编辑。

第 11 章 最坏情况分析

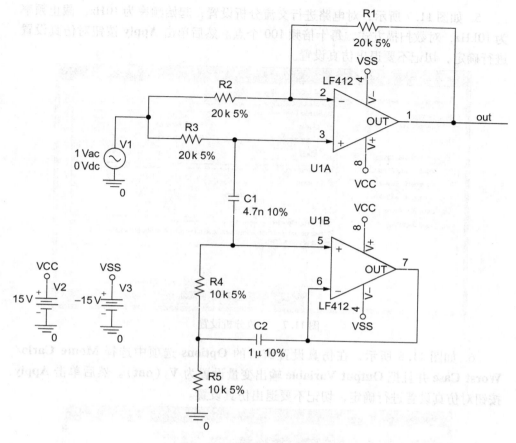

图 11.4 陷波滤波器电路图

3. 在 **Property Editor**（属性编辑器）中，选中 TOLERANCE 容差属性整行（或整列）然后通过 **rmb > Edit** 对容差参数进行设置（见图 11.5）。

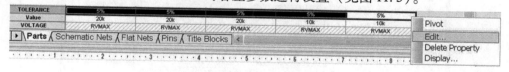

图 11.5 对所有电阻的容差属性进行选定

如图 11.6 所示，在 **Edit Property Values** 属性参数值编辑窗口添加 5% 的容差值，然后单击 OK 按钮对设置进行确定并关闭属性编辑器。

4. 重复操作步骤 3 和步骤 4，将电容 C1 和 C2 的容差设置为 10%。

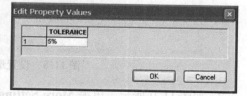

图 11.6 为电阻添加 5% 的容差值

5. 如图 11.7 所示，对电路进行交流分析设置，起始频率为 10Hz，截止频率为 10kHz，对数扫描方式，每十倍频 100 个点。然后单击 **Apply** 按钮对仿真设置进行确定，切记不要退出仿真设置。

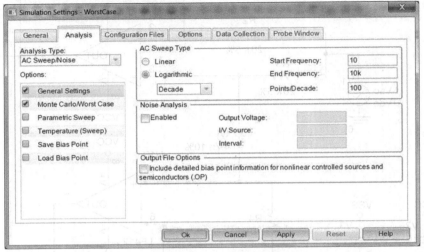

图 11.7　交流分析设置

6. 如图 11.8 所示，在仿真设置窗口的 **Options** 选项中选择 **Monte Carlo/Worst Case** 并且把 **Output Variable** 输出变量设置为 **V**（**out**）。然后单击 **Apply** 按钮对仿真设置进行确定，切记不要退出仿真设置。

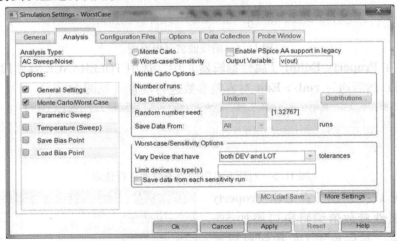

图 11.8　设置最坏情况分析

7. 如图 11.9 所示，单击 **More Settings** 进行更多设置，在 **Find** 对话框中选择 **minimum**（**MIN**）为测量函数，并且选择 **Low** 为 **Worst Case Direction** 最坏情况

分析方向。然后单击 OK 按钮对仿真设置进行确定，切记不要退出仿真设置。

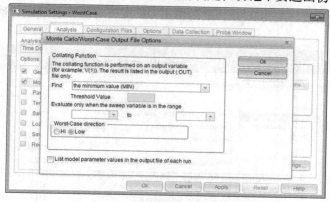

图 11.9　选择 MIN 测量函数

17.2 之前和之后的软件版本的选项窗口不同。如果使用 17.2 之前版本请按照步骤 8.1 和 8.2 进行设置。如果使用 17.2 之后版本请按照步骤 9.1 和 9.2 进行设置。

8.1. 如图 11.10 所示，在仿真设置窗口选择 **Options** 选项卡，然后选择 **Output File** 输出文件，在输出文件设置中不要选定 **Bias point node voltages** 和 **Model parameter values** 选项。然后单击 OK 按钮对仿真设置进行确定，切记不要关闭仿真设置窗口。

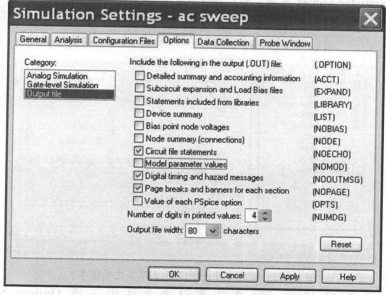

图 11.10　输出文件选项设置（17.2 之前版本）

8.2. 如图 11.11 所示，在仿真设置窗口中选择 **Options** 选项卡，然后把相对精度 RELTOL 的值修改为 0.01。最后单击 OK 按钮对仿真设置进行确定并关闭仿真设置窗口。

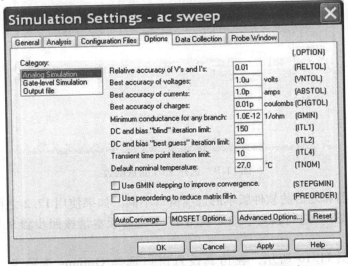

图 11.11　修改相对精度 RELTOL（17.2 之前版本）

9.1. 如图 11.12 所示，在仿真设置窗口选择 **Options** 选项卡，然后选择 **Output File** 输出文件，在输出文件设置中不要选定 **Bias point node voltages** 和 **Model parameter values** 选项。然后单击 OK 按钮对仿真设置进行确定，切记不要关闭仿真设置窗口。

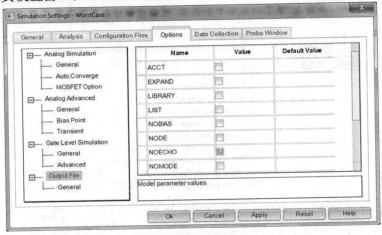

图 11.12　输出文件选项设置（17.2 之后版本）

9.2. 如图 11.13 所示，在仿真设置文件中选择 **Options > Analog**

Simulation > General,然后将相对精度 RELTOL 的值修改为 0.01。最后单击 OK 按钮对仿真设置进行确定并关闭仿真设置窗口。

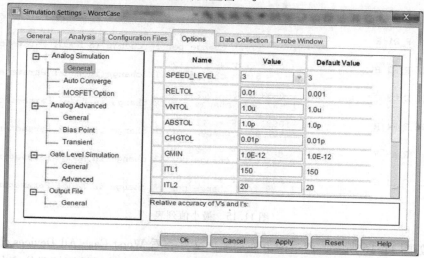

图 11.13 修改相对精度 RELTOL（17.2 之后版本）

10. 通过选择菜单 **PSpice > Markers > Advanced > dB Magnitude of Voltage** 在节点 out 放置 Vdb 电压分贝探针。

11. 单击按钮 ▶ 运行电路仿真。

12. 如图 11.14 所示，在 Probe 图形显示窗口中能够看到两条输出陷波频率曲线。标称值仿真时陷波频率值为 234Hz，而在最坏情况下的陷波频率值为 199Hz。

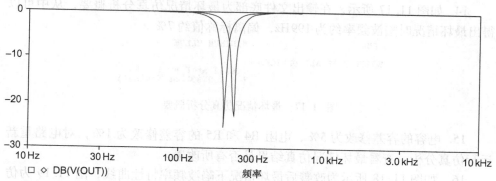

图 11.14 理想情况下的陷波频率值为 234Hz，最坏情况下的陷波频率值为 199Hz

13. 如图 11.15 所示，打开 **Output File** 输出文件，通过向下拖动文件内容对其最小值列表进行查看。通过输出文件可以看出，仿真结果与预期设计一致，相对于 R1、R2 和 R3 而言，R4、R5、C1 和 C2 对输出电压的陷波效果影响更大。

```
RUN                 MINIMUM VALUE

R_R2 R_R2 R         .0725 at F =   234.42
                  (    .2904% change per 1% change in Model Parameter)

R_R1 R_R1 R         .0725 at F =   234.42
                  (    .1786% change per 1% change in Model Parameter)

R_R3 R_R3 R         .0721 at F =   234.42
                  (   -.3169% change per 1% change in Model Parameter)

C_C2 C_C2 C         .0593 at F =   229.09
                  ( -37.543% change per 1% change in Model Parameter)

R_R4 R_R4 R         .0593 at F =   229.09
                  ( -37.601% change per 1% change in Model Parameter)

R_R5 R_R5 R         .0593 at F =   229.09
                  ( -37.616% change per 1% change in Model Parameter)

C_C1 C_C1 C         .0588 at F =   229.09
                  ( -38.143% change per 1% change in Model Parameter)
```

图 11.15　最小值列表

如图 11.16 所示，通过向下拖动输出文件查看 Worst Case All Devices 最坏情况元件列表。通过列表数据可知灵敏度分析结果及电路进行最坏情况仿真分析时各元件参数值的改变方向。

```
Device   MODEL    PARAMETER   NEW VALUE
C_C2     C_C2     C               1.1      (Increased)
C_C1     C_C1     C               1.1      (Increased)
R_R5     R_R5     R               1.05     (Increased)
R_R4     R_R4     R               1.05     (Increased)
R_R1     R_R1     R                .95     (Decreased)
R_R2     R_R2     R                .95     (Decreased)
R_R3     R_R3     R               1.05     (Increased)
```

图 11.16　最坏情况分析时元件容差极限值列表

14. 如图 11.17 所示，在输出文件底部为最坏情况仿真分析概要，从中可以得出最坏情况时陷波频率约为 199Hz，偏离标称值约 7%。

```
RUN                       MINIMUM VALUE
WORST CASE ALL DEVICES    .0522 at F =  199.53
                        (   7.0339% of Nominal)
```

图 11.17　最坏情况仿真分析概要

15. 电容的容差修改为 5%，电阻 R4 和 R5 的容差修改为 1%，对电路重新运行仿真分析，查看最坏情况仿真结果是否有所改善。

16. 如图 11.18 所示为改善后最坏情况下陷波频率特性曲线，图 11.19 为仿真分析概要，从中可以看出最坏情况下的陷波频率值为 218Hz，与标称频率 234Hz 更加接近。

第11章 最坏情况分析 145

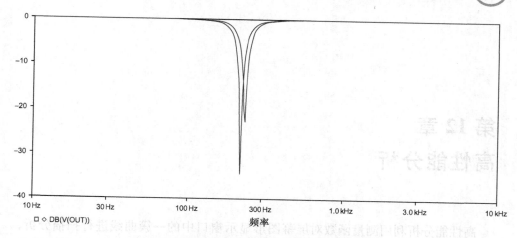

图 11.18 改善后最坏情况下陷波频率特性曲线

```
RUN                        MINIMUM VALUE
WORST CASE ALL DEVICES
                             .019  at F = 218.78
                           (    4.8075% of Nominal)
```

图 11.19 最坏情况下的频率值的改善

第 12 章
高性能分析

高性能分析利用测量函数对屏幕图形显示窗口中的一簇曲线进行扫描分析，然后根据测量函数定义返回一系列计算值。例如，对 RC 网络的输入电压源进行扫描分析时，将会得到一组电容充电电压波形。对电路运行高性能分析，利用上升沿时间测量函数对波形上升沿时间进行计算，将会得到上升沿时间与扫描电压源电压的关系波形。

12.1 测量函数简介

PSpice 软件拥有超过 50 种的测量函数，表 12.1 为主要测量函数列表。完整的测量函数清单见本书附录。本书第 10 章练习 2 对标准 CenterFrequency 中心频率和 Bandwidth 带宽函数进行了详细的定义。但是，用户可以根据实际需求对测量函数的测量范围进行自定义。例如，CenterFrequency_XRange 中心频率测量函数允许用户确定波形的 X 轴范围，即频率范围。用户也可以根据实际需求自己定义测量函数。

表 12.1 主要 PSpice 测量函数列表

函数定义	函数功能描述
Bandwidth	波形的带宽（需要选择 dB 值）
Bandwidth_Bandpass_3dB	波形的（3dB）带宽
CenterFrequency	波形的中心频率（需要选择 dB 值）
CenterFrequency_XRange	在指定的 X 轴范围内波形的中心频率（需要选择 dB 值）
ConversionGain	第一个波形与第二个波形最大值之比
Cutoff_Highpass_3dB	高通滤波器的 3dB 带宽
Cutoff_Lowpass_3dB	低通滤波器的 3dB 带宽
DutyCycle	第一个脉冲周期的占空比
Falltime_NoOvershoot	无过冲的下降时间
Max	波形的最大值

(续)

函数定义	函数功能描述
Min	波形的最小值
NthPeak	第 N 个波峰的值
Overshoot	阶跃响应曲线的过冲值
Peak Value	第 N 个波峰的值
PhaseMargin	相位裕度
Pulsewidth	第一个脉冲的宽度
Q_Bandpass	计算指定 dB 值频率响应的 Q 值
Risetime_NoOvershoot	无过冲阶跃响应曲线的上升时间
Risetime_StepResponse	阶跃响应曲线的上升时间
SettlingTime	给定带宽，波形从 <指定 X> 到一个阶跃响应完成所需的时间
SlewRate_Fall	曲线负向摆率

12.2 测量函数定义

在 PSpice 中，通过选择菜单 **Trace > Measurements** 可以对测量函数进行查看，图 12.1 中包含所有可用的测量函数，以及创建、查看、编辑和评估测量等选项。

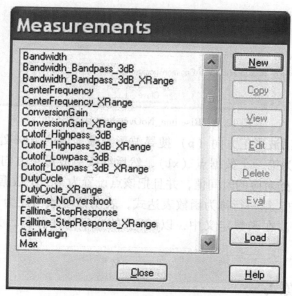

图 12.1　PSpice 中可用的测量函数

图 12.2 所示为 Risetime_NoOvershoot 函数定义。

上升时间定义为最大电压或者电流值取其10%和90%时的时间差值。所以需要进行两次测量，第一次测量最大电压值（或电流值）的10%对应的时间值（x1）；另一次测量最大电压值（或电流值）的90%的时间值（x2）。

利用如下查询命令计算波形曲线的10%和90%坐标点对应的时间值：

Search forward level （10%，p）! 1
Search forward level （90%，p）! 2

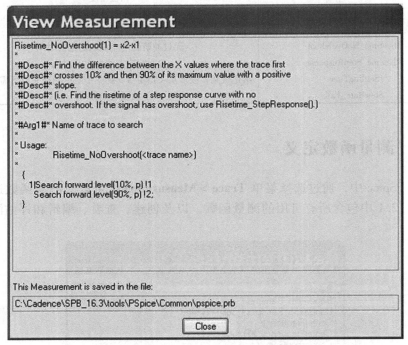

图 12.2　Risetime_NoOvershoot 函数定义

在本例中，沿波形正方向（p）搜寻波形为最大值的10%处对应的时间值，并且把该点设置为第一个数据点（x1），然后继续沿波形正方向（p）搜寻波形为最大值的90%处对应的时间值，并且把该点设置为第二个数据点（x2）。

在图12.2中，第一行称为函数表达式，表明该函数功能为计算 x2 与 x1 的差值，即 x2 − x1。在函数定义中，以#开头的文字为注释行，为用户提供注释信息。

12.3　本章练习

练习1

1. 创建名称为 Risetime 的仿真项目，然后按照图 12.3 所示绘制 RC 电路图，

并对网络节点 **out** 进行命名，如图 12.3 所示。

2. 创建 PSpice 瞬态仿真分析，运行时间为 5μs。
3. 在网络节点 **out** 放置电压探针。
4. 运行电路仿真。
5. 仿真结果如图 12.4 所示，为一条平滑直线。这是因为电路进行瞬态仿真分析之前，首先进行了直流工作点分析。进行工作点分析时电容电压值为 10V，已达到稳态值。所以当时间 $t=0s$ 时，电容两端电压如图 12.4 所示，为 10V。

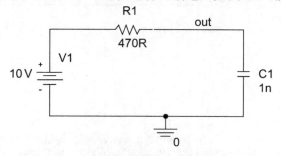

图 12.3　上升时间测量

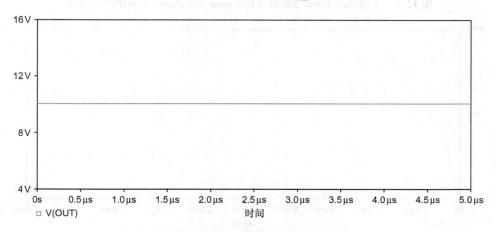

图 12.4　稳态时电容两端电压波形

6. 按照本书第 7 章练习 2 中的具体操作，利用 special 元件库中 IC1 元件将 $t=0s$ 时刻电容的初始电压值设置为 0V。如图 12.5 所示，同时选定 **Skip initial transient bias point calculation**（SKIPBP）选项，然后对电路进行仿真分析。
7. 仿真结果如图 12.6 所示，电容两端电压为指数上升波形。
8. 在 PSpice 中，选择菜单 **Trace > Evaluate Measurement**，然后在右侧的测量函数列表中选择 Risetime_NoOvershoot（1）无过冲阶跃响应曲线的上升时间测量函数，其中（1）表示该函数中只包含一个参数。

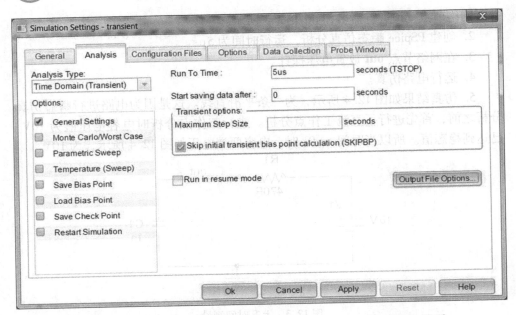

图 12.5 选择 Skip initial transient bias point calculation（SKIPBP）选项

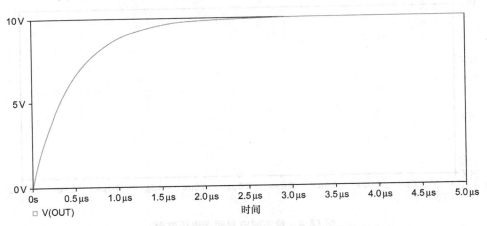

图 12.6 电容两端电压波形从 0V 开始按照指数形式上升

在 **Trace Expression** 曲线表达式对话框中，光标所选定的变量名称会自动输入到函数中。选择 **V(out)** 函数表达式，如图 12.7 所示，然后单击 OK 按钮对设置进行确定。

9. 曲线测量结果如图 12.8 所示。

10. 选择 或者 打开光标，测量电压在 1V（10%）和 9V（90%）的坐标值，并确认上升时间是否正确。

第 12 章 高性能分析

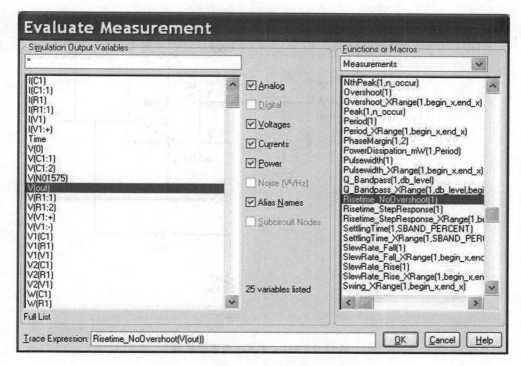

图 12.7 选择 Risetime_NoOvershoot 测量函数

	Evaluate	Measurement	Value	Measurement Results
▶	✓	Risetime_NoOvershoot(V(out))	1.03128u	
				Click here to evaluate a new measurement...

图 12.8 测量结果

练习 2

测量 Sallen 和 Key 低通滤波器的截止频率。

1. 如图 12.9 所示，绘制 Sallen 和 Key 滤波器电路图。

2. 对电路进行交流扫描分析设置，起始频率为 1Hz，截止频率为 10kHz，对数扫描方式，每十倍频 20 个点。

3. 通过菜单选择 **PSpice > Markers > Advanced > dB magnitude of Voltage**，在输出网络节点 out 放置 Vdb 电压分贝探针。

4. 运行电路仿真。

5. 在 PSpice 中，选择菜单 **Trace > Evaluate Measurements > Cutoff_Lowpass_3dB（ ）**，然后选择 V(out)。测量结果如图 12.10 所示，输出电压 V (out) 的截止频率为 99.6Hz。

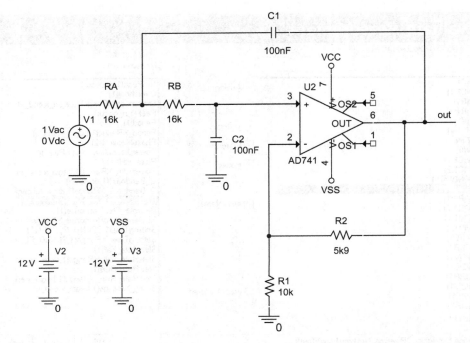

图 12.9　Sallen 和 Key 低通滤波器

Evaluate	Measurement	Value	Measurement Results
✓	Cutoff_Lowpass_3dB(V(out))	99.62219	
			Click here to evaluate a new measurement...

图 12.10　截止频率测量值为 99.6Hz

6. 如图 12.11 所示为 Sallen 和 Key 低通滤波器频率特性曲线。

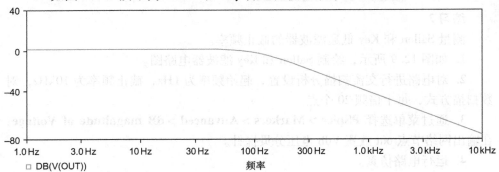

图 12.11　Sallen 和 Key 低通滤波器的频率特性曲线

第 13 章
行 为 模 型

行为模型（ABM）为传统的电压控制电压源 E（VCVS）和电压控制电流源 G（VCCS）的扩展型。行为模型利用传递函数、数学表达式或者查表方式对电子元件或者电路进行描述。ABM 模型利用系统的方法设计电子电路，为设计人员提供了一种全新的电路设计思路。电路系统由电路模块构成，每个模块由 ABM 元件组成，利用该方式构成的电路系统可以大大减少仿真时间。如果系统设计符合指标要求，则每个模块依次由其最终实际的电路代替，构成实际的电路系统。同样地，实际电路也可以由 ABM 元件构成的模块代替，以便大大简化电路，更有利于系统分析。

PSpice 包含两种类型的 ABM 元件：一种为 PSpice 等效元件，差分输入双端输出；另一种为控制系统元件，单端输入单端输出。E、F、G 和 H 为标准的模型元件，保存于 analog 库中，而 ABM 元件保存在 ABM 库中，用户使用时务必注意元件及其对应库，以免错用或者找不到元件。

13.1 行为模型

扩展库提供另外五种附加函数，分别为：
Value——数学表达式
Table——查表
Freq——频率响应
Chebyshev——滤波器
Laplace——拉普拉斯传递函数

如图 13.1 所示，利用行为模型 Evalue 实现倍压功能。EValue 为差分输入（IN+，IN−）、双端输出（OUT+，OUT−）型 ABM 元件。当初次使用该元件时，其默认表达式为

V（%IN+，%IN−）

上式含义为计算输入引脚 IN + 和 IN - 之间的电压差。通过对表达式乘以系数 2 实现倍压功能。切记，表达式一定书写在方括号内部，否则表达式无效。倍压表达式如下所示：

2 * {V (% IN + , % IN -)}

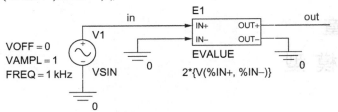

图 13.1 电压倍压放大器

如图 13.2 所示为输入电压为 1V 正弦波时的输出电压波形。由图 13.2 可得，输出电压峰值为 2V，与输入正弦波同相，Evalue 行为模型非常轻松的实现了电压倍压功能。

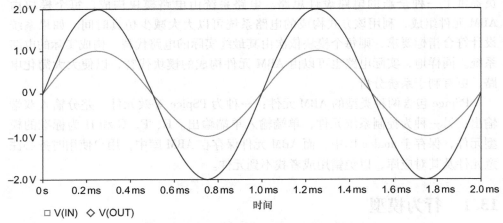

图 13.2 倍压放大器的输入、输出电压波形

见表 13.1，许多数学函数均可用于行为模型表达式中，以便对电路进行简化。

表 13.1 数学函数

函数名称	表达式
ABS	输入信号绝对值 $|x|$
SQRT	输入信号二次方根 $\sqrt{x}$
PWR	$|x|^{exp}$
PWRS	x^{exp}
LOG	自然对数 $\ln(x)$
LOG10	以 10 为底的对数 $\log 10(x)$
EXP	自然指数 e^x

（续）

函数名称	表达式
SIN	求正弦，x 单位弧度 sin (x)
COS	求余弦，x 单位弧度 cos (x)
TAN	求正切，x 单位弧度 tan (x)
ATAN	反正切函数 arctan (x)
ARCTAN	反正切函数 arctan (x)

ABM 元件可以使用条件语句对电路的运行状态进行设置。如图 13.3 所示，当输入电压大于 4V 时，输出为 0V，否则输出为 5V。通过上述语句可以构成非常实用的比较器，仿真波形如图 13.4 所示。

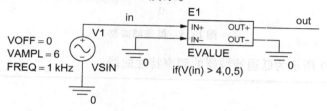

图 13.3 ABM 比较器

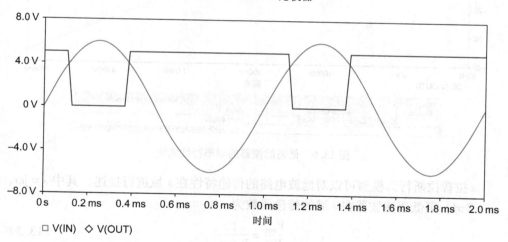

图 13.4 ABM 比较器仿真波形

图 13.5 为一阶低通滤波器，截止频率为 159Hz，传递函数为

$$\frac{V_{\text{out}}}{V_{\text{in}}} = \frac{1}{1 + j\dfrac{\omega}{\omega_C}} \tag{13.1}$$

截止频率为

$$\omega_C = \frac{1}{CR} = 2\pi f$$

$$f = \frac{1}{2\pi CR} = \frac{1}{2\pi \times 10^{-6} \times 10^3} = 159 \text{Hz} \tag{13.2}$$

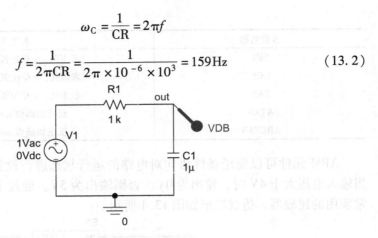

图 13.5　低通滤波器

如图 13.6 所示为低通滤波器的频率特性曲线。

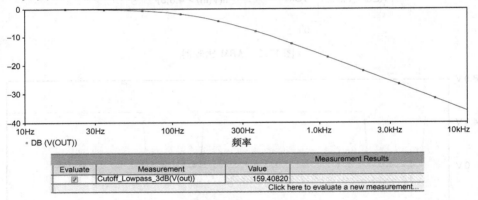

图 13.6　低通滤波器的频率特性曲线

拉普拉斯行为模型可以对滤波电路的传输特性在 s 域进行描述，其中 $s = j\omega$、$\omega = 2\pi f$，则低通滤波器在 s 域的传递函数为

$$\frac{V_{\text{out}}}{V_{\text{in}}} = \frac{1}{1+s\tau} \tag{13.3}$$

其中，$\tau = CR = 10^{-6} \times 10^3$，$\tau = 10^{-3}$ 或者 0.001s。

利用式（13.4）传递函数重新绘制滤波电路，如图 13.7 所示。

$$\frac{V_{\text{out}}}{V_{\text{in}}} = \frac{1}{1+0.001*s} \tag{13.4}$$

第13章 行为模型 157

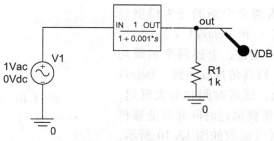

图 13.7 拉普拉斯低通滤波器

注意：

输入 s 的系数时务必输入符号 $*$，例如输入 $1+0.001*s$，而不应该输入 $1+0.001s$。

图 13.8 所示为拉普拉斯低通滤波器的频率特性传输曲线。

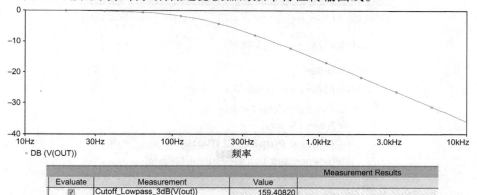

图 13.8 拉普拉斯低通滤波器的频率特性传输曲线

如图 13.9 所示，ABM 模型的两个输入节点均与地连接，但是 ABM 模型的表达式以节点"source"电压为参考，利用此种表达方式可以大大减小电路连线的复杂程度，尤其是多个 ABM 模型同时由同一个输入源激励时，利用上述方式将更加实用。图 13.9 电路中的 ABM 模型为 GVALUE，该模型以电流形式输出，所以其输出端不能悬空，在其输出端对地连接电阻 R1，以便为电路提供直流通路。

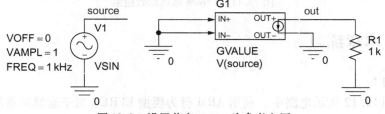

图 13.9 设置节点 source 为参考电压

17.2 版本引入两个全新的行为模型延迟函数，DelayT（）和 DelayT1（）。与标准延迟函数 TLINE 相比，上述两个函数均能减少仿真时间、提高仿真收敛性。DelayT（）需要两个参数：延迟时间和最大延迟；而 DelayT1（）只需要延迟时间并且能够将输入信号反相。延迟函数如图 13.10 所示，保存于高级分析文件夹的 function.olb 库中。

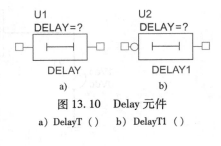

图 13.10 Delay 元件

a）DelayT（） b）DelayT1（）

17.2 之后的软件版本可用以下方法搜索延迟函数：

Place > PSpice Component > Search

然后在 **Categories** 目录下选择 **Analog Behavioral Models > General Purpose**，具体如图 13.11 所示。

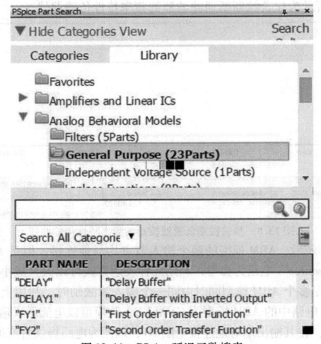

图 13.11 PSpice 延迟函数搜索

13.2 本章练习

练习 1

如图 13.12 所示电路中，利用 ABM 行为模型 EFREQ 对带通滤波器的频率特性进行仿真。EFREQ 元件以频率、幅度、相位的表格形式对其频率特性进行描述。

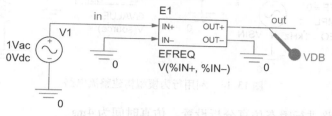

图 13.12 利用行为模型 EFREQ 构建带通滤波器

1. 利用 ABM 元件库中的行为模型 EFREQ 绘制图 3.12 所示电路图。交流源 V_{AC} （V1）选自 source 元件库。

2. 双击 EFREQ 打开属性编辑器，选定 Table 属性，然后输入：(0.1, -40, 170) (1k, -40, 160) (2k, -20, 140) (3k, -0, 100) (6k, -0, -100) (10k, -20, -140) (20k, -40, -160) (30k, -40, -170)。

3. 对电路进行交流扫描分析设置，起始频率为 1Hz，截止频率为 100kHz，选择菜单 PSpice > Markers > Advanced > dB Magnitude of Voltage，在网络节点 out 放置 V_{dB} 电压分贝探针。

4. 对电路运行交流扫描分析，将会得到带通滤波器的频率特性响应波形，如图 13.13 所示。

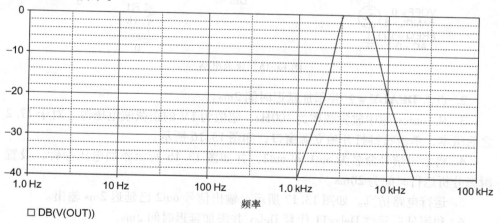

图 13.13 利用行为模型 EFREQ 实现带通滤波器的频率特性

练习 2

1. 利用 ABM 元件库中的行为模型 GVALUE 绘制如图 3.14 所示的整流电路图。G1 的输入端接地，利用函数表达式对行为模型的输入信号进行定义。

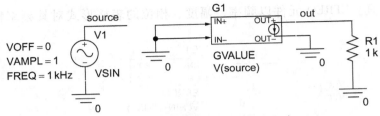

图 13.14 利用行为模型构建整流电路

2. 对电路进行瞬态仿真分析设置，仿真时间为 4ms。
3. 运行仿真。
4. 利用行为模型 EFREQ 构建第 10 章的 1500Hz 带通滤波器，并对其特性进行研究。

练习 3

1. 利用延迟元件 **Delay** 绘制图 13.15。利用菜单 **Place > PSpice Component > Search > Analog Behavioral Models > General Purpose** 或者 **Place > Part** 和 **Add Library > advanls > function** 选择 **Delay** 元件。

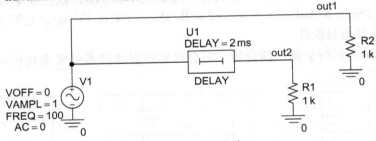

图 13.15 延迟电路

2. 点击 **DEALY =？** 并添加延迟时间 2ms。
3. 从 source 库中放置频率为 100Hz、幅值为 1V 的正弦波电压源。对于 17.2 之后版本，单击右键打开独立源窗口，如图 13.16 所示。
4. 将输出信号命名为 out1 和 out2，并如图 13.16 所示添加电压探针，设置瞬态分析运行时间为 20ms。
5. 运行电路仿真。如图 13.17 所示，输出信号 out2 已延迟 2ms 输出。
6. 利用延迟元件 DelayT1 代替 Delay 并添加延迟时间 2ms。
7. 运行电路仿真。如图 13.18 所示，输出信号 **out2** 实现反相功能并延迟 2ms 输出。

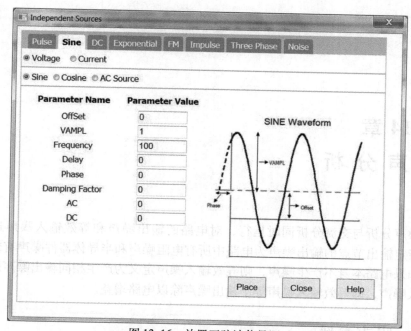

图 13.16　放置正弦波信号源

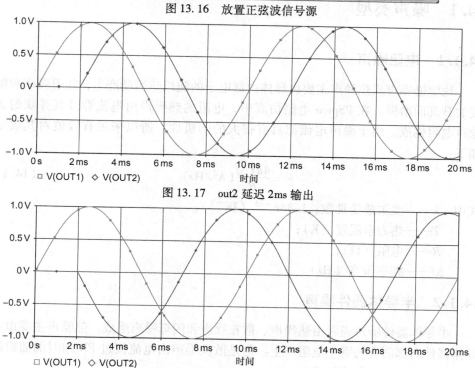

图 13.17　out2 延迟 2ms 输出

图 13.18　out2 反相并且延迟 2ms 输出

第14章
噪声分析

噪声分析与交流分析同时运行,对电路的输出噪声和等效输入噪声进行计算。指定输出节点的输出噪声为电路中所有电阻噪声和半导体器件噪声有效值之和。如果电路本身不产生噪声,则等效输入噪声定义为产生相同输出噪声所需要的输入噪声,即等效输入噪声等于输出噪声除以电路增益。

14.1 噪声类型

14.1.1 电阻噪声

约翰逊噪声或热噪声主要由导体内部电子的随机热运动产生,随着频率和温度的升高而增强。在 PSpice 电路仿真中,电阻的热噪声由电流源及其并联的无噪声电阻构成。由于噪声电流源具有很大的随机性,所以采用有效值对其表示如下:

$$\overline{i^2} = \frac{4kT\Delta f}{R}(A^2/Hz) \qquad (14.1)$$

式中 k——波尔兹曼常数:$1.38e^{-23}$(JK^{-1});

T——热力学温度(K);

R——电阻(Ω);

Δf——频率带宽(Hz)。

14.1.2 半导体器件噪声

半导体器件噪声通常由热噪声、散粒噪声和闪烁噪声组成。热噪声主要由半导体器件内部固有的寄生电阻产生。但是散粒噪声由电流流过 PN 结时的随机波动噪声电流产生,公式如下:

$$\overline{i^2} = 2qI(A^2/Hz) \qquad (14.2)$$

式中 q——电子电量：1.602×10^{-19} C；

I——流过器件电流（A）。

闪烁噪声产生的原因至今为止未都没有被广泛理解，但是通过人们长期观察与实验，初步归因于半导体通道的物理缺陷和电荷载体的重组。通常情况下，闪烁噪声只在低频时发生，噪声电流与频率成倒数关系，随着频率升高而降低。闪烁噪声电流计算公式为

$$\overline{i^2} = \frac{KF \times I_d^{AF}}{\Delta f} (A^2/Hz) \tag{14.3}$$

式中 KF——闪烁噪声系数；

I_d——流过器件的电流；

AF——闪烁噪声指数；

Δf——频率带宽。

14.2 总噪声

电路运行噪声分析之后，热噪声、散粒噪声和闪烁噪声共同构成电阻和半导体器件的总噪声，并且和曲线波形显示方法一致，可以在 Probe 屏幕图形显示窗口中进行显示。表 14.1 列举出了某些元器件的可用噪声变量名称。

表 14.1 Probe 中可用噪声输出变量名称

元器件名称	输出变量	噪声
电阻	NTOT	热噪声
二极管	NRS	RS 寄生热噪声
	NSID	散粒噪声
	NFID	闪烁噪声
	NTOT	总噪声
晶体管	NRB	RB 寄生热噪声
	NRC	RC 寄生热噪声
	NRE	RE 寄生热噪声
	NSIB	基极电流散粒噪声
	NSIC	集电极电流散粒噪声
	NFIB	闪烁噪声
	NTOT	总噪声
场效应晶体管	NRD	RD 寄生热噪声
	NRG	RG 寄生热噪声
	NRS	RS 寄生热噪声
	NRB	RB 寄生热噪声
	NSID	散粒噪声
	NFID	闪烁噪声
	NTOT	总噪声

元器件噪声谱密度（NTOT）测量单位为 V^2/Hz。

电路总噪声通过如下两种形式进行表示：NTOT（ONOISE），单位 V^2/Hz；或者 RMS 有效值输出求和 V（ONOISE），单位 $V/\sqrt{Hz}$。

等效输入噪声为 V（INOISE），计算公式为 $\dfrac{V（ONOISE）}{电路增益}$，单位为 $V/\sqrt{Hz}$ 或者 $A/\sqrt{Hz}$。如果电路为电流源输入，则输入噪声单位为 $A/\sqrt{Hz}$；如果电路为电压源输入，则输入噪声单位为 $V/\sqrt{Hz}$。

14.3 运行噪声分析

噪声分析必须与交流分析同时运行。如图 14.1 所示，对电路进行交流仿真分析设置时，可以通过 Noise Analysis 噪声分析选项对其进行选定。本实例求输出电压节点 V（out）的总输出噪声。**I/V Source** 为电路的输入电流源或者电压源，通常为交流源 V_{AC} 或者 I_{AC}。本实例中参考源为 V1。

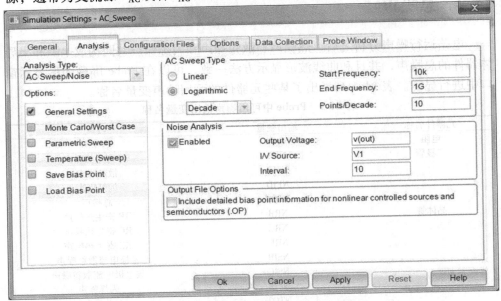

图 14.1 交流扫描分析和噪声分析仿真设置

Interval 对话栏输入整数，用于指定输出文件中噪声数据保存的频度，即频率点间隔。输出文件表格中的数据由频率点间隔设定值 Interval 确定，当电路进行交流扫描仿真分析时，每隔固定频率点保存一个数据。例如图 14.1 中，交流扫描分析的起始频率为 10kHz，结束频率为 1GHz，每十倍频 10 个点；则十倍频的频率值分别为 10kHz、100kHz、1MHz、10MHz、100MHz 和 1GHz。所以第 10 个频率点为 100kHz，第 20 个频率点为 1MHz，以此类推。如果每十倍频点数设置为5,Interval 同样设置为10,此时输出文件中保存的频率值变为10kHz、1MHz 和100MHz。如果 Interval 保留为空,则输出文件中没有噪声数据生成。切记不要将屏幕图形显示中的波形数据点与频率间隔相混淆,波形数据点由交流扫描分析设置决定。

14.4 噪声定义

任意 t 时刻的噪声电压瞬时值定义为 $v_n(t)$。因为本质上噪声电压为统计值,所以采用有效值(rms)对其进行计算,公式为

$$E_n = \sqrt{\overline{v_n(t)^2}} \text{(V)} \tag{14.4}$$

同样,电流噪声的有效值计算公式为

$$I_n = \sqrt{\overline{i_n(t)^2}} \text{(A)} \tag{14.5}$$

电阻两端的噪声电压有效值计算公式为

$$E_n = \sqrt{4kT\Delta f} \text{(V)} \tag{14.6}$$

电阻噪声电流有效值计算公式为

$$E_n = \sqrt{4kT\Delta f} \text{(V)} \tag{14.7}$$

式中 k——波尔兹曼常数:$1.38e^{-23}$ (JK^{-1});

T——热力学温度(K);

R——电阻(Ω);

Δf——频率带宽(Hz)。

利用 PSpice 进行噪声计算时,假定增益带宽为1,即 $\Delta f = 1 \text{Hz}$。

电阻的噪声功率有效值计算公式为

$$P_n = \frac{E_n^2}{R} = I_n^2 R \text{(W)} \tag{14.8}$$

噪声功率谱密度 S 的计算公式为

$$S = \frac{P_n}{\Delta f} \text{(W/Hz)} \tag{14.9}$$

将式(14.8)带入式(14.9),则 S 表示为

$$S = \frac{(\frac{E_n^2}{R})}{\Delta f} = \frac{(\frac{4kTR}{R})}{\Delta f}$$

$$S = 4kT \text{(W/Hz)} \tag{14.10}$$

噪声电压谱密度 e_n 的计算公式为

$$e_n = \frac{E_n}{\Delta f} = \frac{\sqrt{4kTR\Delta f}}{\Delta f}$$

$$e_n = \frac{\sqrt{4kTR}\sqrt{\Delta f}}{\Delta f}$$

$$e_n = \frac{\sqrt{4kTR}\sqrt{\Delta f}\sqrt{\Delta f}}{\Delta f \sqrt{\Delta f}}$$

$$e_n = \frac{\sqrt{4kTR}}{\sqrt{\Delta f}} \quad (\text{V}/\sqrt{\text{Hz}}) \tag{14.11}$$

同样地，噪声电流的谱密度 i_n 的计算公式为

$$e_n = \frac{\sqrt{\frac{4kT}{R}}}{\sqrt{\Delta f}}(\text{A}/\sqrt{\text{Hz}}) \tag{14.12}$$

计算 E_n 和 I_n 有效值时不能将各分量直接进行相加运算，总噪声源应按如下公式计算：

$$E_n^2 = E_{n1}^2 + E_{n2}^2$$

或者

$$E_n = \sqrt{E_{n1}^2 + E_{n2}^2} \tag{14.13}$$

在 PSpice 电路中，双极型晶体管的噪声主要包括基极、发射极、集电极电阻产生的热噪声和基极、发射极电流产生的散粒和闪烁噪声。假定增益带宽为 1，即 $\Delta f = 1\text{Hz}$ 时，每个噪声源由下面的谱功率密度表示：

集电极寄生电阻热噪声计算公式为

$$I_c^2 = \frac{4kT}{\left(\frac{RC}{AREA}\right)}(\text{A}^2/\text{Hz}) \tag{14.14}$$

基极寄生电阻热噪声计算公式为

$$I_b^2 = \frac{4kT}{RB}(\text{A}^2/\text{Hz}) \tag{14.15}$$

射极寄生电阻热噪声计算公式为

$$I_e^2 = \frac{4kT}{\left(\frac{RE}{AREA}\right)}(\text{A}^2/\text{Hz}) \tag{14.16}$$

基极散粒和闪烁噪声电流计算公式为

$$I_b = 2qI_b + \frac{KF \times I_b^{AF}}{\Delta f}(\text{A}/\text{Hz}) \tag{14.17}$$

集电极散粒噪声电流计算公式为

$$I_c = 2qIc(\text{A}/\text{Hz}) \tag{14.18}$$

式中　AREA——面积比例因数，默认值为 1；
　　　AF——闪烁噪声指数；
　　　KF——闪烁噪声系数。

14.5　本章练习

利用简单的晶体管电路对噪声组成进行分析。电阻 RB 的阻值非常大，将该电阻产生的噪声与晶体管产生的噪声进行对比。

1. 绘制如图 14.2 所示的电路图。晶体管 Q2N3904 选自 bipolar 元器件库；电压源 V1 为交流源 V_{AC}，选自 source 元器件库。

2. 建立 PSpice 仿真设置文件，对电路进行交流扫描分析，起始频率为 10 kHz，截止频率为 1GHz，对数扫描方式，每十倍频 10 个频率点。如图 14.3 所示，选择 **Noise Analysis** 噪声分析，输出变量定义为 **V(out)**，输入源设置为 I1。

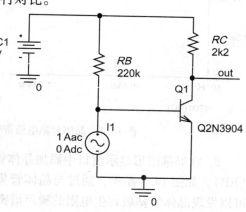

图 14.2　简单的晶体管放大电路

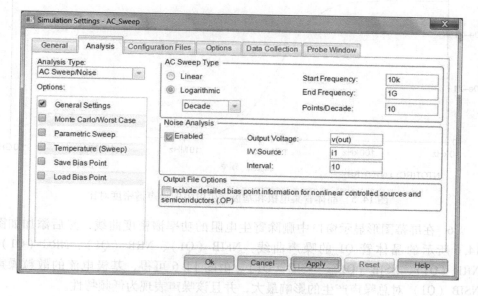

图 14.3　交流分析和噪声分析设置

3. 运行电路仿真。

4. 如图 14.4 所示,在 PSpice 中选择菜单 **Trace > Add** 添加晶体管集电极寄生电阻的噪声谱密度曲线 NTOT(RC),单位为 V^2/Hz。

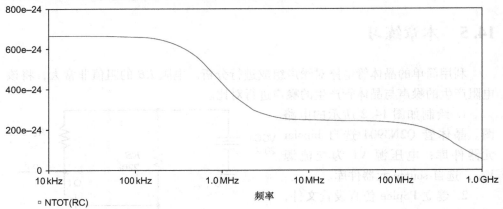

图 14.4　晶体管集电极寄生电阻的噪声谱密度波形

5. 在屏幕图形显示窗口中添加晶体管基极寄生电阻的噪声谱密度曲线 NTOT(RB)。如图 14.5 所示,通过与晶体管集电极寄生电阻的噪声谱密度曲线对比,可以发现晶体管基极寄生电阻的噪声谱密度更大。

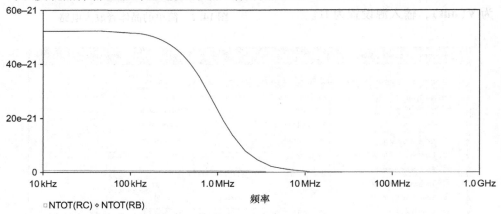

图 14.5　晶体管集电极和基极寄生电阻的噪声谱密度对比

6. 在屏幕图形显示窗口中删除寄生电阻的功率谱密度曲线,然后添加如图 14.6 所示的晶体管 Q1 的噪声曲线:NFIB(Q1)、NRB(Q1)、NRC(Q1)、NRE(Q1)、NSIB(Q1)、NSIC(Q1)。由图 14.6 可得,基极电流的散粒噪声 NSIB(Q1)对总噪声产生的影响最大,并且该噪声表现为低频特性。

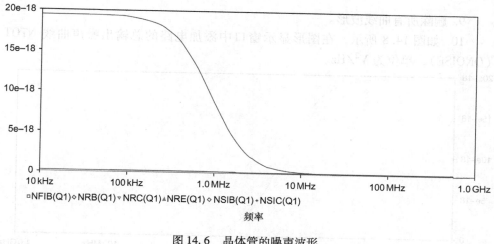

图 14.6　晶体管的噪声波形

注意：

在屏幕图形显示窗口中删除曲线时，首先在窗口底部选中曲线名称，该名称变为红色，然后单击 delete 键对其进行删除。

7. 在屏幕图形显示窗口中删除集电极电流散粒噪声 NSIC（Q1），然后可以看到晶体管寄生电阻产生的噪声。

8. 选择菜单 **Trace > Delete All Traces** 删除所有曲线波形，然后在图形显示窗口中添加基极电阻 RB 的噪声功率谱密度曲线 NTOT（RB）和晶体管 Q1 的总噪声功率谱密度曲线 NTOT（Q1）。从图 14.7 中可以看出，在电路的所有噪声中晶体管产生的噪声最大。

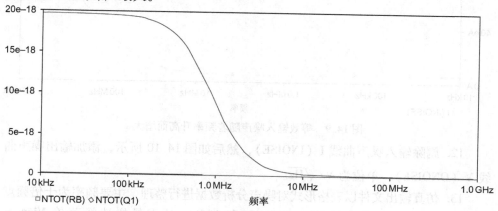

图 14.7　电路中晶体管产生的噪声最大

9. 删除所有曲线波形。

10. 如图 14.8 所示，在图形显示窗口中添加电路的总输出噪声曲线 NTOT（ONOISE），单位为 V^2/Hz。

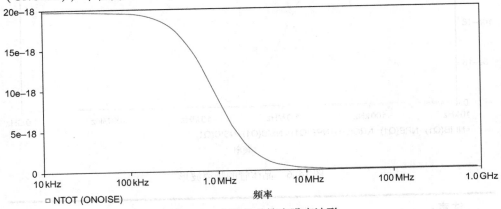

图 14.8　电路的总输出噪声波形

11. 删除总输出噪声曲线 NTOT（ONOISE），然后添加等效输入噪声曲线 I（INOISE）。如图 14.9 所示，因为晶体管的电流增益与频率成正比，所以输入噪声随着频率的升高而增大。因为输入信号源为电流源，所以输入噪声单位为 $A/\sqrt{Hz}$。

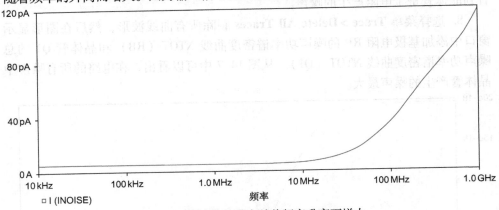

图 14.9　等效输入噪声随着频率升高而增大

12. 删除输入噪声曲线 I（INOISE），然后如图 14.10 所示，添加输出噪声曲线 V（ONOISE），单位为 $V/\sqrt{Hz}$。

13. 仿真输出文件以表格形式对噪声分析数据进行整理，主要频率为十倍频点 10kHz、100kHz、1MHz、10MHz、100MHz 和 1GHz。从工具栏选择菜单 **View > Output File**，然后向下拖动文件内容对起始频率 10kHz 的噪声数据进行查看，如图 14.11 所示。

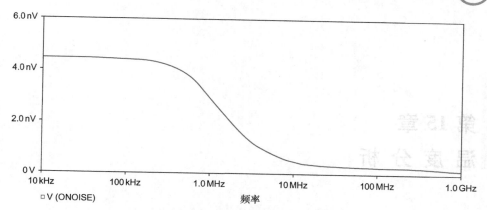

图 14.10 电路的输出噪声波形

输出文件的第一部分规定噪声计算的频率值,接下来分别对晶体管和两个电阻的噪声计算值进行显示,单位为 V^2/Hz;然后分别列出总噪声 NTOT(ONOISE)和 V(ONOISE)的计算数据,单位分别为 V^2/Hz 和 $V/\sqrt{Hz}$。

```
****     NOISE ANALYSIS                    TEMPERATURE =   27.000 DEG C
***************************************************************************

         FREQUENCY =  1.000E+07 HZ
****  TRANSISTOR SQUARED NOISE VOLTAGES (SQ V/HZ)

         Q_Q1
RB       1.845E-26
RC       1.649E-20
RE       0.000E+00
IBSN     1.513E-19
IC       6.411E-20
IBFN     0.000E+00
TOTAL    2.319E-19

****  RESISTOR SQUARED NOISE VOLTAGES (SQ V/HZ)

         R_RC       R_RB
TOTAL    2.452E-22  4.060E-22

****  TOTAL OUTPUT NOISE VOLTAGE        =  2.325E-19 SQ V/HZ
                                        =  4.822E-10 V/RT HZ
      TRANSFER FUNCTION VALUE:
         V(OUT)/I_I1                    =  7.340E+01
      EQUIVALENT INPUT NOISE AT I_I1    =  6.569E-12 A/RT HZ
```

图 14.11 输出文件中的噪声计算数据

根据上述数据,对电路的传递函数进行计算,频率为 10kHz 时电路的增益值为 832.9,利用所得增益值对等效输入噪声 I(INOISE)进行计算,因为输入信号源为电流源,所以噪声单位为 $A/\sqrt{Hz}$。

第 15 章
温 度 分 析

温度变化可能会使电路的性能和特性发生变化。半导体器件、电阻、电容和电感等大多数电子元器件的工作特性也受温度影响。上述所有元器件内部均包含受温度控制的模型参数,通过温度扫描分析可以改变元器件的模型参数,从而影响电路的电气性能。

15.1 温度系数设置

温度变化时,电阻的参数值与温度的关系式为

$$R = R(nom) * (1 + TC1 * (T - T_{nom}) + TC2 * (T - T_{nom})^2) \quad (15.1)$$

式中 $TC1$——线性温度系数($\times 10^{-6}/℃$);

$TC2$——二次温度系数($\times 10^{-6}/℃^{-2}$);

T——仿真温度(℃);

T_{nom}——常温(℃),默认值为27℃。

另外,TCE 为指数温度系数,此时电阻值与温度关系式为

$$R = R(nom) * 1.01^{TCE * (T - T_{nom})} \quad (15.2)$$

通常情况下,电阻生产厂商为用户提供线性温度系数 $TC1$ 的参数值。

电阻的温度系数通常定义为温度变化一摄氏度时电阻值变化百万分之几的形式,即($\times 10^{-6}/℃$)。例如,电阻值为 10kΩ,线性温度系数为 +200($\times 10^{-6}/℃$),则 $TC1 = 0.0002$,$TC2 = 0$,当温度升高 20℃时,电阻值为

$$R = 10000 \times [1 + (0.0002 * 20)]$$

因此,当温度升高 20℃时,电阻值 $R = 10040Ω$。

与电阻值定义相似,当温度变化时电感和电容值的计算公式分别为

$$L = L(nom) * [1 + TC1 * (T - T_{nom}) + TC2 * (T - T_{nom})^2]$$

$$C = C(nom) * [1 + TC1 * (T - T_{nom}) + TC2 * (T - T_{nom})^2]$$

与电阻不同的是,电感和电容没有 TCE 指数温度系数。

在早期的 OrCAD 软件中，Capture 中的元件并没有温度系数等相关参数，所以不能对其添加温度系数 $TC1$ 和 $TC2$。选择蒙特卡洛分析时主要使用 Breakout 元件，可以通过 PSpice 模型编辑器对其温度系数进行添加。

例如，对电阻添加线性温度系数 TC1 = 0.02（$\times 10^{-6}/℃$）时，首先从 Breakout 元件库中选择 Rbreak 元件，然后通过 **rmb > Edit PSpice Model** 打开其模型：

.model Rbreak RES R = 1

然后修改为

.model Rtemp RES R = 1 TC1 = 0.02

15.2 运行温度分析

电路进行交流分析、直流分析或者瞬态分析时，其默认温度（TNOM）为 27℃，如图 15.1 所示，通过仿真设置窗口中的 **Options** 选项对其进行设置。TNOM 为仿真默认温度，同时电路中各元件的模型参数值也以该温度为基准进行计算。

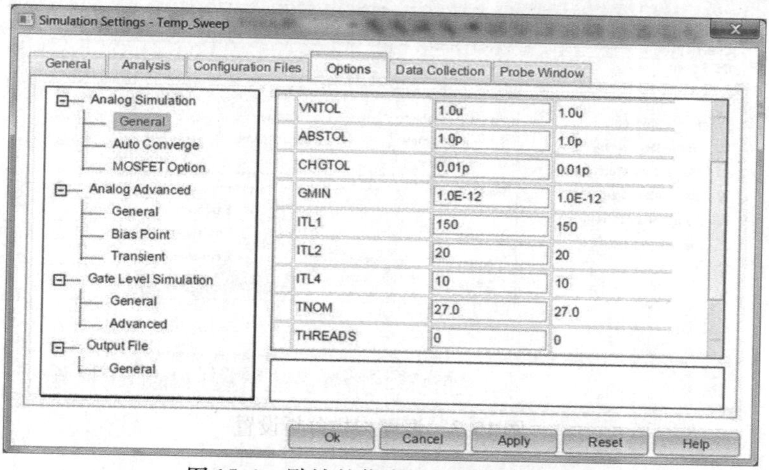

图 15.1 默认的仿真选项设置参数值

如图 15.2 所示，在仿真设置窗口选择 **Temperature**（**Sweep**），通过输入单一仿真温度或者温度列表，可以对电路实现多个温度值的瞬态仿真分析。

上述仿真实例中，电路将在 27℃、55℃ 和 125℃ 时分别进行瞬态仿真分析，然后将各温度下的仿真波形同时显示在 Probe 图形显示窗口中。

如图 15.3 所示，在仿真设置窗口中选择直流扫描分析，扫描变量设置为温度，起始值为 0℃，结束值为 50℃，步进为 1℃，当电路仿真运行结束时，Probe 屏幕图形显示窗口中的 x 轴变为扫描温度值。电路进行温度仿真分析时，其温度变化值为 $T - T_{nom}$。

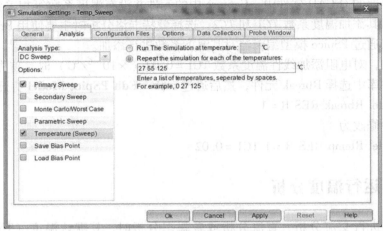

图 15.2　设置仿真温度值

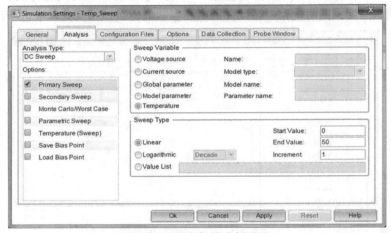

图 15.3　温度扫描分析设置

15.3　本章练习

练习 1

规定电阻值为 $10k\Omega$，温度系数为 200（$\times 10^{-6}/℃$），则 $TC1 = 0.0002$。

1. 绘制如图 15.4 所示的电路图，双击电阻打开属性编辑器。将线性温度系数 $TC1$ 的值设置为 0.0002，然后按照图 15.5 所示对 $TC1$ 的名称和数值进行显示设置。最后按照电路图对网络节点 **VR** 进行命名（**Place > Net Alias**）。

2. 如图 15.6 所示，对电路进行直流线性温度扫描分析设置，起始温度为 $0℃$，结束温度为 $50℃$，步进为 $1℃$。

第 15 章 温度分析

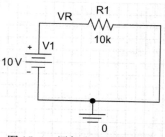

图 15.4 添加电阻温度系数

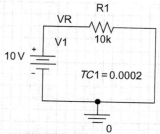

图 15.5 显示温度系数 TC1 的名称和参数值

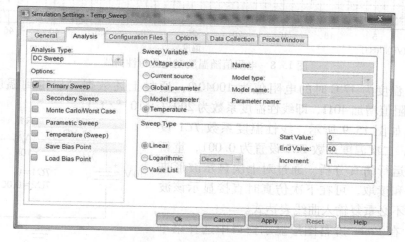

图 15.6 直流温度扫描分析设置

3. 运行电路仿真分析。

4. 在 Probe 屏幕图形显示窗口选择 ⊟ 或者 ⊡ 对电阻值进行显示。电阻值为电阻两端的电压与流过电阻的电流之比。

5. 通过 **Add Traces** 窗口底部的表达式对话框对电阻值进行定义。首先从 **Simulation Output Variables** 仿真输出变量列表中选择 V（VR），然后从右侧的 **Functions or Macros** 函数列表中选择除号 "/" 并且继续从仿真输出变量列表中选择 I（R1）。最终的函数表达式如图 15.7 所示。

图 15.7 电阻 R1 的表达式

另外，用户可以直接输入所需表达式，而不必从变量或者函数列表中选择。如图 15.8 所示，在 Probe 屏幕图形显示窗口中将会看到电阻值随温度的升高而逐渐增大。

在 Probe 屏幕图形显示窗口中打开光标，测得温度为 27℃ 时的电阻值为

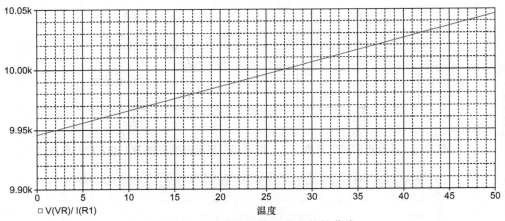

图 15.8 电阻值随温度变化的特性曲线

$10\mathrm{k}\Omega$,温度为 47℃ 时的电阻值为 10040Ω,通过上述数据可以得到温度升高 20℃ 电阻值增加 40Ω,即线性温度系数为 200($\times 10^{-6}$/℃)。

6. 如图 15.9 所示,线性温度系数 $TC1$ 设置为 0,二次温度系数 $TC2$ 设置为 0.001,重新对电路运行仿真分析。通过对上次显示波形进行保存和读取,可在下次仿真时直接显示该波形,而不必重复输入曲线表达式。

7. 在 Probe 屏幕图形显示窗口中选择菜单 **Window > Display Control > Last Session > Restore**,将会得到电阻值的二次曲线波形,如图 15.10 所示。

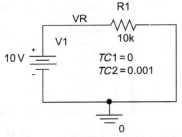

图 15.9 对电阻添加二次温度系数

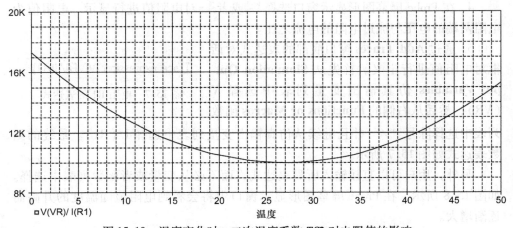

图 15.10 温度变化时,二次温度系数 $TC2$ 对电阻值的影响

练习 2

1. 绘制如图 15.11 所示的电路图。二极管 D1N914 选自 diode 或者 eval 元件库。

2. 设置嵌套直流扫描分析。如图 15.12 所示,电压源 V1 设置为主扫描,起始值为 0V,结束值为 +10V,步进为 0.01V。如图 15.13 所示,温度设置为辅扫描,起始值为 -55℃,结束值为 +75℃,步进为 10℃。

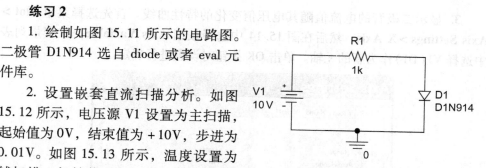

图 15.11 利用嵌套扫描对二极管的温度特性进行分析

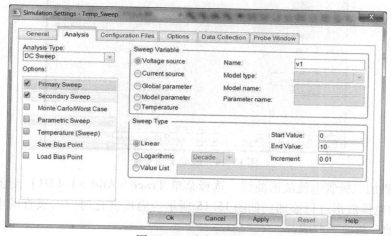

图 15.12 主扫描设置

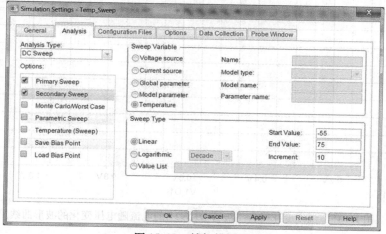

图 15.13 辅扫描设置

3. 显示二极管的电流值随其电压值变化的特性曲线。首先选择菜单 **Plot > Axis Settings > X Axis**，然后在图 15.14 中选择按钮 **Axis Variable**，在变量列表中选择 V1(D1) 作为新的 x 轴。单击 OK 按钮对设置进行确定。

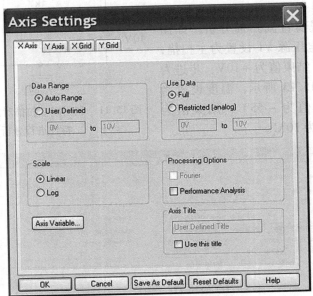

图 15.14 改变 x 轴变量

4. 添加二极管电流波形曲线。选择菜单 **Trace > Add > I（D1）** 对流过二极管 D1 的电流波形进行添加。如图 15.15 所示为温度变化时，二极管的电流随电压变化的一簇波形曲线。

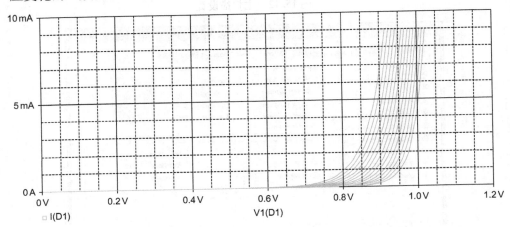

图 15.15 温度变化时，二极管 D1N914 的电流随电压变化的波形曲线

第 16 章
添加和建立 PSpice 模型

PSpice 模型可以在模型编辑器中进行建立和编辑。PSpice 模型编辑器可以通过 Start 开始菜单选择 PSpice > Simulation Accessories > Model Editor 以独立模式进行启动；或者在 Capture 原理图中选定某个 PSpice 元器件，然后选择 rmb > Edit PSpice Model 对其进行启动。当在 Capture 原理图中对 PSpice 元器件模型进行编辑时，该模型以副本的形式保存在库文件中，该库文件的名称与仿真项目的名称一致，例如 < project name >.lib，此时 PSpice 原始模型将保持不变，不会被修改。复制库将被写入项目文件，并且成为项目管理器中 PSpice 配置库文件之一。当为 PSpice 模型建立新的元器件符号时，一定要为该元器件配置库文件路径，具体方式如下：在仿真设置窗口中选择 **Configuration Files > Category > Library**，然后把元器件对应的库文件添加进去。

16.1 PSpice 元器件属性

在 Capture 中，如果需要某元器件进行电路仿真，那么该元器件必须具备如下四个特定属性：
- Implementation：模型名称
- Implementation Path：模型所属路径，如果模型在仿真设置文件中已经配置，该项为空
- Implementation Type：PSpice model
- PSpiceTemplate：为模型和子电路提供 Capture 元器件接口

当 Capture 元器件在 Capture 或者模型编辑器中被建立时，上述四项属性会自动地添加至元器件属性列表中。图 16.1 所示为晶体管 Q2N3904 的相关属性。

Q2N3904 的 PSpiceTemplate 定义为

Q^@ REFDES   %c %b %e @MODEL

其中，第一个字母 Q 代表双极型晶体管。其他的元器件类型见表 16.1。全

部元器件的类型列表见 PSpice A/D 参考手册。

符号 "^" 用来对元器件的所属层路径进行定义，也可以使用该元器件的具体层路径代替符号 "^"。例如，如图 16.2 所示的网表显示该电路由 **Top** 顶层和 **Bottom** 底层构成，在底层电路中含有电阻 R1 和 R2，其层路径分别定义为 R_Bottom_R1 和 R_Bottom_R2。在顶层电路中也含有一个电阻，被定义为 R1。

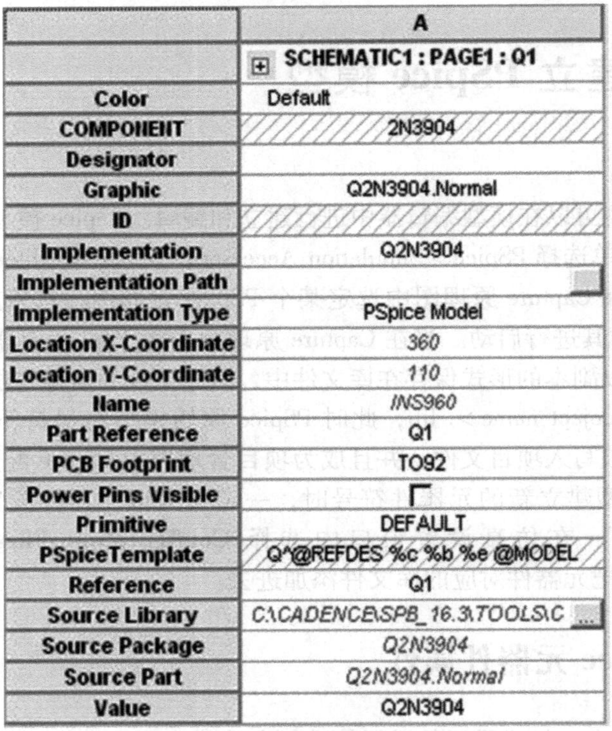

	A
	⊞ SCHEMATIC1 : PAGE1 : Q1
Color	Default
COMPONENT	2N3904
Designator	
Graphic	Q2N3904.Normal
ID	
Implementation	Q2N3904
Implementation Path	
Implementation Type	PSpice Model
Location X-Coordinate	360
Location Y-Coordinate	110
Name	INS960
Part Reference	Q1
PCB Footprint	TO92
Power Pins Visible	☐
Primitive	DEFAULT
PSpiceTemplate	Q^@REFDES %c %b %e @MODEL
Reference	Q1
Source Library	C:\CADENCE\SPB_16.3\TOOLS\C...
Source Package	Q2N3904
Source Part	Q2N3904.Normal
Value	Q2N3904

图 16.1　Q2N3904 的相关属性

表 16.1　PSpice 元器件定义

首字母	元器件类型	引脚
R	电阻	1, 2
C	电容	1, 2
L	电感	1, 2
D	二极管	Anode, cathode
Q	晶体管	Collector, base, emitter
M	MOSFET	Drain, gate, source, bulk
Z	IGBT	Collector, gate, emitter
I	电流源	+ve node, -ve node,
V	电压源	+ve node, -ve node,
X	子电路	Node 1, node 2, ···node n

```
**** INCLUDING Top.net ****
* source HIERARCHY
R_Bottom_R1      N00522 N00469  1k TC=0,0
R_Bottom_R2      0 N00522  1k TC=0,0
V_V1             N00469 0 10V
R_R1             0 N00522  1k TC=0,0
```

图 16.2　层电路网络表

@REFDES 为元器件标号,例如 Q1、R1 等。% 定义引脚名称,各类元器件的引脚命名顺序见表 16.1。@MODEL 为模型名称。

16.2　PSpice 模型定义

PSpice 模型的通用定义格式为

.MODEL ＜model name＞ ＜model type＞

+ ([＜parameter name＞ = ＜value＞

模型名称的首字母必须为表 16.1 中规定字母,最长为 8 个字符。元器件类型必须与元器件名称一致,例如,NPN 只能用于双极型晶体管。表 16.2 详细列出了 PSpice 元器件名称及其对应的元器件类型。

例如,Q2N3904 晶体管的详细模型定义如下:

.model Q2N3904 NPN (Is=6.734f Xti=3 Eg=1.11 Vaf=74.03 Bf=416.4 Ne=1.259

+　Ise=6.734f Ikf=66.78m Xtb=1.5 Br=.7371 Nc=2 Isc=0 Ikr=0 Rc=1

+　Cjc=3.638p Mjc=.3085 Vjc=.75 Fc=.5 Cje=4.493p Mje=.2593 Vje=.75

+　Tr=239.5n Tf=301.2p Itf=.4 Vtf=4 Xtf=2 Rb=10)

*　Nationalpid=23 case=TO92

*　88-09-08 bamcreation

*　$

表 16.2　PSpice 模型类型

模型	元器件类型	元器件
Qname	NPN	NPN 晶体管
	PNP	PNP 晶体管
	LPNP	L 型 PNP 晶体管
Dname	D	二极管
Cname	CAP	电容
Kname	CORE	非线性磁心
Lname	IND	电感

(续)

模型	元器件类型	元器件
Mname	NMOS	N 型 MOSFET
	PMOS	P 型 MOSFET
Jname	NJF	N 型 JFET
	PJF	P 型 JFET
Rname	RES	电阻
Tname	TRN	传输线
Bname	GASFET	N 型 GASFET
Zname	IGBT	N 型 IGBT
Nname	DINPUT	数字输入元件
Oname	DOUTPUT	数字输出元件
Wname	ISWITCH	电流控制开关
Uname	UADC	多位 ADC
	UDAC	多位 DAC
	DULY	数字延迟线
	UEFF	边沿触发器
	UGATE	标准门电路
	UIO	数字 I/O 模型
	UTGATE	输出门
Sname	VSWITCH	电压控制开关

模型名称 Q2N3904 以字母 Q 开头，表明 Q2N3904 为双极型晶体管模型。模型类型为 NPN，模型参数书写于大括号 {} 内。标题行以星号 * 开头，对元器件的基本信息进行介绍，例如，半导体器件生产厂家、生产日期、元器件封装（PCB）等。

大多数元器件按照通用的模型定义方式进行定义。然而，也可以完全按照如下方式对模型进行定义：

. MODEL < model name > [AKO：< reference model name >]
+ < model type >
+ ([< parameter name > = < value > [tolerance specification]] *
+ [T_MEASURED = < value >] [[T_ABS = < value >] or
+ [T_REL_GLOBAL = < value >] or [T_REL_LOCAL = < value >]])

当新模型建立在另一个模型基础上时，可以使用 AKO 语句进行新模型建立，这样只需要修改部分模型参数即可，大大简化模型建立工序。例如，需要建立 BF 最小值为 75 的晶体管 Q2N3904 的 PSpice 模型，其他模型参数保持不变，则新模型定义如下：

. model Q2N3904_minBF AKO：Q2N3904 NPN（BF = 75）

以原始晶体管模型为基础，采用不同的模型参数，利用该方法可以建立一组晶体管模型。

在模型定义语句中包含三个与温度息息相关的参数，因为这些模型参数值的计算和测量以温度为基准。

T_MEASURED

T_ABS

T_REL_GLOBAL or T_REL_LOCAL

T_MEASURED 为模型参数值测量温度，默认值为 27℃，如果对其进行设置，将覆盖 TNOM。

T_ABS 用来设置元器件工作的热力学温度。无论电路工作温度是多少，元器件温度将恒定为 T_ABS。

T_REL_GLOBAL 为元器件提供偏置温度，即元器件温度等于电路温度与 T_REL_LOCAL 的差值。

T_REL_GLOBAL 主要适用于当某个晶体管的工作温度高于其他晶体管的电路中。例如，某 Q2N3904 晶体管需要布置在热源旁边，该热源的温度比环境温度高 5℃，此时可以在模型语句结尾处添加如下语句 T_REL_GLOBAL = 5℃，详细语句如下：

.model Q2N3904 NPN（Is = 6.734f Xti = 3 Eg = 1.11 Vaf = 74.03 Bf = 416.4 Ne = 1.259

+   Ise = 6.734f Ikf = 66.78m Xtb = 1.5 Br = .7371 Nc = 2 Isc = 0 Ikr = 0 Rc = 1

+   Cjc = 3.638p Mjc = .3085 Vjc = .75 Fc = .5 Cje = 4.493p Mje = .2593 Vje = .75

+   Tr = 239.5n Tf = 301.2p Itf = .4 Vtf = 4 Xtf = 2 Rb = 10 **T_REL_GLOBAL = 5**）

*   National pid = 23 case = TO92

*   88 – 09 – 08 bamcreation

* $

当电路在 –55℃、27℃ 和 125℃ 进行仿真分析时，晶体管 Q2N3904 的温度分别为 –50℃、32℃ 和 130℃。

16.3 子电路

PSpice 元器件可表示为多个元器件的组合形式，运算放大器（运放）和电压调节器即由此种方式构成。该类元器件被称为子电路，在 PSpice 模板中的第一个字母为 X。运算放大器 LF411 的 PSpice 模板为

X ^@ REFDES % + % – %V + %V – %OUT @MODEL

元器件的引脚顺序必须与 PSpice 子电路的定义相匹配,运算放大器 LF411 的子电路语句如下:

```
* connections:    non – inverting input
*                 |  inverting input
*                 |  |  positive power supply
*                 |  |  |  negative power supply
*                 |  |  |  |  output
*                 |  |  |  |  |
.subckt LF411     1  2  3  4  5
    c1    11 12 4.196E – 12
    c2    6 7 10.00E – 12
    css   10 99 1.333E – 12
    dc    5 53 dy
    de    54 5 dy
    dlp   90 91 dx
    dln   92 90 dx
    dp    4 3 dx
    egnd  99 0 poly (2), (3, 0), (4, 0) 0 .5 .5
    fb    7 99 poly (5) vb vc ve vlp vln 0 31.83E6 – 1E3 1E3 30E6 – 30E6
    ga    6 0 11 12 251.4E – 6
    gcm   0 6 10 99 2.514E – 9
    iss   10 4 dc 170.0E – 6
    hlim  90 0 vlim 1K
    j1    11 2 10 jx
    j2    12 1 10 jx
    r2    6 9 100.0E3
    rd1   3 11 3.978E3
    rd2   3 12 3.978E3
    ro1   8 5 50
    ro2   7 99 25
    rp    3 4 15.00E3
    rss   10 99 1.176E6
    vb    9 0 dc 0
    vc    3 53 dc 1.500
    ve    54 4 dc 1.500
    vlim  7 8 dc 0
```

```
    vlp   91  0  dc 25
    vln   0  92  dc 25
. model dx D  (Is = 800.0E – 18  Rs = 1m)
. model dy D  (Is = 800.00E – 18  Rs = 1m  Cjo = 10p)
. model jx NJF  (Is = 12.50E – 12  Beta = 743.3E – 6  Vto = – 1)
. ends
```

注意：

当为子电路模型创建元器件符号时，首先出现一个矩形方框，可以对矩形方框进行编辑，或者根据实际需求使用 Capture 中 Part Editor 元器件编辑器绘制元器件符号。

16.4 模型编辑器

模型编辑器主要用于查看模型的文本定义、特性曲线和模型参数。如图 16.3 所示为二极管的正向电流/电压特性曲线。当模型编辑器第一次加载 PSpice

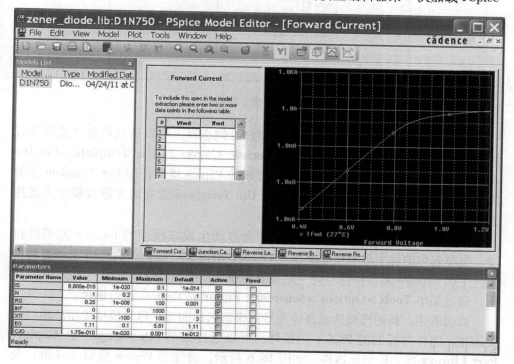

图 16.3　模型编辑器

元器件库时，模型将以文本形式显示，通过选择菜单 **View > Extract Model** 可以查看模型的特性曲线。如图 16.3 中所示的数据表格，在表格中输入生产厂商的实验测试数据，模型编辑器将以该数据为基础建立新的元器件模型。

建立新模型时首先选择菜单 **File > New** 建立元器件库，然后选择 **Model > New** 建立新元器件（见图 16.4）。

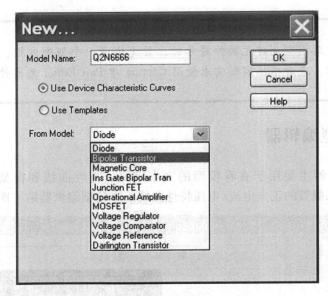

图 16.4　建立新模型

模型编辑器中共有 11 种类型的元器件可供选择，可以通过两种方式建立元器件模型，分别为 **Use Device Characteristic Curves** 和 **Use Template**。Use Device Characteristic Curves 主要用于建立普通的 PSpice 模型，而 Use Template 主要用于建立参数确定的元器件模型。利用 Use Templates 建立的元器件模型主要用于 PSpice 高级分析，此处不做深入讲解。

模型建立完成之后，模型编辑器将会自动生成该模型的 Capture 元器件符号。模型名称的首字母和模型类型与表 16.2 中定义一致，并由此确定元器件符号。生成 Capture 元器件符号时一定要确保原理图编辑器选择正确。如图 16.5 所示，通过菜单 **Tools > Options > Schematic Editor** 对 Capture 进行选择。

如前所述，新建模型的元器件符号由模型名称的首字母和模型类型决定。如果新建元器件为标准的 PSpice 元器件，可以通过菜单 **File > Export to Capture Part Library** 建立模型元器件。如图 16.6 所示，首先为 PSpice 模型（.LIB）及其生成的 Capture 元器件（.OLB）选择保存地址，然后单击 OK 按钮建立元器件符号。元器件符号生成后将会出现一个消息窗口，以提示 PSpice 模型——元器

第 16 章 添加和建立 PSpice 模型

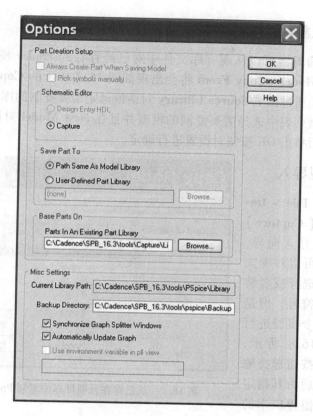

图 16.5 在 Options 中选择 Capture schematic Editor

件符号转换是否成功。

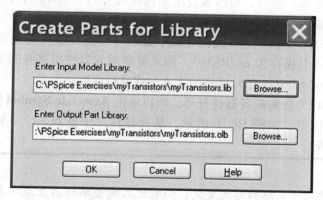

图 16.6 建立和保存 PSpice 模型和 Capture 元器件

16.4.1 模型复制

利用模型编辑器可以从现有库文件中对已经存在的 PSpice 模型进行复制。通过选择菜单 **Model > Copy From** 将会出现如图 16.7 所示的 **Copy Model** 模型复制窗口。首先通过浏览 **Source Library** 对话框选定需要复制的库文件，然后从所选库文件模型列表中选择需要复制的模型并且在 **New Model** 对话框中输入新模型名称，最后单击 OK 按钮对设置进行确定。

16.4.2 模型导入

选择菜单 **File > Import Wizard [Capture]** 可以进入模型导入向导，在模型向导中可以对库文件进行查看、选择或者替换模型元器件符号，但是一次只能对一个模型进行操作。如图 16.8 所示，首先通过浏览按钮选择输入模型库，然后为其指定匹配符号库。值得庆幸的是，当利用模型向导建立

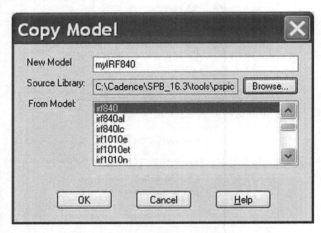

图 16.7 从已存在元器件库中复制 PSpice 模型

由模型编辑器生成的运算放大器模型的元器件符号时，该符号为运算放大器的形状，而不是矩形框。另外，可以通过浏览选择现有的 Capture 符号与模型相关联的方式建立元器件模型符号，该方法也非常实用。

在图 16.9 中，从 IRF.lib 元器件库中复制一种国际整流器公司的 MOSFET，对其进行修改并且保存为 myIRF540。如果需要对元器件引脚进行查看，可以通过选择 view model text 按钮对模型的文本文件进行读取。

由于 MOSFET 还未配置器件符号，所以单击 **Associate Symbol** 按钮对适合的元器件库进行浏览。如图 16.10 所示，从元器件库中找到一个 NMOS 晶体管与 MOSFET 相匹配。

注意：

MOS 器件以子电路的形式定义，如果使用模型编辑器生成元器件符号而非利用模型导入向导，则其元器件符号为一个矩形框，为了能够正常使用，必须对其符号形状进行编辑。

第 16 章 添加和建立 PSpice 模型

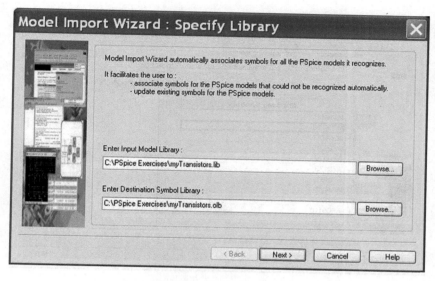

图 16.8 模型导入向导

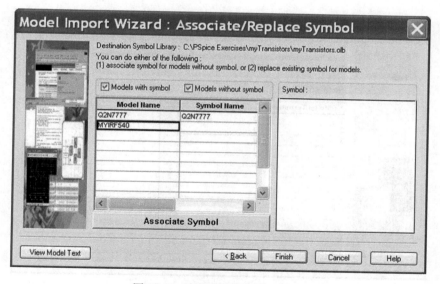

图 16.9 关联或者替换模型符号

如图 16.10 所示，本例中的 NMOS 器件符号来自 pwrmos.olb 元器件库。如图 16.11 所示，接下来必须将模型端点（1，2，3）与 Capture 元器件符号引脚（d，g，s）相关联，从图 16.10 中可得所有符号的引脚名称。

当在图 16.11 中选择 **Save Symbol** 按钮对模型库进行保存时，将会出现如图

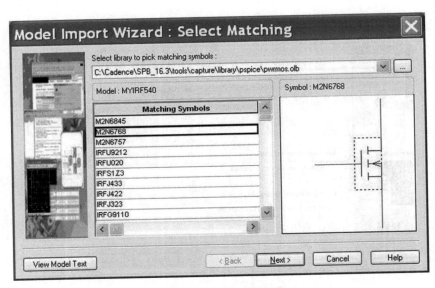

图 16.10 为模型查找匹配的元器件符号

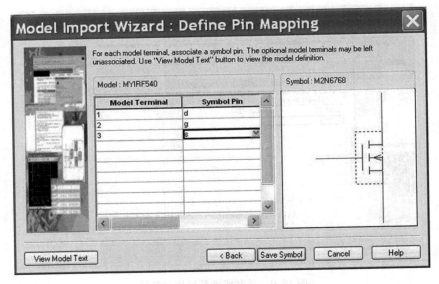

图 16.11 定义模型端点和引脚名称

16.12 所示的 myTransistors.lib 模型库文件列表。从库文件列表中可以看到每个模型均有各自关联的元器件符号,并且此时 **Replace Symbol** 替换符号选项也出现在对话框中。如果模型还未配置关联符号,则 **Associate Symbol** 关联符号选项将会出现。

第 16 章 添加和建立 PSpice 模型

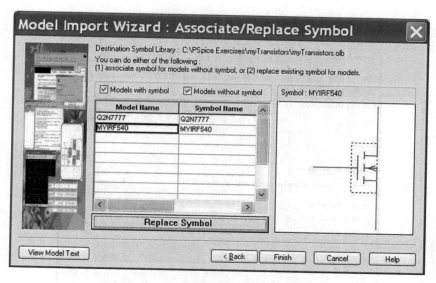

图 16.12 myTransistors PSpice 模型库总结

第 21 章练习 2 通过实例对模型导入向导的使用方法进行了详细的讲解。

16.4.3 模型下载

模型编辑器对于模型的特性曲线显示非常实用,尤其当 PSpice 模型已经从供应商的网站下载,对其进行性能测试时就更加重要了。通常默认情况下,模型编辑器会忽略 PSpice 模型文件的第一行,因此在对 .model 语句进行编辑时从第二行开始。注释行可以添加到模型语句中,但是该行必须以星号 * 开头。所以利用注释行对模型进行标注非常实用,例如:

* Q2N7777 transistor downloaded from semiconductor website 23.4.2011

也可以在 Capture 中通过 PSpice 模型建立其元器件符号。在项目管理器中选择设计文件 (.dsn),然后选择菜单 **Tools > Generate Part** 打开 **Generate Part** 窗口,如图 16.13 所示。在 **Netlist/source file type** 源文件类型对话框中选择 **PSpice Model Library** 模型库,然后在 **Netlist/source file** 对话框中通过浏览按钮选择 PSpice 模型文件。接下来在 **Implementation name** 选项中选择模型名称。如果已下载的模型库中包含多个模型,则所有的模型名称都将显示出来。

16.4.4 模型加密

模型编辑器具有加密功能,利用该功能可以对 PSpice 模型或者元器件库进行加密。加密后的文件可用于 PSpice 仿真,但是模型的具体内容却不能看到。选择菜单 **File > Encrypt Library** 可以对库文件进行加密,如图 16.14 所示为库文

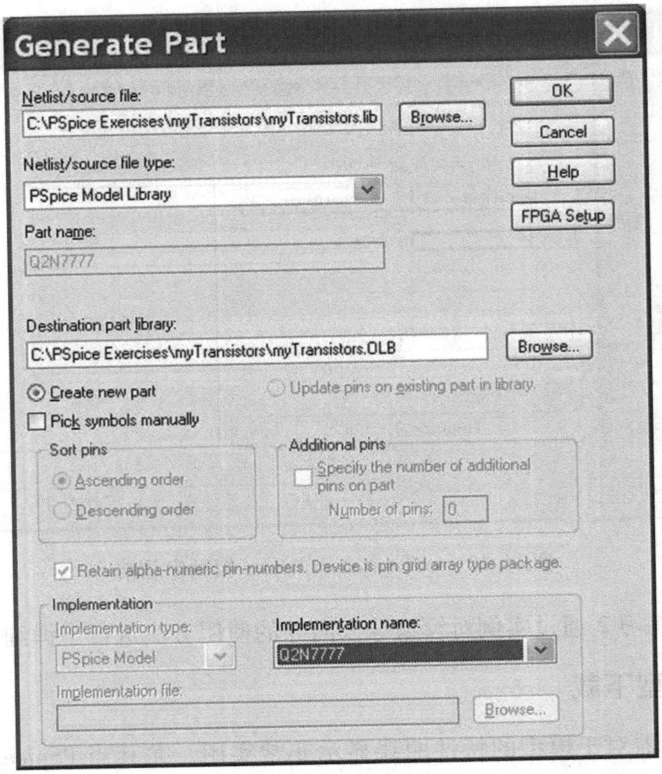

图 16.13 利用 PSpice 模型库生成 Capture 元器件

件加密对话框，通过浏览按钮对需要加密的库文件及其保存文件夹进行选择。

如果只想对 PSpice 元器件库中的部分元器件进行加密，例如两个元器件，可以在该模型语句开头和结尾添加如下语句：

$ CDNENCSTART beginning of model text

$ CDNENCFINISH end of model text

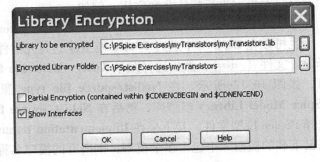

图 16.14 元器件库加密

如果 Partial Encryption 部分加密未选中，则 Show Interfaces 显示端口选项将允许对模型文本文件进行加密，但仍然显示该模型端口，即模型的连接引脚，例如，双极型晶体管的发射极、基极和集电极。

> **注意:**
> 模型语句中的注释行不能加密。

16.4.5 IBIS 转换器

OrCAD 16.5 版本仅支持 IBIS 1.1 版本的模型,但是 OrCAD 16.6 版本一直支持到 IBIS 5.0 版本。

在 OrCAD 16.6 版本中,利用模型编辑器可以把 IBIS 和 Cadence 专有的 Device Model Language (DML) 文件转换为 PSpice 库文件。被转换的 IBIS I/O 缓冲器件被定义为宏模型。

IBIS 模型主要用于分析 IC 之间的高速数字信号传输,其中,传输介质通常为铜线,该类介质被定义为传输线模型。测量电压/电流和电压/时间所得数据表格表征了 IC 的输入和输出缓冲器特性,但是所提供的 I/O 缓冲行为并未披露关于内部实现 I/O 缓冲器的任何特征信息。以 V/I 和 V/T 数据表为基础构成的 IBIS 模型,通过预测传输线的阻抗失配、串扰、过冲、下冲、地面反弹和高速数字信号的同步开关来分析传输数据的信号完整性。

IBIS 模型提供相对精确的仿真模型,因为 IBIS 模型将芯片结构的 ESD 保护、管芯与 IC 封装引脚相关联的固有寄生效应都考虑进去了。与标准 SPICE 模型相比,IBIS 模型的仿真运行速度更快,并且不会产生不收敛问题。

DML 文件由现有的高速仿真 Cadence 软件工具使用,用于分析高速电路。
IBIS 转换器附属于模型编辑器,通过顶部工具栏可以对其进行访问。
Model > IBIS Transiator
演示版光盘不含有 IBIS 转换器。

16.5 本章练习

练习 1

利用模型编辑器修改齐纳二极管的击穿电压。

1. 创建名称为 **zener_diode** 的仿真项目,然后绘制如图 16.15 所示的电路图。齐纳二极管的稳压值为 4.7V,该稳压管可以从 eval 或者 diode 元件库中进

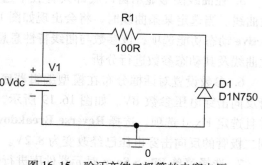

图 16.15 验证齐纳二极管的击穿电压

行选取。

2. 创建 **PSpice > New Simulation Profile** 仿真设置文件，**Analysis type** 分析类型为直流扫描分析，起始电压为 1V，结束电压为 10V，步进为 0.1V（见图 16.16），以满足 4.7V 稳压二极管的击穿电压。当电路进行直流扫描分析时，电压源 V1 的电压值为 0V，并不影响电路的正常仿真分析。

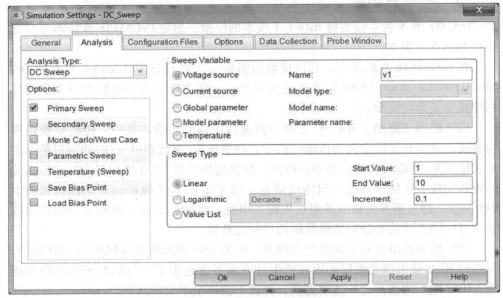

图 16.16 直流扫描仿真设置

3. 选定二极管然后选择 **rmb > Edit PSpice Model** 打开模型编辑器。如图 16.17 所示，新建元器件库名称为 **zener_diode.lib**，显示在模型编辑器的顶部。

4. 从顶部工具栏选择 **View > Extract Model** 进行模型参数提取。在第一个 PSpice 模型编辑器窗口中单击 **Yes** 按钮，然后在接下来的参数窗口中单击 OK 按钮。如图 16.17 所示，模型编辑器中将显示二极管的正向电流特性曲线。

5. 在曲线图形显示窗口底部共有五个选项，分别对应二极管模型的不同特性曲线。当选定某条曲线时，将会出现如图 16.18 所示参数窗口，每个参数均有 **Active** 动态功能选项，该参数与曲线特性息息相关。下面对二极管的反向击穿特性曲线及其动态参数进行分析。

6. 参数设置对话框分布在模型编辑器底部，向下拖动参数列表，选择二极管反向击穿电压参数 BV。如图 16.19 所示，将该参数值从 4.7V 修改为 8.2V，并且选定 Fixed 选项。选择 **Reverse Breakdown** 反向击穿曲线进行测试，将会看到二极管的反向击穿电压已经改变为 8.2V。

7. 选择菜单 **File > Save** 对元器件库进行保存，然后关闭模型编辑器。

第 16 章 添加和建立 PSpice 模型

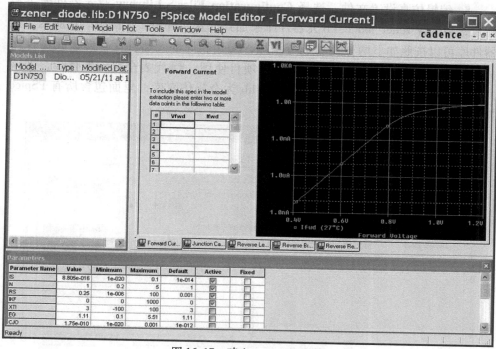

图 16.17　建立 zener.lib 文件

Parameter Name	Value	Minimum	Maximum	Default	Active	Fixed
FC	0.5	0.001	10	0.5		
ISR	1.859e-009	1e-020	0.1	1e-010		
NR	2	0.5	5	2		
BV	4.7	0.1	1000000	100	✓	
IBV	0.020245	1e-009	10	0.0001	✓	
TT	5e-009	1e-016	0.001	5e-009		

图 16.18　利用模型编辑器对模型曲线进行参数提取

Parameter Name	Value	Minimum	Maximum	Default	Active	Fixed
FC	0.5	0.001	10	0.5		
ISR	1.859e-009	1e-020	0.1	1e-010		
NR	2	0.5	5	2		
BV	8.2	0.1	1000000	100	✓	✓
IBV	0.020245	1e-009	10	0.0001	✓	
TT	5e-009	1e-016	0.001	5e-009		

图 16.19　设置二极管反向击穿电压值

8. 编辑仿真设置文件。选择 **Configuration Files > Library** 对元器件库进行配置，以确保 zener_diode.lib 元器件库添加到配置文件中。如图 16.20 所示，元器件库可以按照如下两种类型进行添加，▣代表局部元器件库，即该元器件库只能用于该仿真项目，不能为其他仿真项目使用；●代表全局元器件库，即该元器件库可被所有仿真项目使用。nom.lib 为全局仿真库，里面包含所有 PSpice 库文件，可以被所有仿真项目使用。

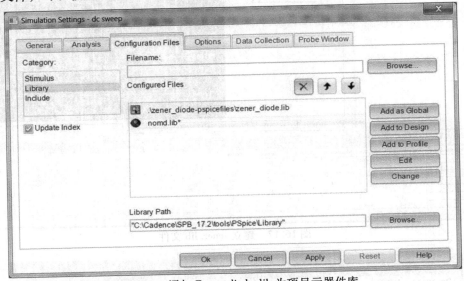

图 16.20　添加 Zener_diode.lib 为项目元器件库

9. 选择 zener_diode.lib 元器件库，然后单击 **Edit** 按钮打开模型编辑器。在 **Models List** 模型列表中选择 D1N750 对二极管模型参数进行查看。通过这种方法可以快速对库文件进行查看。最后关闭模型编辑器和仿真设置窗口。

10. 重新运行仿真，并确认目前二极管的击穿电压为 8.2V。

练习 2

建立新的 PSpice 模型和 Capture 元器件时，最科学的方法是为其建立新的目录。不要把新建的元器件库安装在 Capture 或者 PSpice 文件夹中。当电脑安装新的 OrCAD 版本时，PSpice 和 Capture 库文件将被重新安装，这样所有新建的模型将全部丢失。

下面对库文件进行实际操作练习，首先假设晶体管的 PSpice 模型已经从半导体网站上成功下载。从 bipolar.lib 元器件库对晶体管模型进行复制以重现库文件下载场景，然后将新的元器件库重命名为 myTransistors.lib。

1. 在 **Orcad 16.3 \ Tools \ PSpice \ Library** 文件夹中选择 bipolar.lib 或者 eval.lib PSpice 元器件库，然后使用文本编辑器 WordPad 或者 Notepad 对其进行

第 16 章 添加和建立 PSpice 模型

打开。对文件选择时务必要确保 **Files of type** 文件类型为 **All Files** 所有文件。

2. 在库文件中，向下滚动并且选择 Q2N3904 模型，该模型的详细定义如下：

.model Q2N3904 NPN (Is = 6.734f Xti = 3 Eg = 1.11 Vaf = 74.03 Bf = 416.4 Ne = 1.259

+ Ise = 6.734f Ikf = 66.78m Xtb = 1.5 Br = .7371 Nc = 2 Isc = 0 Ikr = 0 Rc = 1

+ Cjc = 3.638p Mjc = .3085 Vjc = .75 Fc = .5 Cje = 4.493p Mje = .2593 Vje = .75

+ Tr = 239.5n Tf = 301.2p Itf = .4 Vtf = 4 Xtf = 2 Rb = 10)

* Nationalpid = 23 case = TO92
* 88 - 09 - 08 bam creation
* $

3. 选定模型的文本文件，然后复制、粘贴为新的文本文件。如果使用 WordPad 文字编辑器，切记不要将文本文件保存为 RTF 格式。

4. 将晶体管的模型名称修改为 Q2N7777，并且在第 1 行添加注释，修改之后的模型文件为

* example of a downloaded transistor model

.model Q2N7777 NPN (Is = 6.734f Xti = 3 Eg = 1.11 Vaf = 74.03 Bf = 416.4 Ne = 1.259

+ Ise = 6.734f Ikf = 66.78m Xtb = 1.5 Br = .7371 Nc = 2 Isc = 0 Ikr = 0 Rc = 1

+ Cjc = 3.638p Mjc = .3085 Vjc = .75 Fc = .5 Cje = 4.493p Mje = .2593 Vje = .75

+ Tr = 239.5n Tf = 301.2p Itf = .4 Vtf = 4 Xtf = 2 Rb = 10)

* Nationalpid = 23 case = TO92
* 88 - 09 - 08 bam creation
* $

5. 将文本文件命名为 **myTransistors.lib**，然后保存在 **myTransistors** 文件夹中。确保库文件保存为文本格式而非 RTF 格式，否则将会有控制字符添加到模型文本中。

6. 建立名称为 myTransistors 的 PSpice 仿真新项目。

7. 在项目管理器中选中 Transistors.dsn 文件，然后选择菜单 **Tools > Generate Part**。如图 16.21 所示为元器件生成窗口：

在 **Netlist/source file** 的 type 对话框中选择 **PSpice Model Library**；

在 **Netlist/source file** 对话框中通过浏览按钮选择 myTransistors.lib 库文件；

在 **Destination part library** 对话框中选择与 myTransistors.lib 相同的文件夹；

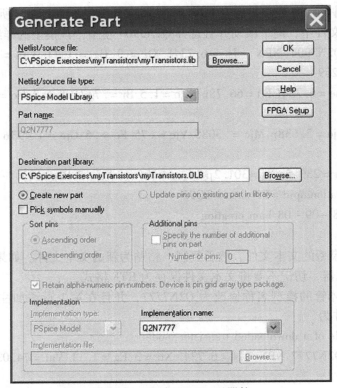

图 16.21 生成 Capture 元器件

在 **Implementation name** 对话框中只有 Q2N7777 唯一一个元器件。

单击 **OK** 按钮对设置进行确定。

8. 如图 16.22 所示，Capture 符号库 myTransistors.olb 将会生成，并且自动添加到项目管理器的元器件库文件夹中。展开库文件可见 Q2N7777 元器件。

图 16.22 myTransistors 库文件和 Q2N7777 元器件

9. 打开原理图页面，选择菜单 **Place > Part** 或者按键盘上的 P 键。如图 16.23 所示，**myTransistors** 元器件库已经自动添加到 PSpice 元器件库中，并且

第 16 章 添加和建立 PSpice 模型

Part List 元器件列表已经包含 NPN 晶体管 Q2N7777。另外，PSpice 仿真图标 出现在元器件窗口下方，表明该晶体管具有 PSpice 仿真模型，可以用于电路仿真。接下来将 myTransistors. lib 库文件配置到仿真设置文件中。

10. 选择菜单 **PSpice > New Simulation Profile** 建立新的仿真设置文件。在 **Configurations Files** 文件配置选项卡下选择 **Category > Library**，然后通过浏览按钮对 myTransistors. lib 库文件进行选择。按照练习 1 的步骤 8 可以将库文件添加为全局库或者局部库。如图 16.24 所示，本练习将库文件添加为全局库，最后单击 OK 按钮对仿真设置进行确定。此时，晶体管 Q2N7777 可以用于电路仿真，并且 myTransistors. lib 元器件库可以被每个新的仿真项目使用。

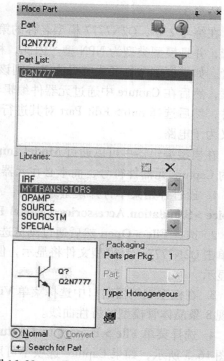

图 16.23　myTransistors. olb 添加到元器件库中

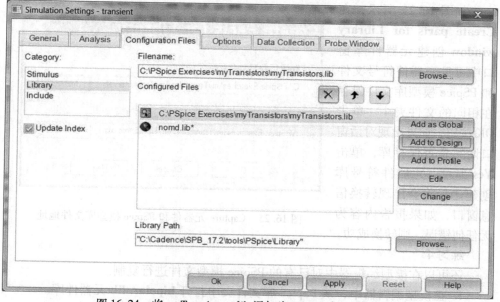

图 16.24　将 myTransistors. lib 添加为 PSpice 全局元器件库

练习3

在练习2中，Q2N7777 模型名称的第一个字母为 Q，所以该模型被确认为晶体管，并且模型类型为 NPN 型。因此，根据该模型生成的元器件符号为 NPN 晶体管。如果模型名称开头字母为 X，则该模型为子电路，生成的元器件符号为矩形框，然后在 Capture 中通过元器件编辑器对其进行编辑。在元器件库中选中元器件，然后选择 rmb > Edit Part 对其进行编辑。例如，许多功率 MOSFET 模型被定义为子电路。

在模型编辑器中可以通过 **Model Import Wizard** 模型导入向导为模型选择已有的 Capture 元器件符号，而不必在元器件编辑器中进行编辑。

1. 通过开始菜单打开模型编辑器：**All Programs > Cadence（or OrCAD）> PSpice > Simulation Accessories > Model Editor**。

2. 选择 **File > Open** 然后通过浏览选择 myTransistors.lib 库文件。在模型列表中单击 Q2N7777，其模型文件将显示，但是添加的第一行注释行的内容并不能进行显示。

3. 在模型编辑器窗口中选择菜单 **View > Extract model** 然后单击 **YES**，将会出现 8 条晶体管模型的特性曲线。

4. 选择菜单 **File > Export to Capture Part Library** 导出 Capture 元器件库。如图 16.5 所示，如果 Capture 选项不可用，那么选择菜单 **Tools > Options**，然后选择 Capture 作为原理图编辑器即可。

如图 16.25 所示，在 **Create parts for Library window** 创建元器件库窗口中可见元器件符号文件和 PSpice 模型库文件保存在相同的文件夹中。单击 OK 按钮，如果出现对话窗口询问是否保存库，单击 **Yes** 即可。元器件符号库创建之后将会出现转换信息窗口，如果报告内容为无任何错误，则转换成功。

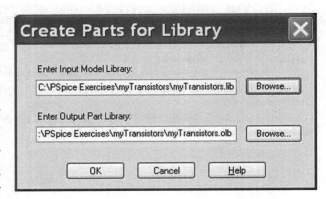

图 16.25　Capture 元器件和 PSpice 模型库文件地址

练习4

还可以在模型编辑器中对已有的 PSpice 模型文件进行复制。

1. 在模型编辑器中，从 PSpice 库文件夹中打开 **bipolar.lib** 元器件库。
2. 选择菜单 **Model > Copy From**，将会出现如图 16.26 所示的 **Copy Model**

模型复制窗口，在 **New Model** 新模型对话框中输入 Q2N3906X 作为新模型的名称，然后从库元器件列表中选择 Q2N3906 并单击 OK 按钮进行确定。

练习 5

利用模型编辑器可以建立新的 PSpice 模型。在演示版的 PSpice 软件中，利用模型编辑器只能建立二极管模型。

既可使用制造商数据表中的元器件特性曲线建立模型，也可创建参数化模型以用于 PSpice 高级仿真分析（参见第 23 章）。**Use Templates** 主要用于建立参数化

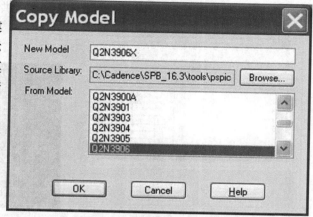

图 16.26 复制 PSpice 模型

模型，该模型适用于 PSpice 高级仿真分析，具体使用方法详见第 23 章。

Use Templates 利用参数建立模型，主要用于 PSpice 高级分析，本节不做介绍。本练习主要使用 **Use Device Characteristic Curves**，根据元器件特性曲线建立新模型。

1. 在模型编辑器中选择菜单 **File > New**。
2. 选择 **Model > New** 并输入 myDiode 作为模型名称，然后选择 **Use Device Characteristics Curves**（见图 16.27）。单击 OK 进行确定。

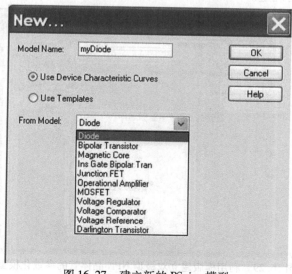

图 16.27 建立新的 PSpice 模型

3. 二极管模型包含 5 条特性曲线，通过单击曲线底部的选项卡进行显示（见图 16.28）。输入每个二极管的特性数据，然后选择菜单 Tools > Extract Parameters。提取的模型参数显示在模型编辑器底部，可供用户修改并锁定。

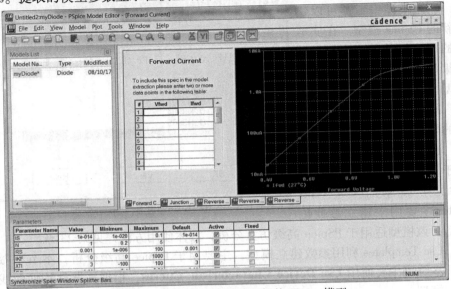

图 16.28　利用特性曲线建立新的 PSpice 模型

4. 如果所用软件为演示版，则建立名称为 myTransistor 或 myDiode2 的新模型，并且选择 Use Templates 以及 Bipolar NPN 模型类型，具体如图 16.29 所示，然后单击 OK 进行确定。

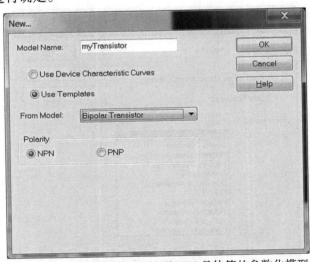

图 16.29　利用模版建立双极型 NPN 晶体管的参数化模型

第16章 添加和建立 PSpice 模型

5. 图 16.30 中显示全部晶体管的参数。如图 16.30 所示,用户可为每个参数输入容差及其分布,以用于 PSpice 高级仿真分析(详见第 23 章)。

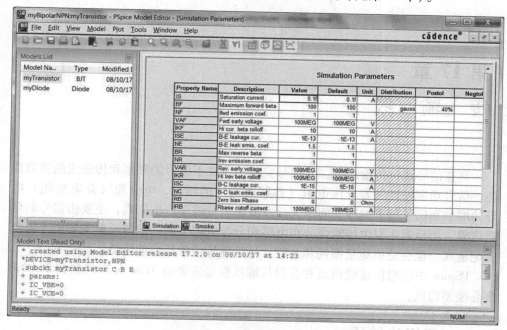

图 16.30 双极型 NPN 晶体管的参数化模型

第 17 章
传 输 线

高速信号通过传输线时,其信号完整性取决于信号的频率和传输线的发散损耗。信号功率损耗随着导体电阻(趋肤效应)的增加、电介质(介电损耗)电导的增加和信号频率的增加而增大。发散使信号波形产生失真,主要由信号的延迟造成,而延迟主要由传输线分布电感和分布电容引起。信号反射主要由于阻抗失配造成,也会造成能量损耗和分散,最终导致传输线性能降低。

PSpice 中理想传输线模型和有损传输线模型主要由 Tline 分布模型和 TLUMP 集总模型构成。

17.1 理想传输线

理想传输线标准参数为特征阻抗($Z0$)和传输延迟时间(TD)或者其归一化传输线长度(NL),其中 NL 为特定频率下传输特定距离所需的波形数目,设置传输线参数时,不能同时输入 TD 和 NL。如果不能确定 NL 的频率,则默认频率为 0.25,它表示波形频率的四分之一。

传输线的延迟时间 TD 的计算公式为

$$TD = \frac{LEN}{v_p} \tag{17.1}$$

式中,TD 为传输延迟,单位为秒(s);LEN 为传输线长度,单位为米(m);v_p 为信号传播速度,单位为米/秒(m/s)。对于传输线,其传播速度通常采用光速的百分比表示,即:

$$v_p = c \times VF \tag{17.2}$$

式中,VF 为速度因子,其值为 0~1;c 为光速,其值为 $3 \times 10^8 \mathrm{m/s}$。

归一化传输线长度计算公式为

$$NL = \frac{LEN}{\lambda} \tag{17.3}$$

因为 $v = f\lambda$,所以波形长度公式为

$$\lambda = \frac{v_p}{f} \tag{17.4}$$

根据转换公式,等式(17.3)重新整理为

$$NL = LEN \frac{f}{v_p} \tag{17.5}$$

式中,f 为信号频率,单位 Hz;λ 为信号波长,单位 m。

PSpice 使用 **analog** 模型库中的元器件 T 对理想传输线进行仿真模拟。图 17.1a 为理想传输线的 Capture 符号,图 17.1b 为理想传输线的相关属性。

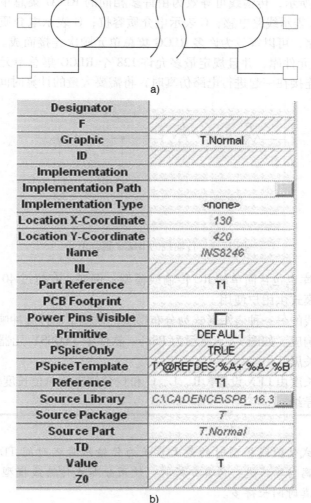

图 17.1 分布型理想传输线

a) Capture 元器件符号 T   b) 分布型传输线的相关属性参数

因此，对于理想传输线，如果不能确定其延迟时间（TD），可以按照如上所述方式输入 NL 和 f 的值均可，如果频率 f 的值为空，则其默认值为 0.25，即波形频率的四分之一。

传输线也可以进行电压和电流等初始条件的设置，以便仿真结果更加准确、可靠。

17.2　有损传输线

如图 17.2 所示，传输线可等效为由许多相同的 RLCG 集总单元构成，R 表示线路电阻；L 表示线路电感；C 表示电介质容抗；G 表示电介质导纳。对于长距离的传输线路，可以等效为许多 RLCG 集总单元顺次连接而成。PSpice 专门提供 Tline 传输线元件库，并且规定最多允许 128 个 RLCG 集总单元相互连接。但是当许多单元连接在一起进行电路仿真时，将需要大量的计算时间，所以仿真时间会比较长。

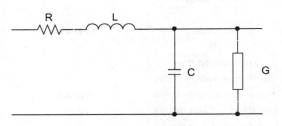

图 17.2　传输线的 RLCG 集总单元

Tline 元件库也包含简单的 RC 传输线模型，例如，有超过 40 种的同轴电缆模型和双绞线模式供用户使用。

有损传输线的另一种表示形式为分布模型，该模型通过脉冲响应卷积的方法确定传输线的响应。如图 17.3 所示为 PSpice 软件中 TLOSSY 元器件符号及其属性编辑器中相关属性。

传输线的长度由 LEN 设置，R、L、C 和 G 分别表示单位长度传输线的电阻、电感、容抗和导纳。

注意：

仿真分布式传输线模型时的最大步长为传输线延迟时间 TD 的二分之一。因此，对短距离传输线进行仿真分析时，使用分布式传输线模型比使用集总式传输线模型仿真时间长得多。

第 17 章 传 输 线

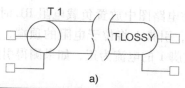

C	1
Color	Default
Designator	
G	1
Graphic	TLOSSY.Normal
ID	
Implementation	
Implementation Path	
Implementation Type	<none>
L	1
LEN	1
Location X-Coordinate	120
Location Y-Coordinate	340
Name	INS8615
Part Reference	T1
PCB Footprint	
Power Pins Visible	
Primitive	DEFAULT
PSpiceOnly	TRUE
PSpiceTemplate	T^@REFDES %A+ %A- %B
R	1
Reference	T1
Source Library	C:\CADENCE\SPB_16.3...
Source Package	TLOSSY
Source Part	TLOSSY.Normal
Value	TLOSSY

b)

图 17.3 有损传输线 TLOSSY

a) Capture 元器件符号 TLOSSY b) TLOSSY 的相关属性

17.3 本章练习

通过以下练习对基本的传输线负载特性进行仿真分析。

练习1

RL 负载阻抗匹配

1. 绘制如图 17.4 所示的电路图。传输线 T 选自 **analog** 元件库，脉冲电压源

选自 **source** 元件库。当在电路图中放置负载电阻 RL 时，电阻的引脚 1 在左侧。对电阻 RL 进行三次旋转，引脚 1 将位于电阻的顶端，然后与传输线 T1 进行连接。通常情况下，流进引脚 1 的电流为正，如果测得引脚 1 的电流为负，则表示电流从引脚 1 流出。

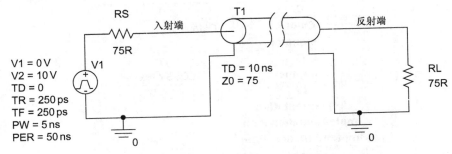

图 17.4　传输线的输入源和负载阻抗匹配

2. 双击 T1，打开属性编辑器，按照图 17.5 所示对其相关属性值进行设置。

TD	10 ns
Value	T
Z0	75

图 17.5　设置 TD 和 Z0 的属性值

按住 Ctrl 键选中 TD 和 Z0，单击右键选择 **Display**，然后在图 17.6 的显示属性窗口中选择 **Name and Value** 对其名称和参数值进行显示。

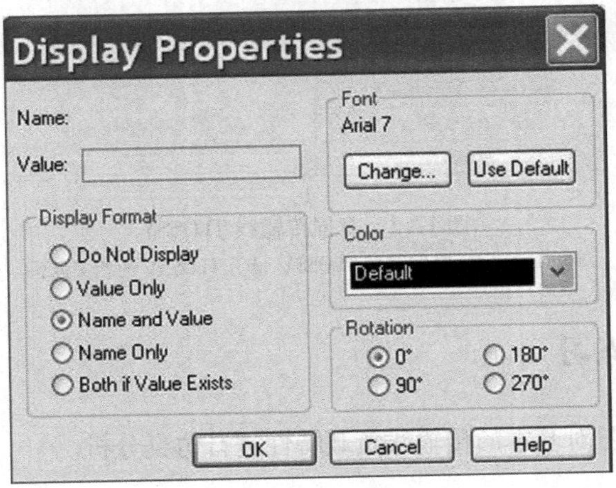

图 17.6　显示 TD 和 Z0 的属性值

3. 如图 17.7 所示，建立瞬态仿真设置文件，运行时间为 50ns，最大步长为 100ps。

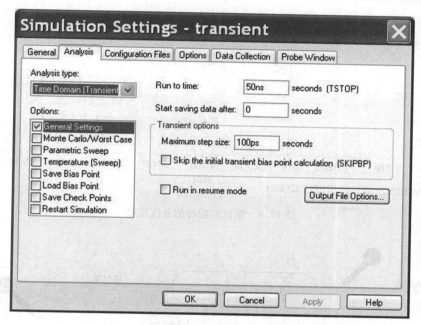

图 17.7 瞬态仿真设置

4. 如图 17.8 所示，在入射端和反射端放置电压探针，然后对电路运行仿真分析。

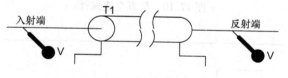

图 17.8 放置电压探针

5. 如图 17.9 所示为脉冲源电压波形和 10ns 延时之后的负载脉冲电压波形。因为输入脉冲源内阻和传输线构成分压器，所以电压幅值降为 5V。

6. 如图 17.10 所示，在原理图中删除电压探针，然后在传输线 T1 的输入引脚和电阻 RL 的顶部引脚放置电流探针。

无需重新运行仿真，电流波形会自动显示在 Probe 屏幕图形显示窗口中。如图 17.11 所示，两电流波形幅度相同但延时 10ns。

当负载阻抗与传输线阻抗相等时称为阻抗匹配，此时无反射电压出现。

RL 负载短路

7. 删除电流探针，然后将负载电阻的参数值修改为 $1\mu\Omega$，即负载短路。如

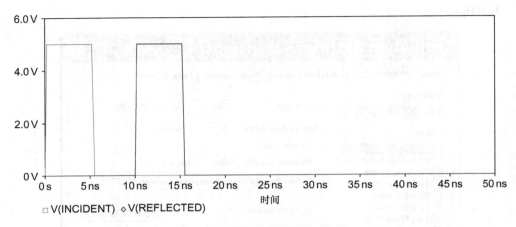

图 17.9　阻抗匹配时的电压波形

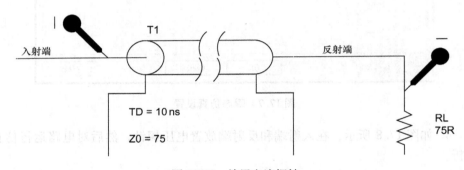

图 17.10　放置电流探针

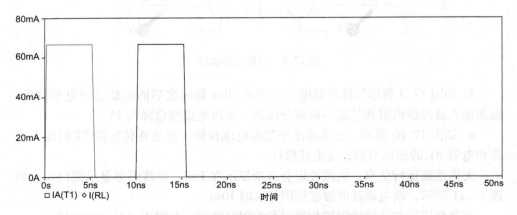

图 17.11　传输线阻抗匹配时的电流波形

图 17.12 所示，在传输线的入射端和短路电阻的顶端分别放置电压探针，然后对

电路重新运行仿真。

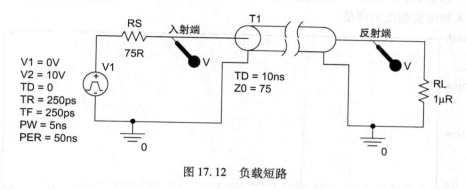

图 17.12 负载短路

传输线的动态波形如图 17.13 所示。当负载短路时，负载电压为 0V，入射电压波形将进行 180°反相。

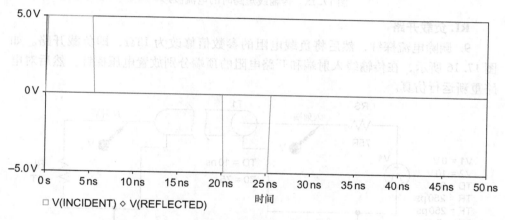

图 17.13 传输线短路时的电压波形

8. 如图 17.14 所示，在 Capture 原理图中删除电压探针，然后在传输线 T1 的入射端和负载电阻 RL 的顶端放置电流探针。

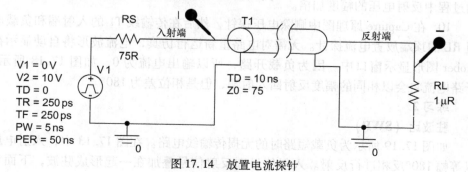

图 17.14 放置电流探针

如图 17.15 所示，电流波形将以相同的幅度进行反射，使得反射电流的幅度为入射电流幅度的两倍。

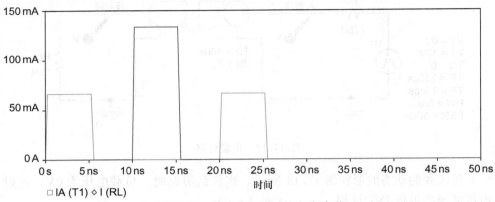

图 17.15　传输线短路时的电流波形

RL 负载开路

9. 删除电流探针，然后将负载电阻的参数值修改为 1TΩ，即负载开路。如图 17.16 所示，在传输线入射端和开路电阻的顶端分别放置电压探针，然后对电路重新运行仿真。

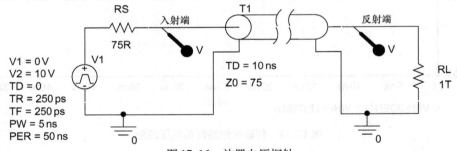

图 17.16　放置电压探针

传输线的动态波形如图 17.17 所示。反射电压等于电源电压，所以在信号传输过程中反射电压的幅度加倍。

10. 在 Capture 原理图中删除电压探针，然后在传输线 T1 的入射端和负载电阻 RL 的顶端放置电流探针。无需对电路重新运行仿真，电流波形将自动显示在 Prober 图形显示窗口中。因为负载开路，所以输出电流为 0。如图 17.18 所示，开路电流将会以相同的幅度反射回入射端，但是相位差为 180°。

练习 2

驻波比（SWR）

如图 17.19 所示为负载短路时的无损传输线电路。在图 17.13 中，入射电压以等幅 180°反相进行反射。入射信号和反射信号叠加在一起形成驻波，下面对

第 17 章 传 输 线　213

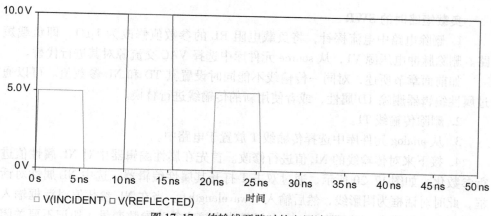

图 17.17　传输线开路时的电压波形

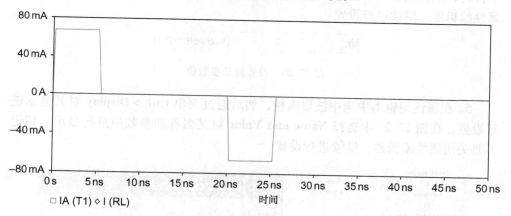

图 17.18　传输线开路时的电流波形

驻波的形成过程进行说明。

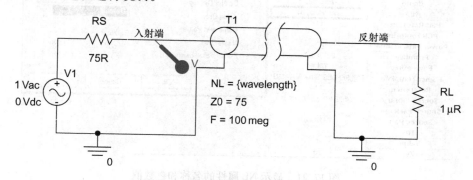

图 17.19　负载短路时的驻波电路

负载短路时的 SWR

1. 删除电路中电流探针，将负载电阻 RL 的参数值修改为 $1\mu\Omega$，即负载短路。删除脉冲电压源 V1，从 source 元件库中选择 VAC 交流源对其进行代替。

如前面章节所述，对同一传输线不能同时设置其 TD 和 NL 参数值。可以通过属性编辑器删除 TD 属性，或者使用新的传输线进行替换。

2. 删除传输线 T1。
3. 从 analog 元件库中选择传输线 T 放置于电路中。
4. 接下来对传输线的 NL 值进行修改。首先在属性编辑器中对 NL 属性值进行参数化。如图 17.20 所示，通过双击 T 打开其属性编辑器，选中 NL 属性对话框，此时对话框为阴影线，然后输入 {wavelength}。当在 NL 参数值对话框输入字符时，阴影线会自动消失。{} 大括号代表该字符为参数变量。切记不要关闭属性编辑器，继续进行设置。

图 17.20 设置波长参数值

5. 在属性编辑器中选中波形属性，然后通过菜单 **rmb > Display** 对其显示进行设置，在图 17.21 中选择 **Name and Value** 对其名称和参数值进行显示。切记不要关闭属性编辑器，继续进行设置。

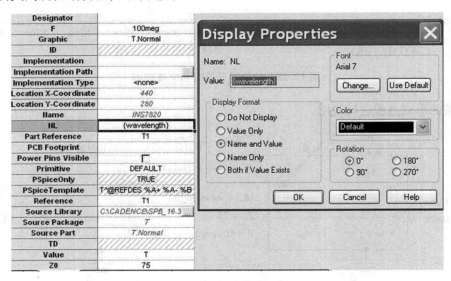

图 17.21 显示 NL 属性的名称和参数值

6. 与图 17.19 电路中的参数一致，按照步骤 5 的方法继续对电路各元器件的参数值及其显示进行设置，频率 F 设置为 100megHz，特征阻抗 Z0 设置为 75R，设置完成后关闭属性编辑器。

7. 设置波长参数的默认值。从 special 库中选择 **Param** 元器件放置于电路中，然后双击打开其属性编辑器。选择 **New Row** 或者 **New Column** 将会出现如图 17.22 所示的对话框，在 **Name** 栏中输入参数名称 wavelength，在 **Value** 栏中输入参数值 1。

8. 显示 wavelength 的名称和参数值，关闭属性编辑器。

9. 设置完成后电路原理图如图 17.19 所示。

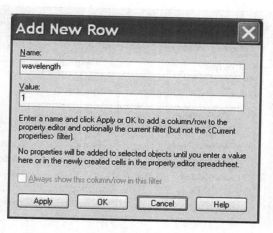

图 17.22　添加新的波长参数，默认值为 1

注意：
在原理图中对属性参数值进行设置比在属性编辑器中设置更加方便。

10. 下面对电路进行参数扫描和交流扫描分析设置。选择菜单 **PSpice > New Simulation Profile** 创建新的 PSpice 仿真设置文件。如图 17.23 所示，从分析类型中选择 **AC Sweep/Noise** 交流扫描分析，起始频率为 100megHz，结束频率为 200megHz，对数扫描方式，每十倍频的扫描点数为 1。单击 **Apply** 按钮对仿真设置进行确定，切记不要退出仿真设置窗口。

如图 17.24 所示，在 **Options** 选项中选择 **Parametric Sweep** 参数扫描，然后在扫描变量对话框中选择 global parametric 全局变量，参数名称设置为 **wavelength**，线性扫描方式，起始值为 0，结束值为 1，步长为 0.01。设置完成后单击 OK 按钮进行确定。

11. 在传输线的入射端放置电压探针，然后运行电路仿真。在 **Available Sections** 输出显示窗口中对波形全部选定，然后单击 OK 按钮进行确定，驻波波形如图 17.25 所示。

负载开路时的 SWR
当负载开路时，电压以相同幅度反射回入射端，但是相位相差 180°。

12. 在图 17.26 中，将负载电阻值修改为 1TΩ，即负载开路，然后按照相同的设置对电路进行仿真。驻波波形如图 17.27 所示。

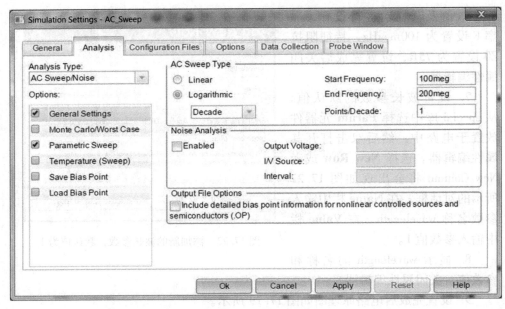

图 17.23 交流扫描设置

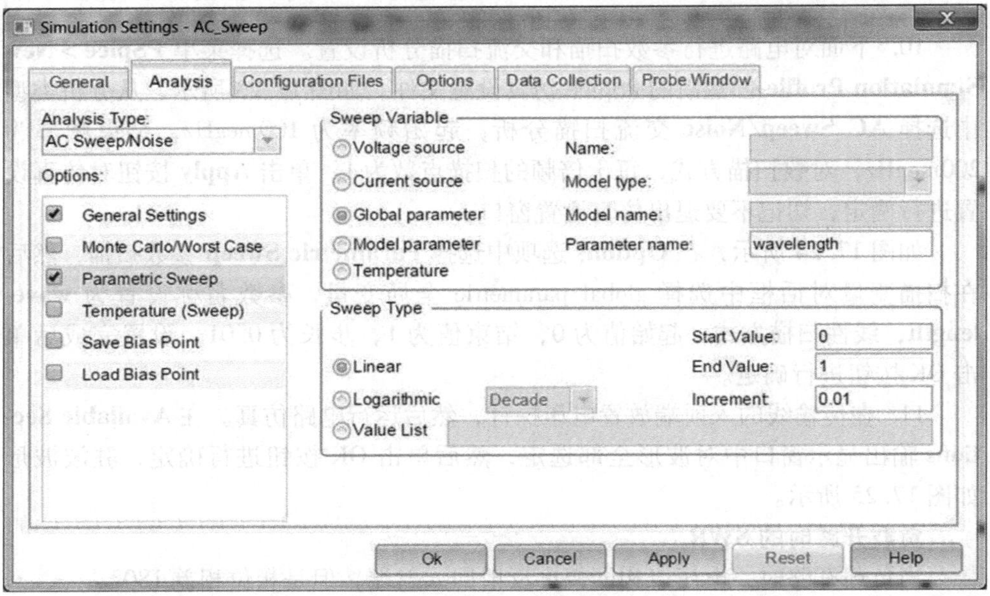

图 17.24 参数扫描设置

第17章 传输线

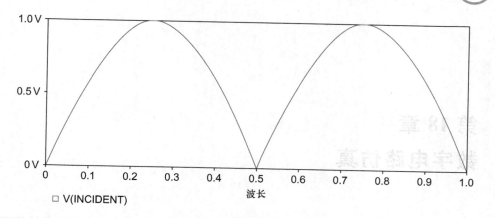

图 17.25 负载短路时的驻波波形

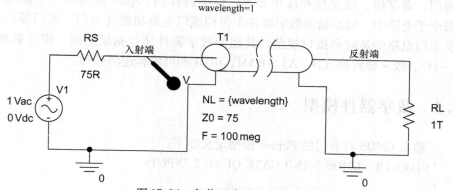

图 17.26 负载开路时的驻波电路

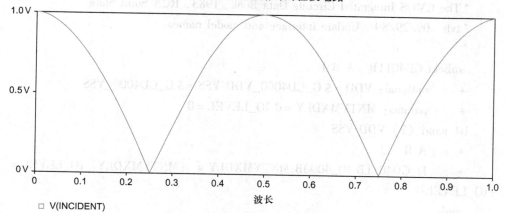

图 17.27 负载开路时的驻波波形

第 18 章
数字电路仿真

PSpice 使用相同的引擎对模拟器件和数字器件进行仿真分析。数字晶体管逻辑阵列（TTL）和互补型金属氧化物半导体（CMOS）均为数字器件，主要包括逻辑门、寄存器、触发器和反相器等，该类器件的 PSpice 模型由子电路建立。在每个子电路中，最原始的数字器件不仅构成门电路功能（与门、或门等），还定义了门电路的延时和接口规范。其他的数字器件还包括延迟线、模-数转换（A-D）、数-模转换（D-A）、RAM、ROM 和可编程逻辑阵列。

18.1 数字器件模型

二输入 CMOS 与非门的 PSpice 模型定义如下：
```
* CD4011B    CMOS NAND GATE QUAD 2 INPUTS
*
* The CMOS Integrated Circuits Data Book, 1983, RCA Solid State
* tvh   09/29/89   Update interface and model names
*
.subckt CD4011B    A B J
+    optional: VDD = $ G_CD4000_VDD VSS = $ G_CD4000_VSS
+    params: MNTYMXDLY = 0 IO_LEVEL = 0
U1 nand (2) VDD VSS
+    A B  J
+    D_CD4011B IO_4000B MNTYMXDLY = {MNTYMXDLY} IO_LEVEL = {IO_LEVEL}
.ends
```

模型语句前五行为注释行，主要对模型名称、功能以及器件生产和模型建立日期进行说明。第六行为 CD4011B 的子电路模型定义，包括模型名称和引脚 A、

B 和 J。VDD = $ G_CD4000_VDD 和 VSS = $G_CD4000_VSS 为全局电源，专门为 CD4000 系列的数字电路供电。MNTYMXDLY = 0 为可选参数，用于定义数字门电路的最小、典型和最大延迟时间。当数字电路与模拟电路进行连接时，IO_LEVEL 用来定义模–数（A–D）或者数–模（D–A）转换的四个数字接口子电路。

U1 定义了一个双输入与非门，输入接口分别为 VDD、VSS、A、B 和 J。"+" 表示模型语句还未结束，继续延续至下一行。下一行（第 11 行）出现两个型号，第一个为时序模型 D_CD4011B，它定义了时间以及与非门的时序特性，例如信号的延迟、建立和保持时间；第二个为输入/输出（I/O）模型 IO_4000B，用来定义门电路的负载和驱动特性。如第 12 行所示，子电路模型通常以 ".ENDS"语句结束。时序模型 D_CD4011B 保存在 CD4000.lib 元件库中；输入/输出（I/O）模型 IO_4000B 保存在 dig_io.lib 元件库中。如果需要更加详细的模型信息，请查阅 PSpice 参考手册。

18.2 数字电路设计

通常情况下数字门电路的电源引脚不显示，因为对数字门电路的电源引脚与供电电源进行连接时需要大量导线，将会使得电路过于复杂。相反，TTL 和 CMOS 器件会自动与全局电源节点相连接，该节点并未显示在电路图中，但是具有电源的功能，并且默认值为 5V。CMOS 器件的电源电压范围为 3 ~18V。但是 CMOS 器件的供电电压改变时不会影响其输入阈值和输出驱动能力，但是信号延迟时间由 5V 供电时的特性决定。通过修改数字门电路的时序模型可以获得准确的信号延迟时间。

通过选择菜单 **Place > Power** 元器件库中的数字高 HI、数字低 LO 元件符号或者 **dig_misc** 元器件库中的上拉电阻，可以将集成电路（IC）引脚的数字逻辑电平设置为高或低。**No Connect** 为断开符号，通过 **Place** 放置菜单对其进行放置，用来标识未连接引脚。图 18.1 为 Capture 中相关的元器件符号。

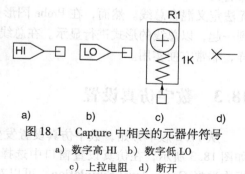

图 18.1 Capture 中相关的元器件符号
a) 数字高 HI b) 数字低 LO
c) 上拉电阻 d) 断开

在图 18.2 中，某数字时钟信号与 8 位二进制计数器（U1A 和 U1B）相连接。为了使计数器正常工作，U1A 和 U1B 的 CLR 清零端通过数字低 LO 符号连接至低电平。选择菜单 **Place > Bus Entry**、点击图标 ╱ ╱ 或者按下键盘 E 键在每个计数器输出端放置总线接口，然后把所有接口与 8 位数据总线相连接。

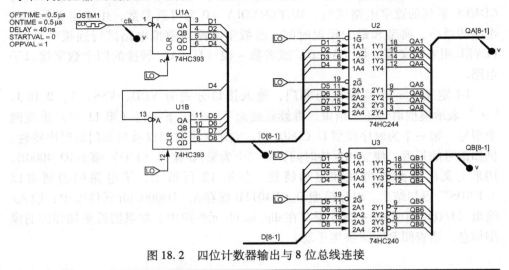

图 18.2　四位计数器输出与 8 位总线连接

注意：

从 16.3 版本开始，元件引脚可与数据总线自动连接。绘制数据总线，然后选择菜单 **Place > Auto Wire > Connect to Bus**。首先单击待连接引脚，然后单击总线（将会提示输入网络名称），PSpice 将会自动绘制总线接口和引脚之间的连接导线。

与总线接口相连接的每条导线分别标记为 D1、D2 等，总线名称为 D [8 - 1]，其次序按照 MSB—LSB 进行排列。元件 U3 的数据输入总线的名称也为 D [8 - 1]，因此该总线将与 8 位总线相连接。根据仿真习惯，数据总线也可以被命名为 D [7 - 0] 或者 D [7..0]。只有相同类型的信号才能构成总线，Capture 无法定义混合总线。然而，在 Probe 图形显示窗口中，不同类型的信号可以整理到一起，以总线的形式进行显示。在总线上放置探针与在导线上放置探针完全一样，非常方便实用。

18.3　数字仿真设置

从 17.2 版本开始，数字仿真设置发生了很大的变化。对于 17.2 之前版本，如图 18.3 所示，在仿真设置窗口中选择 **Option** 选项卡，然后在 **Category** 对话框中选择 **Gate – level Simulation**，可以对电路进行数字仿真设置。通过 **Timing Mode** 时序模式选项，可以为数字元件配置最小、典型、最大或者最坏情况下的时序特性。共有四种 I/O 接口可以用于模 – 数 A – D) 和数 – 模（D – A）转换，最重要的是，可以按照设计要求对触发器的工作状态进行初始化，例如 x 不确定、逻辑 0 或者逻辑 1。也可以通过设置对仿真过程中出现的错误信息进行抑制，例如 PSpice 将会对数字电路的竞争冒险和时序冲突进行错误信息输出，该数据量非常大，将会影响仿真速度。

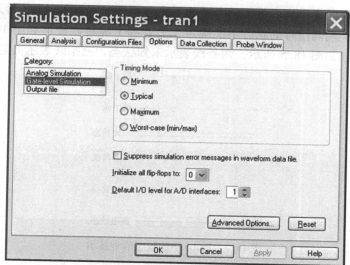

图 18.3 数字仿真设置选项（17.2 之前版本）

对于 17.2 之后版本，数字仿真通过菜单 **Options > Gate Level Simulation > General** 进行设置，具体如图 18.4 所示。单击参数名称时每个选项的解释说明均会出现在窗口底部。

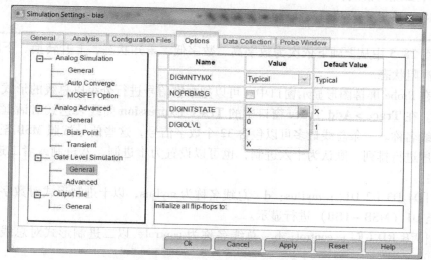

图 18.4 数字仿真设置选项（17.2 之后版本）

18.4 数字信号波形显示

数字信号通常以高、低逻辑电平的形式进行显示。然而，当信号进行高低转换时，在转换期间信号的状态不能确定，上升和下降转换波形如图 18.5 中的黄色区域显示。如图 18.5 所示，两条线表示未知状态，三条线表示高阻状态。

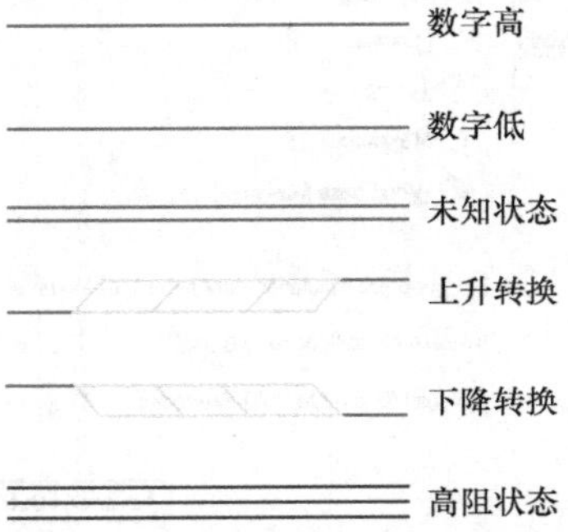

图 18.5 Probe 中的数字信号显示

注意：
常见的错误是未对寄存器（触发器）电路进行初始化，这将导致仿真输出波形中出现两条线，表示仿真时存在未知状态。如图 18.3 和图 18.4 所示，仿真数字电路时务必对触发器进行初始化。

图 18.5 中从上到下依次为数字高、数字低、未知状态、上升转换、下降转换和高阻状态。

在 Probe 屏幕图形显示窗口中，可以把数字信号进行分组以总线的形式进行显示。在 **Trace > Add Trace** 窗口中的 **Trace Expression** 曲线表达式对话框中输入总线名称。一条总线最多可以包含 32 个数字信号，这些信号按照 MSB 至 LSB 的顺序进行排列，默认为十六进制，也可以设置为十进制、八进制或者二进制。

例如：

{D4 D3 D2 D1}；myBus；d　总线名称为 myBus，以十进制形式对数字信号 D4 至 D1（MSB – LSB）进行显示。

{WR RD CE}；control；b　总线名称为 control，以二进制形式对总线进行显示。

在图 18.6 中，总线 QB[8:1] 以默认十六进制形式进行显示。数字总线 Dbus 是一组数字信号的集合，分别以十六进制、十进制和二进制形式进行显示。

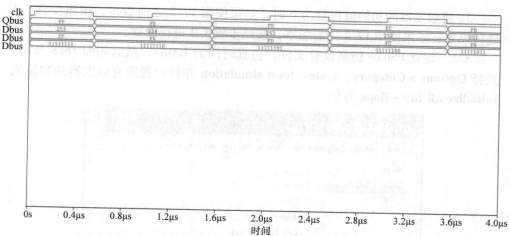

图 18.6　数字信号分别以十六进制、十进制和二进制形式进行显示

18.5　本章练习

练习 1

对模量 3 型同步计数器的输出时序进行校验。

1. 建立名称为 **Mod 3 Counter** 的仿真项目。将名称为 SCHEMATIC1 的原理图重命名为 **counter**，然后按照图 18.7 所示绘制模量 3 型同步计数器的原理图。数字触发器和或门选自 CD4000 元器件库。通过 **Place** 菜单或者键盘上的"F"键放置数字 HI 和 LO 符号。**digClock** 为数字激励源，选自 source 元器件库。

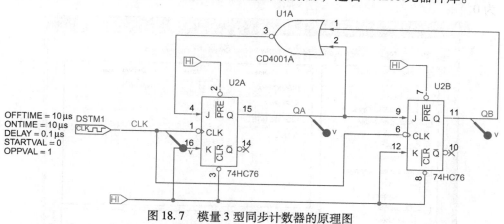

图 18.7　模量 3 型同步计数器的原理图

2. 选择菜单 **Place > Net Alias** 或者按下键盘上的"N"键对网络节点进行命名。

3. 将触发器的初始值设置为 0 时，如果使用 17.2 之前版本，按照步骤 3.1 进行设置；如果使用 17.2 之后版本，按照步骤 3.2 进行设置。

3.1 建立 PSpice 仿真设置文件，仿真时间为 100μs，然后如图 18.8 所示，选择 **Options > Category：Gate – level simulation** 并且设置所有触发器的初始值 **Initialize all flip – flops** 为 0。

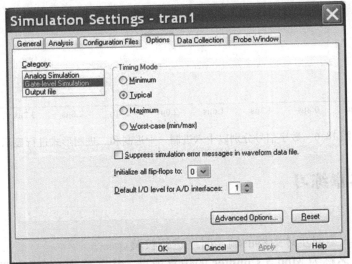

图 18.8　触发器初始值设置为 0（17.2 之前版本）

3.2 建立 PSpice 仿真设置文件，仿真时间为 100μs，然后如图 18.9 所示，选择 **Options > Gate Level Simulation > General**，将 DIGINITSTATE 数值设置为 0。

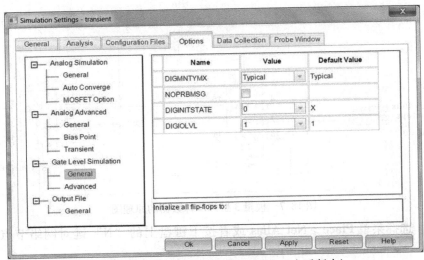

图 18.9　触发器初始值设置为 0（17.2 之后版本）

4. 在节点 CLK、QA 和 QB 处放置电压探针。

5. 对电路运行仿真分析。波形将会按照电压探针放置的顺序进行显示。在屏幕图形显示窗口中，可以对波形重新进行排序，例如 CLK 位于顶部，然后从上到下依次为 QA 和 QB，可以通过剪切和粘贴命令实现上述功能。选择波形名称 CLK 然后按下 control – X 删除波形，然后按下 control – V 对波形进行粘贴。从图 18.8 可以看出，波形 QA 和 QB 的初始值均为逻辑 0。

6. 打开光标，并且将光标沿着波形移动。如图 18.10 所示，光标处所对应的逻辑电平将会显示在 Y 轴上。从图 18.10 可以看出，触发器的输出电平仅在时钟信号下降沿时进行改变，所以 CD4027 触发器为下降沿触发。

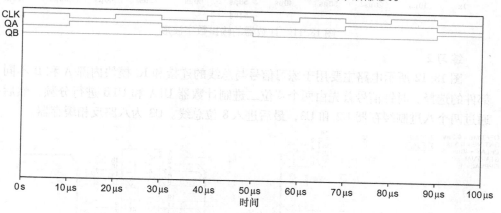

图 18.10 数字计数器波形

7. 添加总线，并对其进行二进制数显示。选择菜单 **Trace > Add**，然后在曲线表达式对话框中输入：

{QB, QA}; count_b; b

最后单击 OK 按钮，波形将以二进制形式进行显示。

8. 选择菜单 **Trace > Add**，然后在曲线表达式对话框中输入：

{QB, QA}; count_d; d

最后单击 OK 按钮，波形将以十进制形式进行显示。

9. 选择菜单 **Trace > Add**，然后在曲线表达式对话框中输入：

{QB, QA}; count_h; h

最后单击 OK 按钮，波形将以十六进制形式进行显示。

10. 波形如图 18.11 所示，模量 3 型计数器的计数顺序为 0、1、2、0、1、2、0 等。

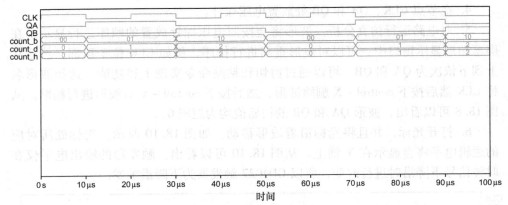

图 18.11　计数器的输出数字波形

练习 2

图 18.12 所示电路主要用于练习信号与总线的连接和 IC 模块内部 A 和 B 不同部件的选择。时钟信号首先由两个 4 位二进制计数器 U1A 和 U1B 进行分频，然后通过两个八进制缓存器 U2 和 U3，最后进入 8 位总线。U3 为八路反相缓存器。

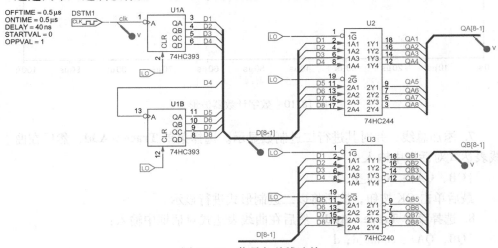

图 18.12　信号与总线连接

1. 如图 18.13 所示，Packaging 窗口中 74HC393 包含两个相同的部件 A 和 B。当选择部件 B 时，器件的引脚编号也会相应发生变化。

2. 放置如图 18.12 所示电路的器件，切记不要进行导线和总线的连接。DSTM1 为数字时钟信号源，选自

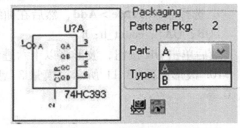

图 18.13　同一器件的不同部件选择

source 元器件库，HC 类数字元器件选自 74HC 元器件库。选择菜单 **Place > Power** 放置 HI 和 LO 元器件符号。

3. 在电路中绘制总线。绘制倾斜总线步骤如下：按住 shift 键，然后单击鼠标左键确定倾斜角度，最后绘制总线。

4. 如图 18.12 所示，从器件 U1A 的引脚 3 开始，在引脚和总线之间放置总线接口。然后在总线接口和 U1A 的引脚 3 之间绘制导线，对其进行连接。

5. 选择导线然后放置网络标识（按 N 键），对该导线命名为 D1。按 escape 键或者 **rmb > End Mode** 退出网络命名。

6. 如图 18.14 所示，在导线、网络名称和总线接口周围绘制选择框。

7. 按住 ctrl 键，然后将光标放在导线上并将其拖至引脚 4。网络名称自动更改变为 D2。当导线处于选定状态时，按 F4 键两次，将会出现两个网络 D3 和 D4，使用该方法可以快速进行网络连接。

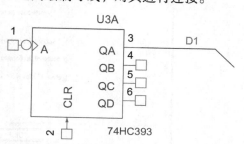

图 18.14 选择导线、总线接口和网络名称

注意：

在 16.3 版本中，PSpice 可以实现两节点的自动连线：首先选择菜单 **Place > Auto Wire** 或者点击图标，然后选择需要连线的两节点，之后两节点将会进行自动连线。PSpice 的另一项新功能为 **Place > Auto Wire > Connect to bus**，即导线和总线接口将会自动连接。首先单击需要连接的引脚，然后单击总线，导线和总线接口将会自动连接。在连接过程中 PSpice 将会提醒用户输入网络节点名称。

如果软件版本为 16.3，继续执行步骤 8；否则，直接转到步骤 9。

8. 选择菜单 **Place > Auto Wire > Connect to bus** 或者点击图标，对图 18.12 中 IC 的其余引脚进行自动连线。

9. 选择菜单 **Place Net > Alias** 对总线进行命名，使得总线名称与导线名称一致。对总线命名时，一定要确保三条总线按照 MSB – LSB 的顺序标记正确。

10. 如练习 1 所述，数字仿真设置选项在 17.2 之前和 17.2 之后版本发生了很大的变化。17.2 之前版本按照步骤 10.1 进行设置，17.2 之后版本按照步骤 10.2 进行设置。

10.1 对电路进行瞬态仿真分析设置，运行时间为 $10\mu s$。如图 18.15 所示，在设置窗口中选择 **Options > Category：Gate – level simulation**，然后在 **Initialize all flip – flops** 对话框中选择 0，设置所有触发器的初始值为 0。

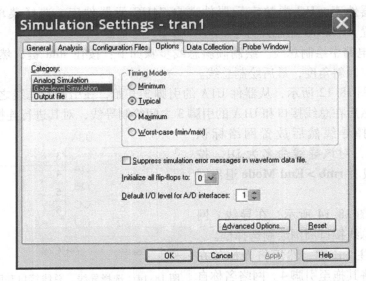

图 18.15 触发器的初始值设置为 0（17.2 之前版本）

10.2 建立 PSpice 仿真配置文件，仿真时间为 10μs，然后如图 18.16 所示，选择 **Options > Gate Level Simulation > General**，将 DIGINITSTATE 数值设置为 0。

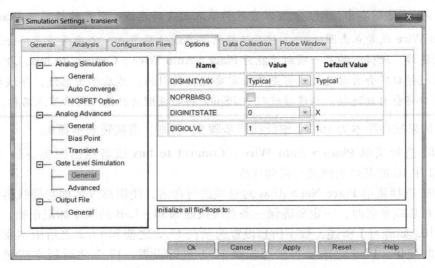

图 18.16 触发器的初始值设置为 0（17.2 之后版本）

11. 在每条总线上面放置电压探针，然后运行电路仿真。
12. 如图 18.17 所示，总线 D [8−1] 和 QA [8−1] 按照递增的形式进行计数。

因为 U3 是反相缓冲器，所以 QB [8-1] 的起始值为 FF，并且以递减的形式进行计数。将仿真输出波形与图 18.17 中的波形进行对比，检验输出结果是否正确。

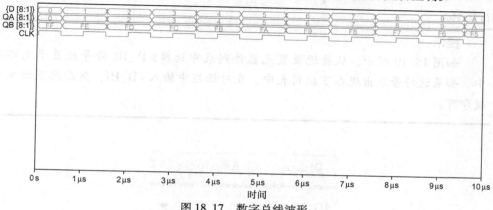

图 18.17 数字总线波形

13. 选择菜单 **Trace > Delete All Traces** 删除所有波形。

14. 选择菜单 **Trace > Add Trace**。然后在右侧的函数和宏模型列表中选择大括号 {}，**Trace Expression** 波形表达式对话框中将会出现 {}，并且光标在大括号 {} 中间，等待选择波形名称。

15. 依次选择 D4、D3、D2、D1。然后输入如下文字表达式，单击 OK 按钮进行确定：

{D4, D3, D2, D1} ; myBus ; d

16. 创建名称为 **nibble** 的数据总线，总线由 QA4、QA3、QA2 和 QA1 构成，以二进制显示总线：

{QA4 QA3 QA1 QA2} ; nibble ; b

输入波形如图 18.18 所示。

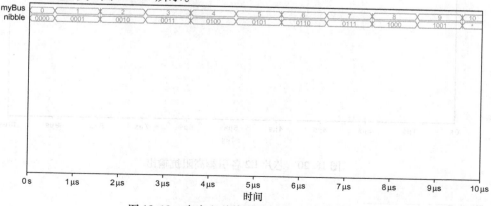

图 18.18 自定义总线名称，myBus 和 nibble

17. 在 Capture 中，对引脚进行使能设置（$\overline{G}$），通过菜单 **Place > Power** 选择 $D_HI数字高电平符号，将芯片 U2 的引脚 1 和 19 设置为高电平。对电路重新运行仿真。

提示：

如图 18.19 所示，从最近放置元器件列表中选择$D_HI 符号放置于电路中。如果该符号未出现在下拉列表中，在对话框中输入$D_HI，然后按下回车键即可。

图 18.19 最近放置元器件列表

18. 运行电路仿真。
19. 如图 18.20 所示，波形 QA [8-1] 显示为 X$^{\ominus}$，表明该信号为高阻抗三态输出。

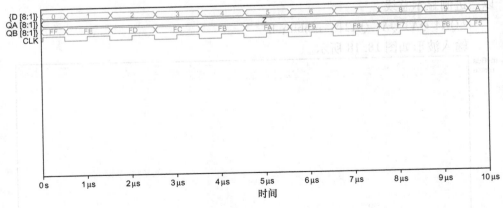

图 18.20 芯片 U2 各引脚高阻抗输出

⊖ 原书中此处为 Z，出现错误。——译者注

练习 3

PSpice 输出报告提示设置时间、保持时间和最小脉冲宽度相冲突，不符合设置规则。通过减小时钟脉冲宽度，对错误报告进行研究。

1. 改变时钟关断时间 OFFTIME 为 0.01μs，开通时间 ONTIME 为 0.01μs。
2. 仿真时间从 10μs 减小为 1μs。
3. 运行电路仿真。
4. 仿真信息窗口如图 18.21 所示。
5. 单击 **Yes** 按钮，将会出现如图 18.22 所示的警告信息列表。

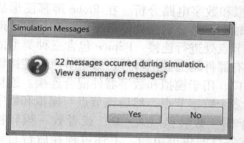

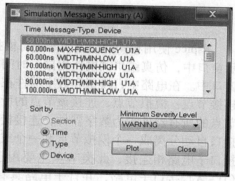

图 18.21　仿真信息数量　　　　　图 18.22　警告信息列表

6. 在图 18.22 中，**Minimum Severity Level** 最低安全等级对话框的下拉菜单中列出了如下安全等级：致命等级、严重等级、警告和信息等级。当出现致命等级时，电路停止仿真。设置安全等级为 Warning 警告等级，然后单击 **Plot** 按钮对设置进行确定。

7. 警告信息会显示警告发生的时间及什么具体元器件仿真时出现警告。该消息不仅提供警告发生的时间范围，还提供指定时间值。PSpice 还能绘制警告出现的时序波形。

每选择一条消息将打开一个新的屏幕图形显示窗口，以显示该信息所对应的时序波形。通过输出文件 **VIEW > Output File** 对所有警告信息进行查看。

DIGITAL Message ID#1（WARNING）：

WIDTH/MIN - HIGH Violation at time 50 ns

Device：X_U1A. UHC393DLY

Minimum high WIDTH ＝ 20 ns

NODE：X_U1A. A，measured WIDTH ＝ 10 ns

第19章
数－模混合电路仿真

Pspice 使用相同的仿真引擎进行模拟和数字电路分析。在 Probe 屏幕图形显示窗口中，仿真结果共同使用同一时间轴，但是分别独立显示于模拟和数字波形窗口中。在电路中，模拟和数字器件在节点处进行连接。PSpice 包含三种类型的连接节点：模拟节点，连接该节点的所有器件均为模拟器件；数字节点，连接该节点的所有器件均为数字器件；连接接口，用于模拟和数字器件混合连接。连接接口自动分离成一个模拟节点和一个或多个数字节点，然后该节点与模拟和数字接口子电路相连接，此类节点主要用于模－数转换（A－D）或者数－模转换（D－A）接口子电路，并且子电路具有各自的供电电源。上述过程在后台自动完成，所以通常不必考虑接口子电路，在 Probe 屏幕图形显示窗口中可对子电路接口波形进行观测。

图 19.1 为模拟比较器电路，该电路由集电极开路晶体管和数字门电路组成。上拉电阻与数字电源相连接，比较器的输出信号地与数字信号地相连接。图 19.2 为仿真输出波形，数字信号波形显示于 Probe 上部，模拟信号波形显示于 Probe 下部。

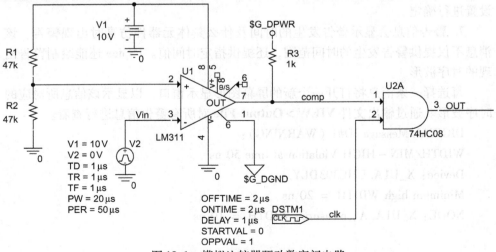

图 19.1 模拟比较器驱动数字门电路

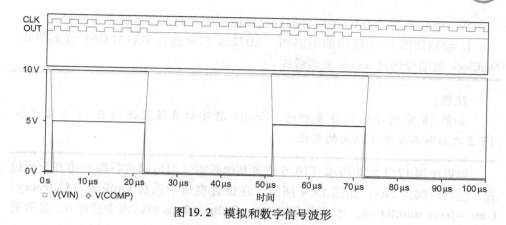

图 19.2 模拟和数字信号波形

模拟和数字混合电路仿真步骤与纯模拟、纯数字电路仿真一致，首先在电路图中放置元件，然后创建仿真设置文件，最后对电路运行仿真分析。

19.1 本章练习

练习 1

图 19.3 为数－模转换电路（D－A），该电路由数－模转换芯片 AD7224 和输入数字信号 01111111 构成。根据芯片生产商提供的数据资料求得输出电压为

$$V_o = V_{REF} \times \frac{127}{256} = 4.96V \tag{19.1}$$

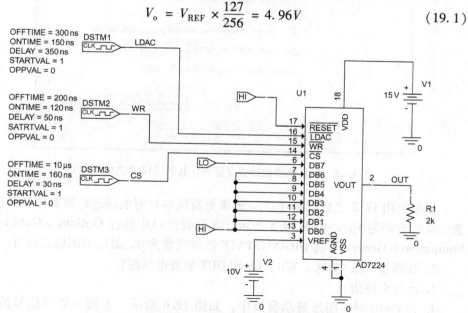

图 19.3 由 AD7224 构成的数－模转换电路

数-模转换芯片 DAC 的时钟周期已经按照生产商数据手册进行设置。

1. 绘制如图 19.3 所示的电路图。AD7224 芯片选自 DATACONV 元器件库，DigClock 激励源选自 source 元器件库。

注意：
如第 18 章数字电路仿真所述，PSpice 数字仿真设置选项在 17.2 之前和 17.2 之后版本发生了很大的变化。

如果使用 17.2 之前版本（16.6 或者其他版本）对电路进行瞬态仿真分析设置，运行时间为 5μs，如图 19.4 所示，在设置窗口中选择 **Options > Category：Gate – level simulation**，然后在 **Initialize all flip – flops** 对话框中选择 0，最后关闭仿真设置。

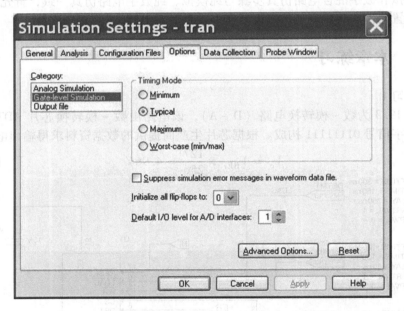

图 19.4　触发器的初始值设置为 0 电平（17.2 之前版本）

如果使用 17.2 之后版本（17.2 或者更新版本）对电路进行瞬态仿真分析设置，运行时间为 5μs，如图 19.5 所示，在设置窗口中选择 **Options > Gate Level Simulation > General**，将 DIGINITSTATE 数值设置为 0，最后关闭仿真设置。

2. 在网络节点 LDAC、WR、CS 和 OUT 放置电压探针。
3. 运行电路仿真。
4. 在 Probe 屏幕图形显示窗口中，如图 19.6 所示，上面为数字信号波形，下面为输出模拟信号 OUT 波形。

第 19 章 数-模混合电路仿真

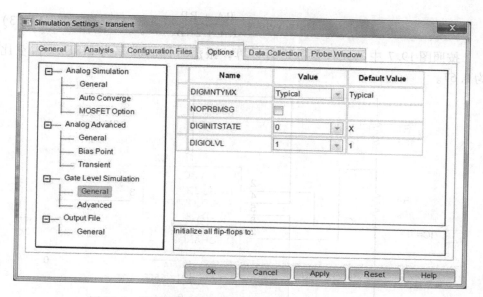

图 19.5 触发器的初始值设置为 0 电平（17.2 之后版本）

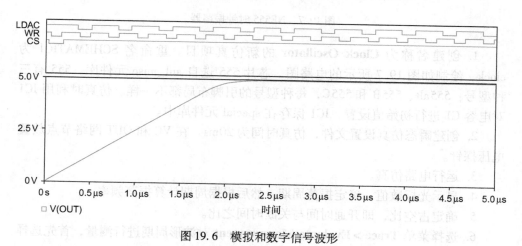

图 19.6 模拟和数字信号波形

5. 打开光标，测试输出电压值为 4.96V，与计算值一致。

练习 2

图 19.7 为通用的 NE555 定时器电路，该电路应用非常广泛。NE555 定时计算公式为

$$f = \frac{1.44}{(RA + 2RB)C} \tag{19.2}$$

$$\text{Dutycycle} = \frac{RA + RB}{RA + 2RB} \tag{19.3}$$

按照图 19.7 中的元件参数进行计算,振荡时钟的频率为 218Hz,占空比为 0.67。

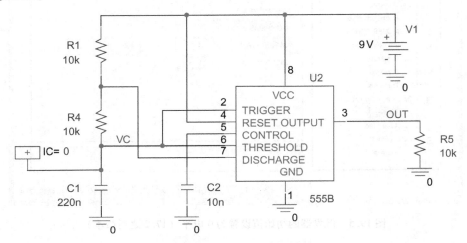

图 19.7　NE555 时钟振荡器

1. 创建名称为 **Clock Oscillator** 的新仿真项目。重命名 SCHEMATIC1 为 clock,绘制如图 19.7 所示的电路图,芯片 555 选自 anl_misc 元件库。555 有三种型号:555alt、555B 和 555C,每种型号的引脚布局都不一样。仿真时利用 IC1 对电容 C1 进行初始值设置,IC1 保存在 special 元件库中。

2. 创建瞬态仿真设置文件,仿真时间为 20ms。在 VC 和 OUT 网络节点放置电压探针。

3. 运行电路仿真。

4. 显示光标数值,确定振荡周期,然后根据周期计算振荡频率。

5. 确定占空比,即开通时间与关断时间之比。

6. 选择菜单 **Trace > Evaluate Measurement** 对波形周期进行测量,首先选择 Period(1)然后选择 V(OUT),测量表达式如下:

　　Period(V(OUT))

7. 选择菜单 **Trace > Evaluate Measurement** 对指定范围的波形周期进行测量,首先选择 Period_XRange,(1,begin_x,end_x),然后选择 V(OUT),接着输入 5m 和 20m,测量表达式如下:

　　Period_XRange(V(out),5m,20m)

8. 选择菜单 **Trace > Evaluate Measurement** 对波形占空比进行测量,首先选择 DutyCycle(1),然后选择 V(OUT),测量表达式如下:

第 19 章 数-模混合电路仿真

DutyCycle（V（OUT））

9. 如果测量结果未显示在屏幕图形显示窗口中，选择菜单 **View > Measurement Results** 对测量结果进行查看。仿真结果应该与图 19.8 所示相似。

Cadence \ OrCAD 安装软件中包含模拟、数字和模-数混合电路仿真实例，每种实例均放置在相应的文件夹中。各种仿真实例可以在安装路径中进行查找，例如：

< install path > \Cadence\SPB_16.3\ tools \ pspice \ capture_samples \

< install path > \ Cadence \ OrCAD_16.3 \ tools \ pspice \ capture_samples \

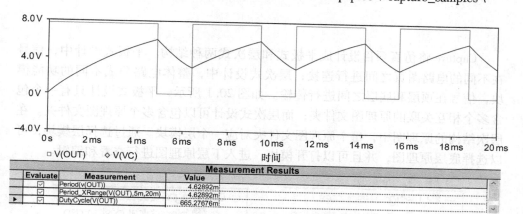

图 19.8 仿真结果和测量值

第 20 章
层电路设计

Capture 将仿真项目设计成平板式和层次式两种结构。平板式设计中,信号在不同的电路图页之间进行连接;层次式设计中,整体电路分成不同的功能模块,信号在顶层和底层之间进行传输。如图 20.1 所示,平板式设计只有一个包含多个相互关联的原理图文件夹;而层次式设计可以包含多个原理图文件夹。在层次结构的原理图中,每个原理图文件夹对应一个层模块。通过选择层模块,可以选择底层原理图,并且可以打开模块,进入下层原理图进行查看和编辑。

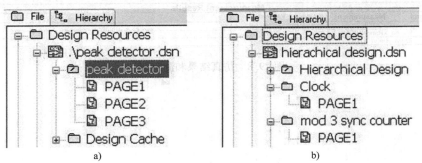

图 20.1 项目文件结构
a) 平板式设计 b) 层次式设计

如图 20.1 所示的平板式设计项目由一个原理图文件夹构成,该原理图包含三张图纸,层次式设计由三个原理图文件夹构成,每层中的文件夹都有各自的电路图。

如图 20.2a 所示的项目管理器包含两个原理图文件夹,分别为 **Top** 和 **Bottom**,对应的原理图分别为图 20.2b 和图 20.2c。图 20.2b 为 **Top** 原理图,由 **Bottom** 层模块和层引脚 IN 和 OUT 组成。选定模块,然后选择 **rmb > Descend Hierarchy** 可以进入层模块;也可以双击层模块打开 **Bottom** 原理图。层模块和原理图通过层引脚进行连接,Bottom 层模块的引脚与 Bottom 原理图接口具有相同的名称 IN 和 OUT。

第 20 章 层电路设计

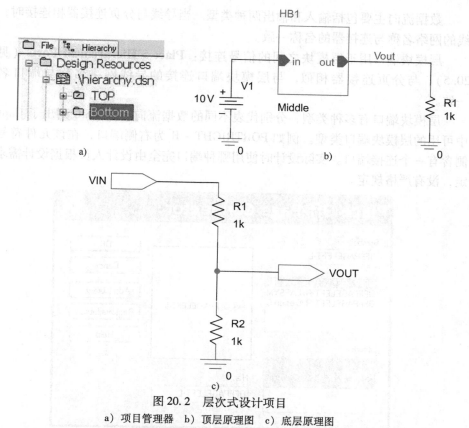

图 20.2 层次式设计项目
a) 项目管理器 b) 顶层原理图 c) 底层原理图

在项目管理器中，**File** 文件选项卡和 **Hierarchy** 层选项卡布置在一起。通过选择 Hierarchy 层选项卡，可以对设计项目每个元件的所属位置进行查看。如图 20.3 所示，顶层原理图由一个电阻 R1、一个电压源 V1 和 HB1 层模块构成，底层原理图由两个电阻构成。

图 20.3 利用层次结构显示每个元件的所属位置

20.1 层电路端口连接器

在进行平板式仿真项目设计时，通常情况下只有一个原理图文件夹和一个或者多个页面。为了实现不同页面之间的信号连接，通常使用如图 20.4 所示的 Off – page 分页连接器，选择菜单 **Place > Off – Page Connectors** 在原理图中放置分页连接器。

数据流向主要包括输入和输出两种类型。当导线与分页连接器相连接时，导线的网络名称与连接器的名称一致。

层模块端口用于层模块之间的信号连接：**Place > Hierarchical Ports**（见图20.5）。与分页连接器相似，与层模块端口连接的导线网络名称与端口名称一致。

层模块端口有多种类型，分别代表不同的数据流向。图20.6列出了Capture中可用的层模块端口类型。例如 PORTRIGHT – R 为右侧端口，在该元件符号右侧含有一个连接端口。实际设计时使用哪种端口完全由设计人员根据设计需求决定，没有严格规定。

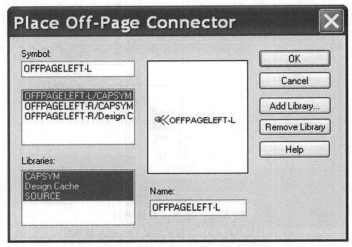

图 20.4　Off – page 分页连接器

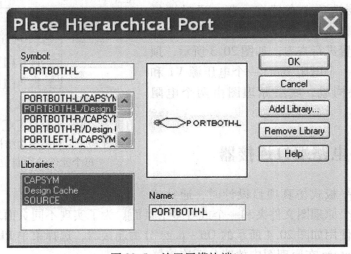

图 20.5　放置层模块端口

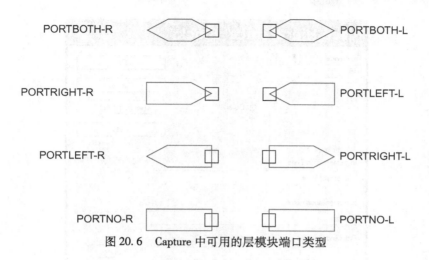

图 20.6　Capture 中可用的层模块端口类型

20.2　层电路模块和符号

层模块通常用于顶层—底层由上而下的设计中，模块放置于顶层电路图中，并对其添加相关的信号引脚。然后进入模块所在的电路原理图，原理图中引脚端口数量和名称均与模块定义一致。层模块不能保存为库文件，因为在仿真项目中层模块被保存为原理图文件。

层模块符号通常用于底层—顶层由下而上的设计中，首先绘制电路原理图，然后在输入和输出信号节点添加端口。层模块符号与信号引脚的数量和名称均相同，这些符号可保存为元件库，以供其他设计项目使用。

20.2.1　层模块设置

如图 20.7 所示，选择菜单 **Place > Hierarchical Block**，在原理图中创建层模块。

根据设计需求，在 **Reference** 对话框中输入层模块名称，然后在 **Implementation Type** 和 **Implementation Name** 对话框中选择层模块类型、层模块名称。如图 20.8 所示为层模块可选类型，通过选择类型定义模块功能。对于 PSpice 仿真项目，通常情况下 Implementation Type 选择 **Schematic View**，**Implementation Name** 设置为原理图名称。

层模块设置完成后，在电路原理图中绘制矩形方框图，然后选定该方框并且选择菜单 **Place > Hierarchical Pin** 放置层模块引脚。如图 20.9 所示为层模块引脚设置窗口，在 Name 对话栏中输入引脚名称，在 Type 对话栏的下拉菜单中选择引脚类型。**Width** 用于设置引脚宽度，具有总线和矢量两种形式。接下来可以把引脚放置于矩形框的周围。

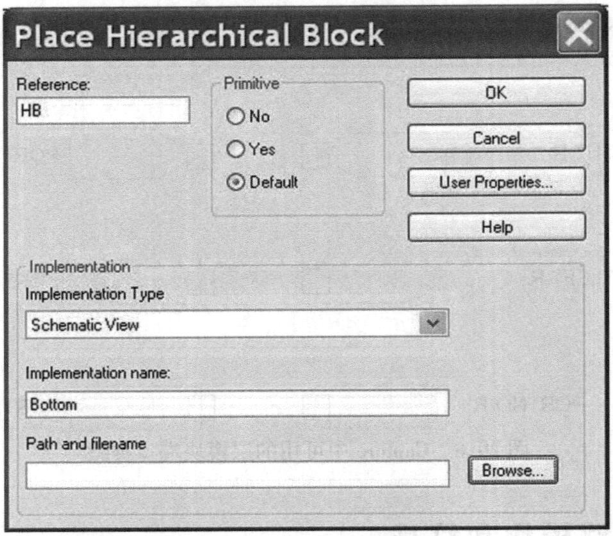

图 20.7 创建层模块

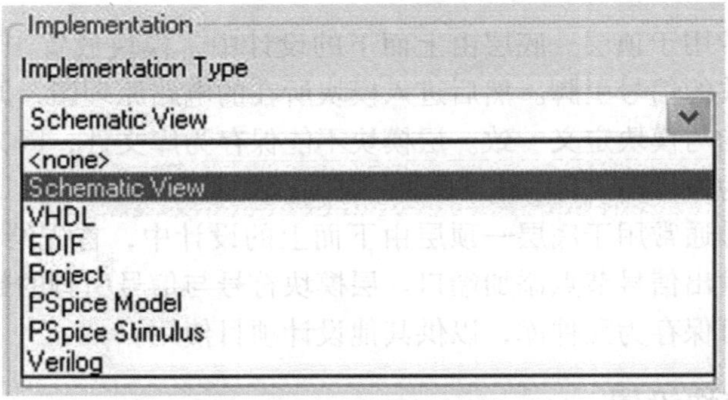

图 20.8 配置层模块类型

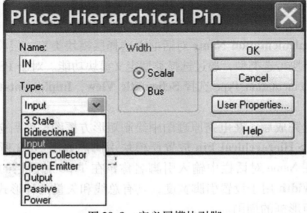

图 20.9 定义层模块引脚

20.2.2 层模块符号

把电路转化成 Capture 元件符号，然后由该元件符号代替电路的实际功能。在电路图中添加层模块端口，显示方式与层模块引脚一致。如图 20.10 所示，在 Capture 中选择菜单 Tools > Generate Part 生成元件。在 Netlist/source file type 源文件类型对话框中选择 Capture Schematic/Design file（.dsn），然后为元件库配置名称和地址，并且在 Source Schematic name 对话框中选择原理图文件夹名称，最后单击 OK 按钮生成层模块符号。

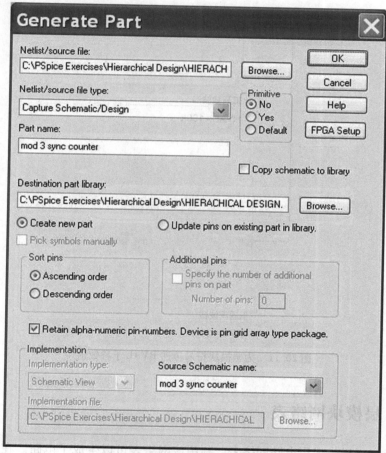

图 20.10　生成 Capture 层模块符号

20.3　参数传递

利用 Special 元件库中的 Subparam 子参数可以实现层电路之间的参数传递，

这样就可以把不同的参数传递给层模块电路或者层模块符号。例如，通过单电阻对滤波器模块的增益进行设置。利用 **Subparam** 子参数元件可以对每个滤波器设置不同的电阻值，以实现不同的滤波器增益值。图 20.11 中利用 Subparam 子参数设置 RVAL 为不同的数值，以实现滤波器模块 HB1 和 HB2 不同增益值的设置。

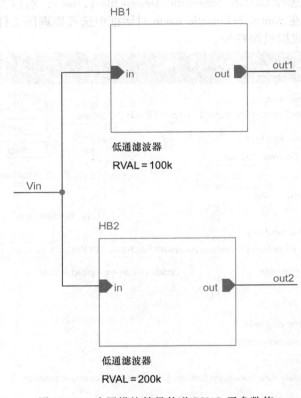

图 20.11　为层模块符号传递 RVAL 子参数值

20.4　层模块网络表

PSpice 可以生成层电路网络表，利用该网络表可以生成子电路。在图 20.12 中，顶层电路引用了两个子电路，X_U1 和 X_U2，该子电路的名称为 osc125Hz。如果不同的元件使用相同的子电路，在网络表中只定义一次子电路即可。

```
* source HIERARCHY
V_V1              N00673 0 12V
V_V2              N02404 0 -12V
X_U1 OUT1 N00673 N02404 osc125Hz PARAMS: RVAL=160k
X_U2 OUT2 N00673 N02404 osc125Hz PARAMS: RVAL=160k

.SUBCKT osc125Hz OUT VCC VSS PARAMS: RVAL=160K
C_C1              N24151 0  0.01u IC=0 TC=0,0
R_R1              N24187 OUT   160k TC=0,0
R_R2              N24151 OUT   160k TC=0,0
X_U1A             N24187 N24151 VCC VSS OUT AD648A
R_R3              0 N24187   910k TC=0,0
.IC
                  V(N24151 )=0
.ENDS
```

图 20.12　层电路网络表

20.5　本章练习

当建立层仿真设计项目时，底层原理图中最好不要包括电源。在原理图中为层符号和层模块配置电源端口，所有电源均在顶层进行连接，这样使得整体电路的电源分配可以一目了然。接地符号对于所有设计均通用，所以层模块或者层符号不必设计接地端口，除非设计中使用单独数字地和模拟地。

练习 1

建立如图 20.13 所示的由顶层至底层的层仿真设计项目，其中，顶层的模块以底层电路图为参考。注意层模块不能保存为库文件。

1. 建立名称为 Top Down 的全新仿真项目。

2. 在项目管理器中，将 SCHEMATIC1 重命名为 Top。

3. 建立名称为 bottom 的原理图：首先选中 Top Down Design.dsn 文件，然后选择 **rmb > New Schematic** 建立新的仿真原理图，并且将其命名为 Bottom。

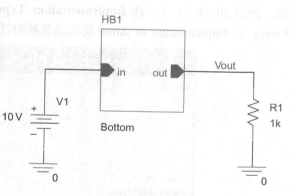

图 20.13　层模块仿真项目

4. 在项目管理器中选择 Bottom 原理图，然后选择 **rmb > New Page** 建立新页，并且将其命名为默认名称 Page1。

5. 设置完成后项目管理器如图 20.14 所示。

6. 打开 Bottom 原理图，绘制如图 20.15 所示的电路。选择菜单 **Place > Hierarchical Port**，在电路中的节点 **out** 放置 PORTRIGHT – L 层端口，节点 **in** 放置 PORTRIGHT – R 层端口，然后保存并且关闭原理图。

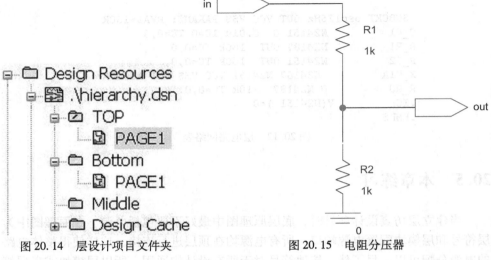

图 20.14　层设计项目文件夹　　　　图 20.15　电阻分压器

7. 打开顶层原理图。
8. 在项目管理器中选择菜单 **Place > Hierarchical Block**，并且输入参考名称。如图 20.16 所示，在 **Implementation Type** 层模块类型中选择 **Schematic View**；在 **Implementation name** 层模块名称对话框中输入 **Bottom**。因为所建层模

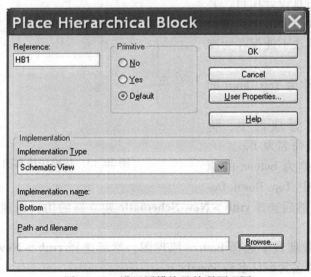

图 20.16　设置层模块及关联原理图

块原理图属于该仿真项目，所以 **Path and filename** 保持为空。最后单击 OK 按钮对仿真设置进行确定。

9. 当光标变成十字形时在电路图中单击鼠标一次，然后绘制矩形框。底层原理图中的层端口名称在顶层模块中显示为引脚。在图 20.17 所示的方框中根据设计需求移动引脚。

10. 选择层模块然后 **rmb > Descend Hierarchy**（或者双击层模块）将会打开底层原理图。

11. 在原理图中选择 **rmb > Ascend Hierarchy** 将会重新回到顶层原理图。

12. 如图 20.18 所示，在顶层原理图的层模块输入端放置直流电压源 V_{DC}，输出端放置电阻。然后在输出端放置电压探针，对电路进行直流工作点分析，测试输出电压是否为 5V。

练习 2

建立能保存为库元件的层模块符号。

1. 建立名称为 Hierarchy 的新的仿真项目。如图 20.19 所示，在项目管理器中，将文件夹 SCHEMATIC1 重命名为 osc125Hz。

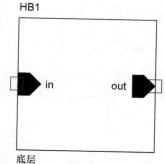

图 20.17 添加引脚之后的层模块

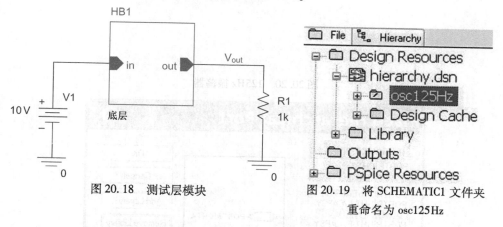

图 20.18 测试层模块　　　图 20.19 将 SCHEMATIC1 文件夹重命名为 osc125Hz

2. 绘制如图 20.20 所示的电路。运算放大器 AD648 选自 opamp 元器件库。如果使用的 PSpice 软件为演示版，则运算放大器改为 uA741，从 eval 元器件库进行选择。如图 20.21 所示，选择菜单 **Place > Hierarchical Port** 放置层模块端口，在输出节点 **out** 放置 PORTRIGHT – L 端口，在 VCC 和 VSS 电源节点放置 PORTRIGHT – R 端口。如图 20.20 所示，把电源端口分别命名为 VCC 和 VSS，并且在每个端口绘制一段短的连接导线。

与层端口 VCC 和 VSS 相连接的导线将自动分别命名为 VCC 和 VSS，并且与运算放大器的电源引脚进行连接。

为了使电路产生振荡，需要把电容的初始电压值设置为 0V。从 special 元器件库中选择 IC 放置于电容 C1 上端，并且设置 IC = 0，如图 20.20 所示。

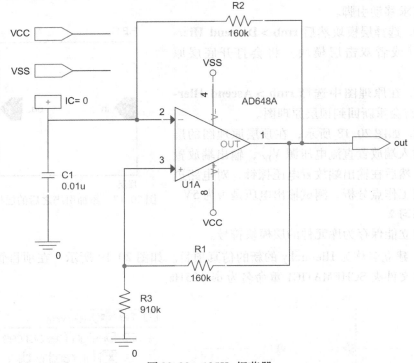

图 20.20　125Hz 振荡器

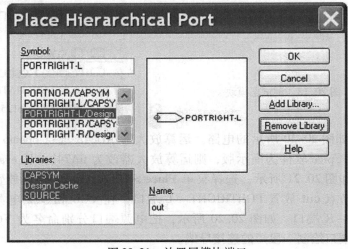

图 20.21　放置层模块端口

第 20 章 层电路设计

提示：

第一次将层端口放置于电路图中时，其网络名称离端口很远，旋转端口四次之后其网络名称更加靠近端口。

3. 保存仿真项目。
4. 在项目管理器中选择设计文件（Hierarchy.dsn），然后选择菜单 **Tools > Generate Part** 生成层元器件符号。
5. 在 **Generate Part** 生成元器件窗口中选择 **Netlist/source file type**：Capture Schematic/Design，然后在 **Netlist/source file** 对话栏中浏览项目文件夹 Hierarchy，并且选择 Hierarchy.dsn 文件。切记不要关闭窗口。
6. 为新的层元器件建立元器件库，在 **Destination Part Library** 目标元器件库对话框中选择 Hierarchy 元器件库，并将其保存在该项目文件夹中，或者根据设计需求保存在对应的文件夹中。
7. 一定要注意，此时 **Source Schematic name** 对话框显示原理图名称 osc125Hz，而不是 SCHEMATIC1。**Generate Part** 生成元器件窗口如图 20.22 所示。

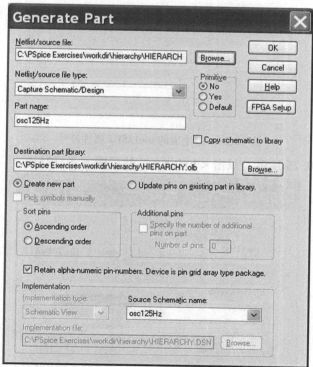

图 20.22 生成电路图 osc125Hz 的层元器件符号

8. 如果所用 PSpice 为 16.3 版本，**Split Part Section Input spreadsheet** 对话窗口将打开，在对话框中单击 **Save** 对设置进行保存，然后单击 OK 完成设置。

9. 在项目管理器中，可以看到 hierarchy.olb 元器件库已经添加到 **Outputs** 输出文件夹中。如图 20.23 所示，将 hierarchy.olb 库文件从 **Outputs** 文件夹转移到（或者通过剪切和粘贴）**Library** 文件夹，展开 Library 文件夹可以看到 osc125Hz 器件。

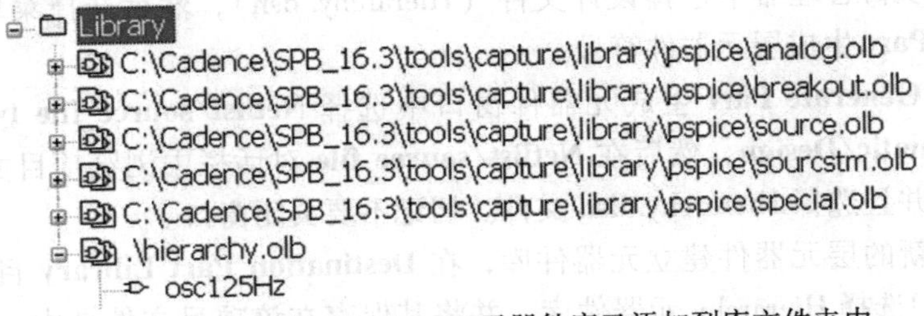

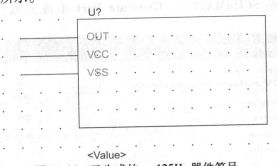

图 20.23 Hierarchy.olb Capture 元器件库已添加到库文件夹中

10. 在 Hierarchy 元器件库中双击 osc125Hz 器件，打开元器件编辑器，元器件符号如图 20.24 所示。

图 20.24 已生成的 osc125Hz 器件符号

11. 如图 20.25 所示，双击 **<Value>**，然后输入 osc125Hz。

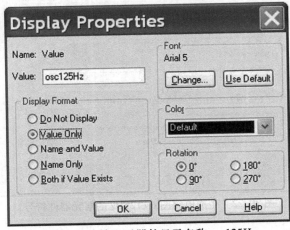

图 20.25 输入元器件显示名称 osc125Hz

12. 双击 OUT 引脚，打开 **Pin Properties** 引脚属性编辑器，如图 20.26 所示，**Shape** 设置为 Short，**Type** 设置为 Output，引脚数值 **Number** 设置为 1，然后单击 OK 按钮对设置进行确定。

图 20.26　设置器件 osc125Hz 的引脚属性

13. 将 VCC 引脚的 Shape 设置为 **Short**，Type 设置为 **Input**，引脚数值 Number 设置为 2。

14. 将 VSS 引脚的 Shape 设置为 **Short**，Type 设置为 **Input**，引脚数值 Number 设置为 3。

15. 如图 20.27 所示，在元器件编辑器的任意位置双击鼠标左键，打开 **User Properties** 属性对话框。选中 **Pin Numbers Visible**，然后在下拉菜单中选择 Ture。单击 OK 按钮进行确定。

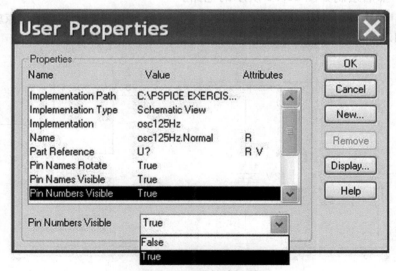

图 20.27　属性编辑器

16. 将 output 输出引脚从左侧移至右侧，并且重新调整元器件尺寸。修改后的 osc125Hz 器件符号类似于图 20.28。

17. 在元器件编辑器中双击鼠标左键，打开 User Properties 属性编辑器窗口，在该窗口中可以对生成元器件的属性进行查看，单击 OK 按钮关闭属性编辑器窗口。单击 Windows 窗口右上角的十字交叉符号关闭 Hierarcy.olb 元器件编辑器。

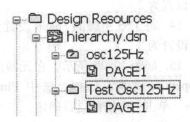

图 20.28 修改后的 osc125Hz 器件符号

练习 3

以层模块符号形式对振荡器电路进行测试。

1. 以层模块符号形式对 osc125Hz 进行测试。选择 **Hierarchy.dsn**，然后选择 **rmb > New Schematic** 新建原理图，并将其命名为 **Test Osc125Hz**。新原理图的默认名称为 SCHEMATIC1。选中 SCHEMATIC1 然后选择 **rmb > Rename**，将其重命名为 **Test Osc125Hz**。

2. 选中 **Test Osc125Hz**，然后选择 **rmb > New Page** 建立新页，采用默认名称 **PAGE1**，然后单击 OK 按钮进行确认。项目管理器窗口如图 20.29 所示。

3. 在 Test Osc125Hz 文件夹中双击 PAGE1，然后绘制如图 20.30 所示的电路。其中 osc125Hz 选自 **Hierarchy** 库文件，V1 设置为 12V，V2 设置为 -12V。

图 20.29 项目管理器中的原理图文件夹排列格式

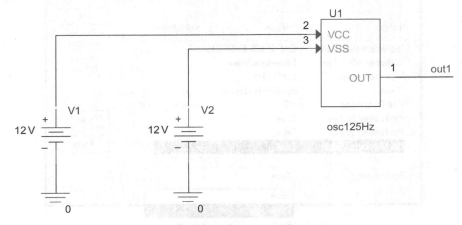

图 20.30 层模块器件 osc125Hz 测试电路

4. 建立名称为 transient 的仿真设置文件，对电路进行瞬态仿真分析，仿真时间为 200ms。

5. 尝试在网络节点 **out1** 放置电压探针，将会出现如图 20.31 所示的提示信息。

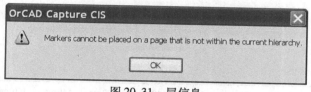

图 20.31　层信息

注意：
　　Test Osc125Hz 应该位于顶层，即根目录原理图中。可以在 Osc125Hz oscillator 原理中进行仿真，而不要在 Test Osc125Hz 原理图中仿真，因为 Test Osc125Hz 没有位于该层中。比较合理的方法为从底层逐层向上对各级原理图进行仿真。

6. 在项目管理器中选中 **Test Osc125Hz** 文件夹然后选择 **rmb > Make Root**，将其设置为根目录文件夹。此时将会出现另外一条提示信息：设计项目必须首先被保存。

7. 对设计项目进行保存，在项目管理器中选中 **Test Osc125Hz** 文件夹然后选择 **rmb > Make Root**。如图 20.32 所示，此时，**Test Osc125Hz** 文件放置于层顶部，并且在黄色文件夹上面出现斜杠符号。如果未见以上现象出现，对供电电源进行检查，并且确保电容 C1 已经进行了初始值设置。

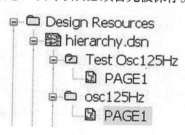

图 20.32　设置 Test Osc125Hz 为根目录原理图

8. 放置电压探针之前必须另外新建一个仿真设置文件。

9. 运行电路仿真。振荡器输出电压波形如图 20.33 所示。

练习 4

在 osc125Hz 电路中建立子参数，该子参数将出现在层模块符号中，利用该参数对元器件数值进行输入，然后把该数值传递到原理图中。

1. 按照如图 20.34 所示修改 osc125Hz 电路。子参数元器件选自 **special** 元器件库。

2. 双击 subparam 子参数元器件，打开其属性编辑器，添加新行（或列），子参数名称为 RVAL，默认值为 160k。如图 20.35 所示，选择 RVAL 然后 **rmb > Display** 对其显示进行设置。如图 20.36 所示，在 **Display Properties** 显示属性窗

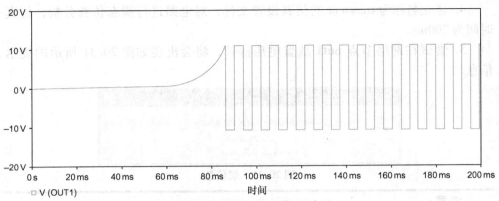

图 20.33 osc125Hz 的输出波形

口中选择 **Name and Value**，对子参数的名称和参数值进行显示。

3. 如图 20.34 所示，在原理图中输入 @RVAL 替换 R2 的参数值。

4. 保存原理图。

5. 按照练习 2 的具体操作步骤生成新的 osc125Hz 器件，并在元器件编辑器中对其引脚进行修改。

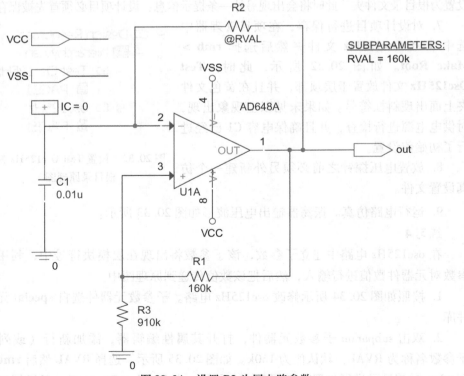

图 20.34 设置 R2 为层电路参数

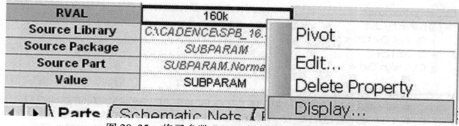

图 20.35 将子参数 RVAL 的属性值设置为 160k

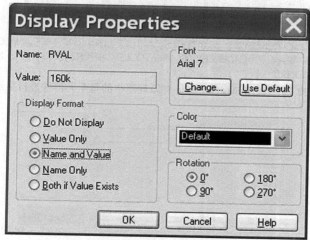

图 20.36 显示子参数 RVAL 的名称和参数值

注意：

原理图中仍然包含旧的 osc125Hz 器件，需要将其删除并且利用新建元器件对其进行替换。另外，可以利用 Design Cache 对元器件进行更新。Design Cache 实际上是一个元器件库，包含原理图中的所有元器件。虽然原理图中将某个元器件已经删除，但是 Design Cache 中仍然保存着该元器件，除非利用 **Cleanup Cache** 功能对其进行清空。设计人员可以利用 Design Cache 对元器件进行升级和替换。从 16.6 版本开始，**Replace Cache** 可以应用于多个元器件。通过按下 Ctrl 键或 Shift 键可以选择多个元器件。

6. 如图 20.37 所示，在项目管理器中展开 Design Cache，然后选择 osc125Hz 器件。

7. 选择 **rmb > Update Cache**。单击 YES 按钮对缓存进行更新，然后在询问对话框中单击 OK 按钮对设计进行保存。

8. 如图 20.38 所示，Test Osc125Hz 测试原理图已包含新的 osc125Hz 器件。

9. 将 RVAL 的参数值修改为 100k，对电路重新运行仿真。如图 20.39 所示，在屏幕图形显示窗口中将会看到振荡器的振荡周期发生了变化。

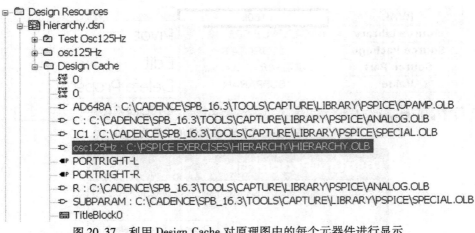

图 20.37 利用 Design Cache 对原理图中的每个元器件进行显示

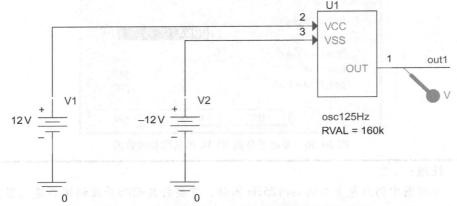

图 20.38 对改进后的 osc125Hz 振荡器器件进行测试

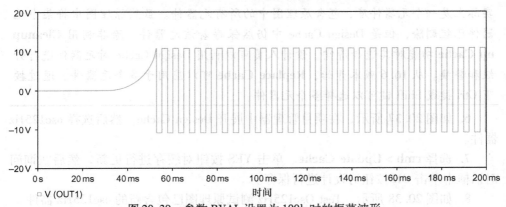

图 20.39 参数 RVAL 设置为 100k 时的振荡波形

练习 5

Digital Counter 仿真项目采用层方式进行设计，该仿真项目也将在第 22 章测试平台中使用。

图 20.40 为层设计仿真项目，该项目把第 19 章的 555 时钟振荡器电路和第 18 章的模量 3 型同步计数器电路组合到一起进行仿真分析。

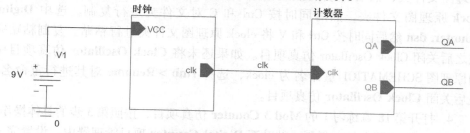

图 20.40 数字计数器的层设计

图 20.41 和图 20.42 分别为改进后的时钟电路和计数器电路。

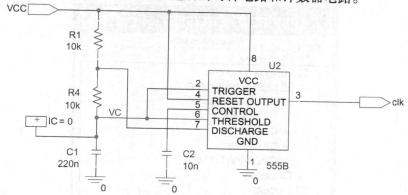

图 20.41 时钟振荡器电路

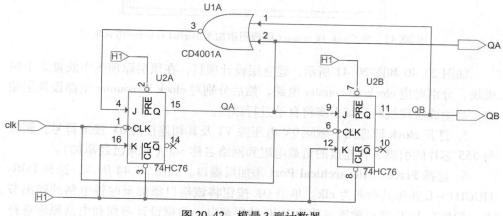

图 20.42 模量 3 型计数器

1. 建立名称为 **Digital Counter** 的新仿真项目，并且将原理图 SCHEMATIC1 重新命名为 **Digital Counter**。

2. 打开第 19 章练习 2 的仿真项目 **Clock Oscillator**。

3. 将两个项目管理器并排放置。从 **Clock Oscillator** 项目管理器中复制 clock 原理图文件夹，然后将该文件夹粘贴至 **Digital Counter** 项目管理器中。选中 **clock** 原理图文件夹，然后同时按 Ctrl 和 C 对文件夹进行复制。选中 **Digital Counter. dsn** 然后同时按 Ctrl 和 V 将 clock 原理图文件夹进行粘贴。复制粘贴完成之后关闭 Clock Oscillator 仿真项目。如果还未将 **Clock Oscillator** 仿真项目中的原理图 SCHEMATIC1 重命名为 clock，选择 **rmb > Rename** 对其进行重命名。最后关闭 **Clock Oscillator** 仿真项目。

4. 打开第 18 章练习 1 的 **Mod 3 Counter** 仿真项目，按照第 3 步的具体操作，将 **counter** 原理图文件夹复制、粘贴至 **Digital Counter** 项目管理器中。设置完成之后关闭 **Mod 3 Counter** 仿真项目。此时项目管理器如图 20.43 所示。

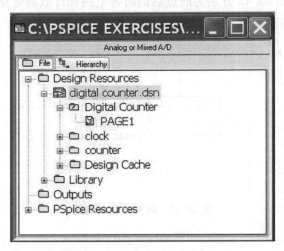

图 20.43 将 Clock 和 counter 原理图添加至 Digital counter 仿真项目

如图 20.40 和图 20.41 所示，建立层设计项目，在顶层原理图中放置 2 个层模块，分别对应 clock 和 counter 电路。然后分别对 clock 和 counter 电路设置层端口，当生成层模块时，其引脚将自动进行添加。

5. 打开 **clock** 原理图，删除 9V 电压源 V1 及其相连接的 0V 接地符号。删除与 555 芯片的引脚 3 相连接的负载电阻和网络名称 out（如果已经添加）。

6. 选择 **Place > Hierarchical Port** 添加层端口。如图 20.44 所示，选择 POR-TRIGHT – L 并将其命名为 **clk**。单击 OK 按钮将该端口添加至时钟电路的输出节点。然后在 VCC 节点放置名称为 VCC 的层端口。根据设计习惯和电路原理选择层端口的输入、输出形式。设置完成后电路如图 20.41 所示。

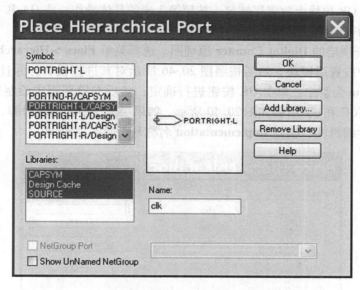

图 20.44 添加层端口，并命名为 clk

7. 双击 **clk** 端口打开属性编辑器。如图 20.45 所示，在 Type 属性对话框中单击下拉菜单选择端口输出类型为 **Output**，然后关闭属性编辑器。VCC 端口的默认类型为 **input**。设置完成之后保存并且关闭原理图。

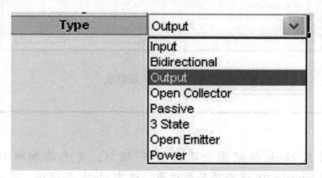

图 20.45 层端口类型

注意：
　　通常情况下，层输入端口放置在层模块的左侧，层输出端口放置在层模块的右侧。可以通过双击层模块引脚随时对端口类型进行更改。

8. 打开counter原理图,删除数字时钟信号源。如图20.42所示,分别在clk、QA和QB导线上放置层端口。按照第7步的具体操作,将QA和QB层端口类型设置为**output**。保存并关闭原理图。

9. 打开顶层的**Digital Counter**原理图。选择菜单**Place > Hierarchical Block**在原理图中放置层模块,然后按照图20.46所示对其进行设置,并且保持**Path and filename**为空白。单击OK按钮进行确定,然后在原理图中绘制矩形方框。层模块的VCC和clk引脚如图20.40所示。如果层模块中未出现引脚,双击层模块打开属性编辑器,检查**Implementation**名称是否确实为**clock**。

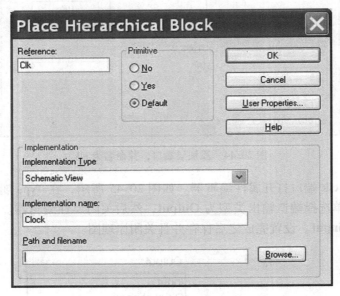

图20.46 建立层模块

注意:
如果忘记在clock原理图中添加VCC端口,首先添加端口,然后选择**rmb > Ascend Hierarchy**返回顶层原理图。选中clock层模块,然后选择**rmb > Synchronize Up**,VCC端口将以层引脚的形式添加到层模块中。

---

10. 如图20.47所示,按照第9步的具体步骤绘制另外一个层模块,并将其命名为**counter**。单击OK按钮对设置进行确定,然后如图20.40所示在原理图中对层模块进行放置。

11. 图 20.40 为设计完成电路。

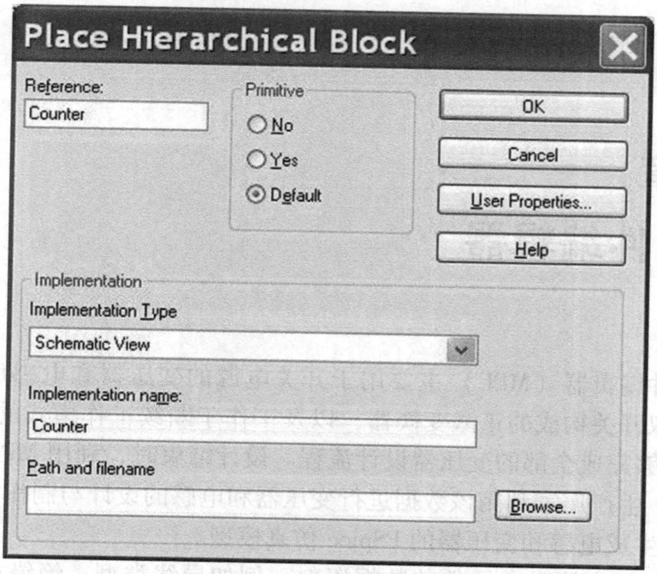

图 20.47　建立 counter 电路的层模块

第 21 章
磁性元件编辑器

磁性元件编辑器（MPE）主要用于开关电源的变压器和电感设计。尤其对于单开关和双开关构成的正激变换器，以及工作于断续工作模式的反激变换器，利用 MPE 能够完成全部的变压器设计流程。设计结束时，利用 MPE 生成变压器的综合数据，生产厂家利用该数据进行变压器和电感的设计与制作。另外，还可以利用 MPE 生成电感和变压器的 PSpice 仿真模型。

MPE 还包括商用磁心元件的数据资料，例如导线类型、绝缘材料、绕制形式和磁心结构，可以根据生成的数据资料建立自己的磁性元件。

21.1 设计周期

设计周期由一系列设计步骤构成。下面以反激变换器拓扑结构为例讲解 DC – DC 直流变换器的具体设计步骤：

设计指标：
- 最小直流输入电压：50V
- 直流输出电压 12V，纹波峰峰值小于 100mV
- 直流输出电流 0.5A，纹波峰峰值小于 5mA
- 开关频率：40kHz
- 效率：75%
- 最大占空比：45%

通过 PSpice 附属菜单启动 MPE 磁性元件编辑器。

21.2 本章练习

练习 1

从开始菜单启动 MPE。选择 Start > All Programs > Cadence（OrCAD） > release number > PSpice Accessories > Magnetic Parts Editor，打开磁性元件编辑器。

第 1 步：拓扑结构选择

如图 21.1 所示，MPE 设计的第一步选择拓扑结构，本设计实例选择的拓扑结构为断续工作模式的反激变换器。选择菜单 **File > New** 出现如图 21.1 所示的拓扑结构选择窗口。

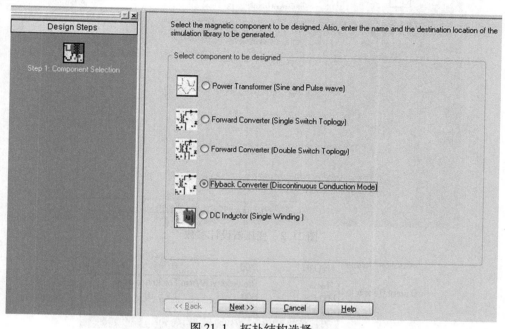

图 21.1　拓扑结构选择

图 21.1 中，窗口左侧为已完成的设计步骤，通过对其查看，可以确定此时处于设计周期的哪一步。设计人员可以随时单击已设计步骤，以便对输入参数进行回查。窗口右侧为可供选择的设计拓扑结构。本实例选择 Flyback Converter 反激变换器，然后单击 NEXT > >进行下一步设计。

第 2 步：通用信息设置

如图 21.2 所示，MPE 设计的第 2 步为输入变压器的规格参数。本设计实例只有一个二次绕组，在这种情况下，绝缘材料采用电流密度为 $3A/mm^2$ 的尼龙。根据设计指标将效率设定为 75%。

在 MPE 中最多可以设计 9 组二次绕组，但是如果拓扑结构为正激变换器，则只允许设计一组二次绕组。变压器的默认绝缘材料为尼龙，也可以根据设计需求进行选择。如图 21.3 所示，PSpice 提供多种类型绝缘材料。

如图 21.4 所示，选择菜单 **Tools > Data Entry > Insulation** 打开 **Enter insulation material** 绝缘材料数据输入窗口，然后输入指定的绝缘材料数据。

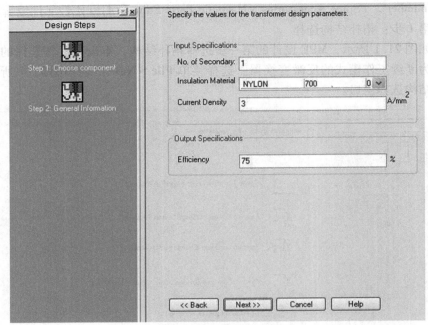

图 21.2 变压器设计参数

图 21.3 可用绝缘材料列表

如图 21.2 所示,在变压器参数窗口中输入绝缘材料的设计参数,然后单击 **NEXT > >** 进行下一步设计。

第 3 步:电气参数设置

图 21.5 为电气设计参数输入窗口。

在设计参数输入窗口中,变压器二次电压和二次电流为方均根值(RMS)。隔离电压为一次和二次绕组之间的间隙或距离。按照图 21.5 所示的输入电气参数,然后单击 **NEXT > >** 进行下一步设计。

第 4 步:磁心选择

变压器磁心选择由其形状和材料决定。如图 21.6 所示为磁心的物理外形,当选择其他形状时图形将更新,如环形、EE 或 UU。

更改供应商名称为 Ferroxcube,然后从 Family Name 下拉菜单中选择环形或

图 21.4 输入新绝缘材料数据

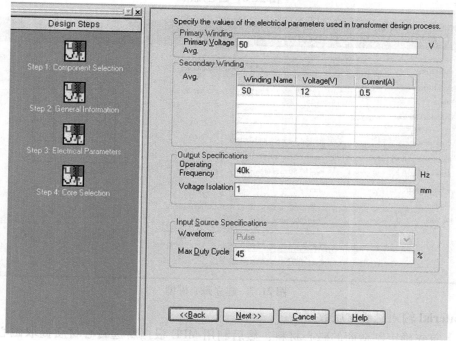

图 21.5 变压器的电气参数设置

者 UU 型磁心，并对磁心的相应几何数据进行查看。

将 **Family Name** 重新修改回 EE。

如图 21.7 所示，选择菜单 **Tools > Data Entry > Core Details > Core** 输入其他生产厂商的磁心数据。

如图 21.8 所示，也可以通过选择菜单 **Tools > Data Entry > Core Details >**

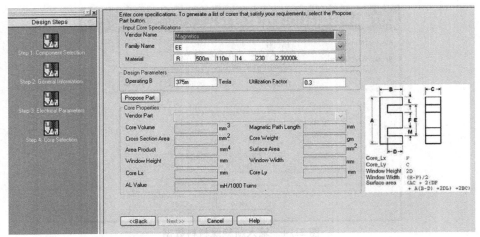

图 21.6　磁心规格

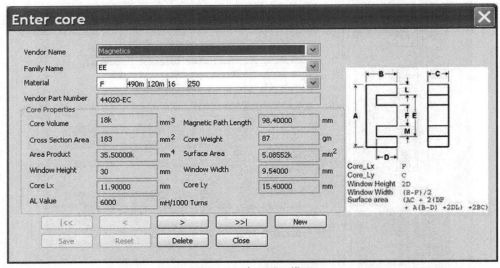

图 21.7　建立磁心模型

Material 输入磁心材质数据。

首先确定制造商的磁心材料，然后利用 MPE 根据所选磁心材质提取磁心模型。通过计算，MPE 将会确定线圈绕组是否与所选磁心相匹配。

MPE 磁心数据包括磁心的工作范围。在本设计中，采用 3C81 材料的铁氧体 EE 型低功率（10W）磁心，并以该磁心为起点进行变压器的设计。该磁心工作于开关频率 67kHz，最大输出电压为 12V。

首先将磁心供应商设置为 Ferroxcube。

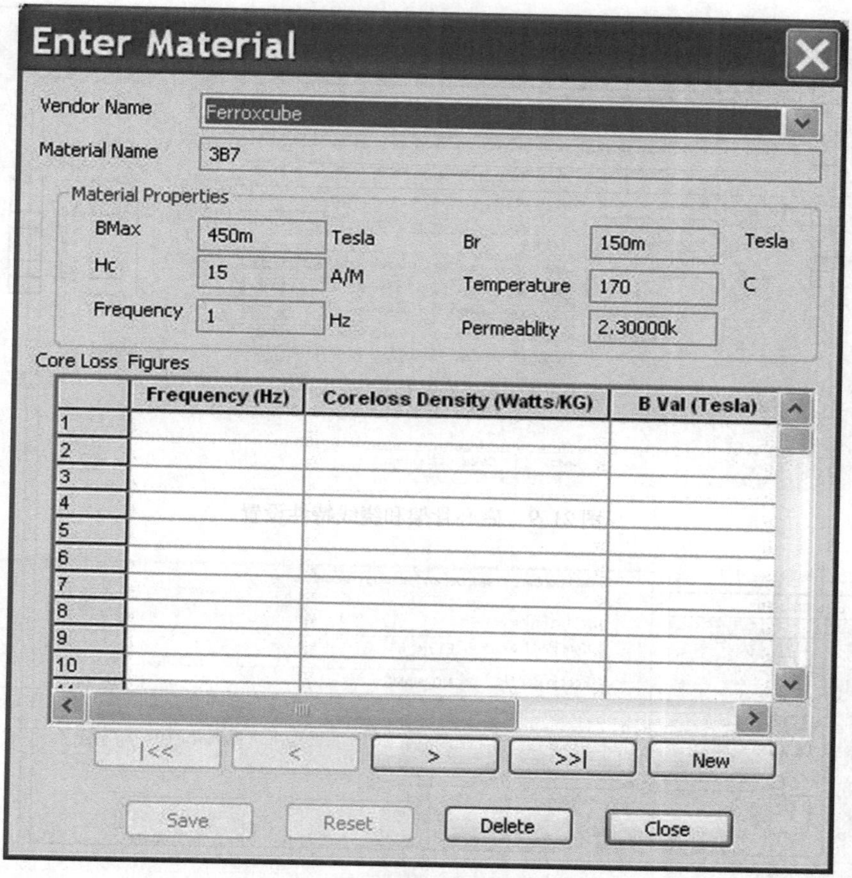

图 21.8 建立磁心材质

　　设置 **Family Name** 为 EE。
　　设置 **Material** 为 3C81。
　　点击 **Propose Part**。
　　根据输入数据，MPE 自动提供一个合适的供应商的磁心型号，并显示该磁心的各种物理外形数据。**Vendor Part** 供应商元件下拉菜单中还包含合适的磁心模型列表，这些磁心特性与输入数据相匹配。
　　如图 21.9 所示，本实例选用的磁心型号为 E13_6_6。磁心选择确定后，单击 **Next >** 继续进行变压器设置。
　　第 5 步：磁心骨架选择
　　本步骤对磁心的骨架进行选择，所选骨架不仅需要与磁心相匹配，还要符合绕线方式。在图 21.10 中，Bobbin Part No. 为 NO_NAME，表明在 MPE 中没有该骨架数据。如果未设定磁心骨架厚度，则默认厚度为 1mm，并以该值为基础进

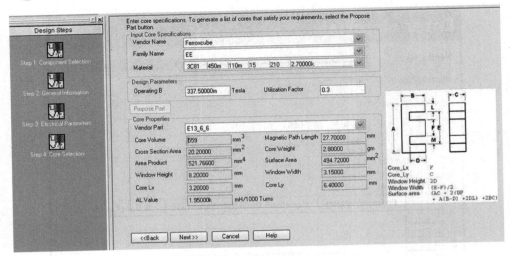

图 21.9 磁心骨架和绕线特性设置

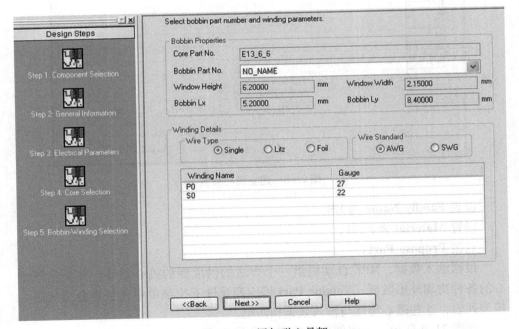

图 21.10 添加磁心骨架

行磁心尺寸的计算。如图 21.11 所示，通过菜单 **Tools > Data Entry > Core Details > Bobbin** 可以对骨架数据进行添加和设置。

如图 21.12 所示为磁心供应商提供的骨架尺寸数据。

图 21.12 为骨架的外形尺寸，为了能够与所选磁心相匹配，骨架的外形参数

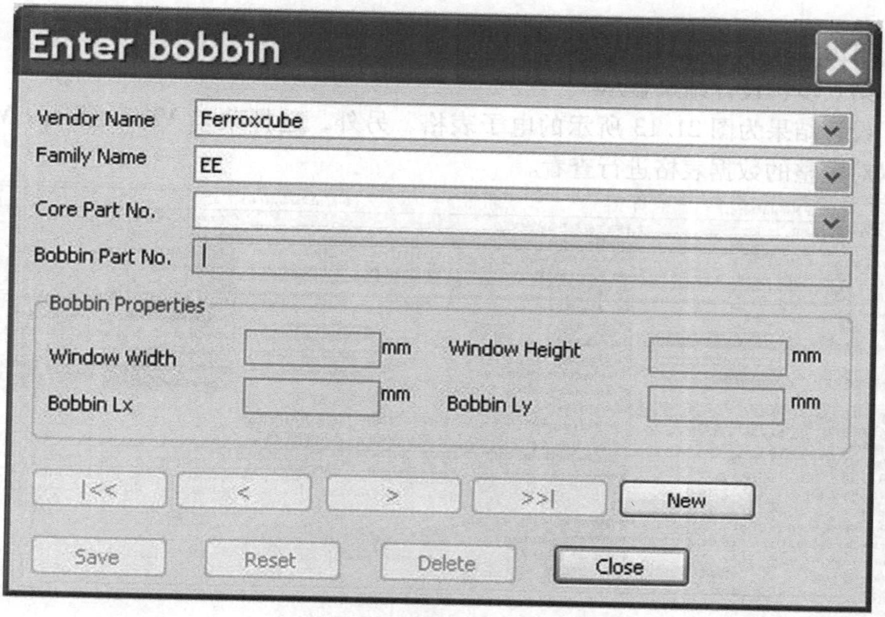

Enter bobbin
Vendor Name
Ferroxcube
Family Name
EE
Core Part No.
Bobbin Part No.
Bobbin Properties
Window Width
mm
Window Height
mm
Bobbin Lx
mm
Bobbin Ly
mm
|<<
<
>
>>|
New
Save
Reset
Delete
Close

图 21.11　建立新骨架

计算公式为

骨架窗口高度 = 磁心窗口高度 −（2 × 骨架厚度）

骨架窗口宽度 = 磁心窗口宽度 −（1 × 骨架厚度）

骨架_Lx = 磁心_Lx +（2 × 骨架厚度）

骨架_Ly = 磁心_Ly +（2 × 骨架厚度）

对于本实例，因为磁心的尺寸尚未最终确定，所以骨架使用默认名称 NO_NAME。

图 21.10 为骨架绕线选择窗口，从中可得变压器一次绕组和二次绕组的推荐导线型号。设计人员也可以根据需求在 AWG 和 SWG 两种不同的导线标准之间进行选择。

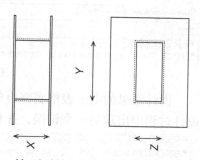

Y
X
Z
X — bobbin window height
Y — bobbin_Lx
Z — bobbin_Ly

图 21.12　骨架尺寸

注意：

设计过程中可能会出现如下警告消息：应该使用 LITZ 绕组代替单一绕组。本例按照图 21.10 所示的步骤 5 选择单一绕组。

单击 Next >> 进行下一步设置。

第 6 步：设计结果显示

设计结果为图 21.13 所示的电子表格。另外，选择菜单 **View > Steps View** 可以对完整的数据表格进行查看。

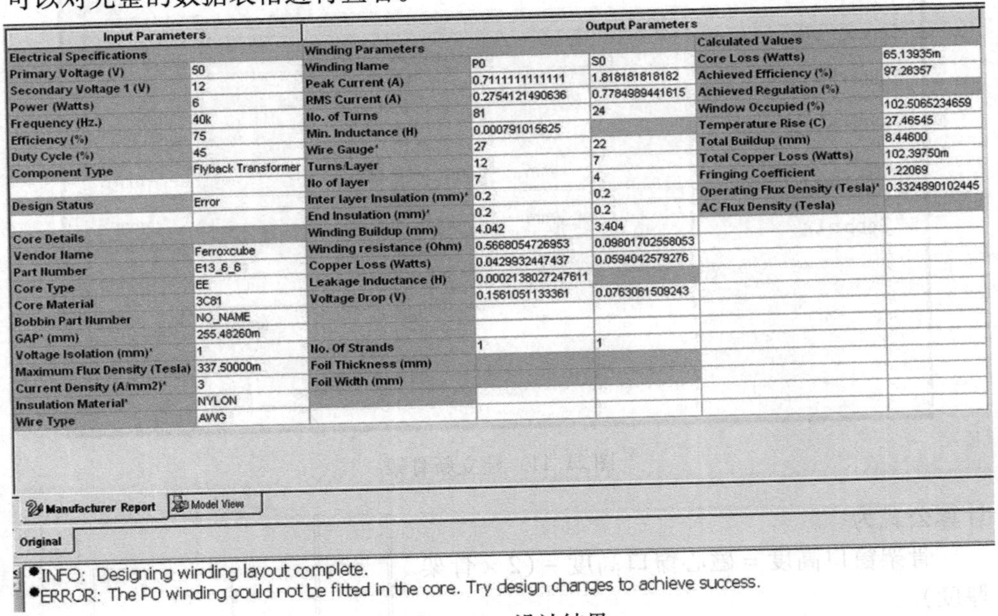

图 21.13 设计结果

设计结果的电子表格底部出现如图 21.14 所示的设计状态报告，该报告指出设计过程中出现的一个错误，并且警告消息提示 P0 绕组与磁心不匹配。

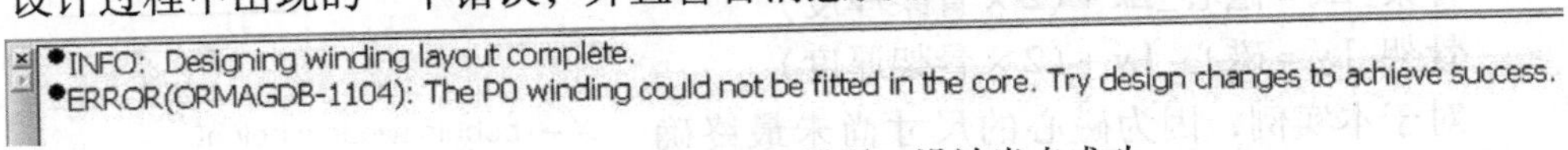

图 21.14 设计中出现错误，设计尚未成功

为了解决上述问题，或者减小二次绕组的导线直径，或者选择不同的磁心材质或者更大尺寸的磁心。也可以减小一次绕组和二次绕组之间的距离（设计步骤 3 的电压隔离）。

返回第 4 步：在 **Core selection** 磁心选择窗口中选择材质型号为 3C90。

单击 **Propose Part**。

选择磁心 E19_8_9，如图 21.15 所示，该磁心具有更大的物理尺寸。

单击 **Next >>**，然后对设计结果进行查看。

设计状态报告如图 21.16 所示，设计报告显示设计成功。接下来建立与磁心相匹配的骨架，需要再次运行计算。

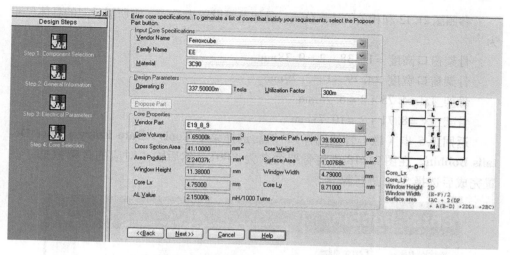

图 21.15　修改磁心材质和磁心尺寸

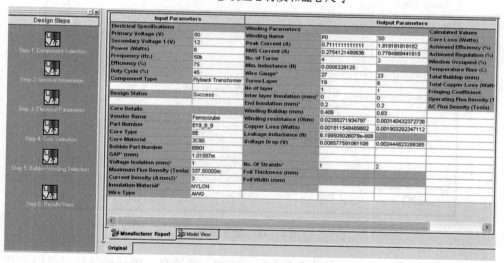

图 21.16　设计报告显示设计成功

返回磁心选择（第 4 步）。如图 21.17 所示，选择菜单 **Tools > Data Entry > Core Details > Bobbin** 对磁心尺寸进行查看。选择推荐元件 Ferroxcube、EE 型磁心 19_8_9。在 Bobbin Part No. 骨架型号对话栏中输入 BB01。

如图 21.15 所示的磁心绕线区域尺寸再次显示在图 21.17 中。

Window Height	11.38000	mm	Window Width	4.79000	mm
Core Lx	4.75000	mm	Core Ly	8.71000	mm

图 21.17　磁心绕线区域尺寸

参照图 21.12 和相关的计算公式,骨架壁厚设置为 1mm,则所需骨架的具体尺寸为

骨架窗口高度 = 11.38 − 2 = 9.38mm
骨架窗口宽度 = 4.79 − 1 = 3.79mm
骨架_Lx = 4.75 + 2 = 6.75mm
骨架_Ly = 8.71 + 2 = 10.71mm

返回第 5 步(磁心骨架选择),然后选择菜单 **Tools > Data Entry > Core Details Bobbin**。在图 21.18 中将骨架命名为 BB01,然后输入对应的骨架数据,设置完成后选择 **Save** 进行保存。

图 21.18 建立骨架

当对新建骨架进行保存时将会出现如下的一条消息,提示设计数据已经成功输入至数据库中。单击 OK 按钮进行确定。

继续执行第 6 步,检查设计状态对话框中是否仍然显示 **Success**,表示设计成功。

对设计进行保存，生成 flyback.mgd 文件。

对设计进行保存的同时也将生成变压器的 PSpice 模型。本设计实例将生成 flyback.lib 文件。在 **Results Spreadsheet** 底部选择 **Model View** 选项卡对生成的 PSpice 变压器模型进行查看，如图 21.19 所示。

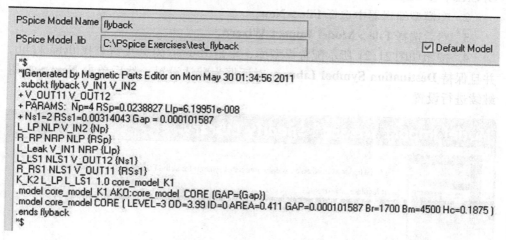

图 21.19　PSpice 磁心模型

反激式拓扑结构的变压器模型采用子电路的形式进行建模，包括 V_IN1、V_IN2、V_OUT11 和 V_OUT12 共 4 个端子。变压器电路如图 21.20 所示。

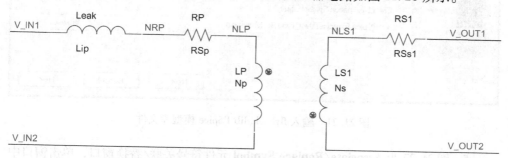

图 21.20　反激变换器的变压器模型

Lip——一次漏感　RSp——一次侧串联电阻　RSs1—二次侧串联电阻

Np——一次绕组匝数　Ns—二次绕组匝数

当模型视图打开后，再一次单击 Save 对 PSpice 模型进行保存。

按照第 16 章的设计步骤，在模型编辑器中利用模型编辑向导生成变压器模型的 Capture 元件符号，并且将元件符号与 PSpice 模型进行关联，以便用于电路仿真。

练习 2

建立变压器模型

1. 选择开始菜单打开 PSpice 模型编辑器 **Start > All Programs > Cadence（or OrCAD） > PSpice > Simulation Accessories > Model Editor**。
2. 在模型编辑器中选择 **File > New**。
3. 然后选择 **File > Model Import Wizard**。
4. 按照如图 21.21 所示配置模型库，单击 Browse 浏览按钮查找 flyback.lib，并且保持 **Destination Symbol Library** 对话框为默认设置，然后单击 **Next >** 按钮继续进行设置。

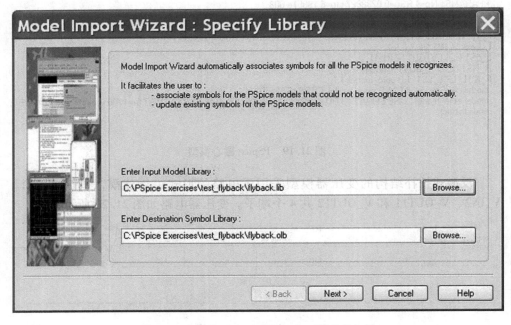

图 21.21　输入 flyback.lib PSpice 模型库文件

5. 图 21.22 为 **Associate/Replace Symbol** 元件符号关联/替换窗口，单击窗口中的 **Associate Symbol** 按钮。首先选择模型 Flyback，然后单击 Associate Symbol 按钮。
6. 在 **Select Matching** 选择匹配窗口，单击图标，然后从软件安装路径 **< install path > OrCAD（or Cadence） > version xx.x > Tools > Capture > library > pspice > breakout.olb** 中选择 breakout.olb 元件符号库文件。
7. 图 21.23 的左侧列出与 flyback 引脚数量一致、模型相匹配的元件符号。选择如图所示的 **XFRM_NONLINEAR** 变压器元件符号，然后单击 **Next >** 按钮继续进行设置。

第 21 章 磁性元件编辑器

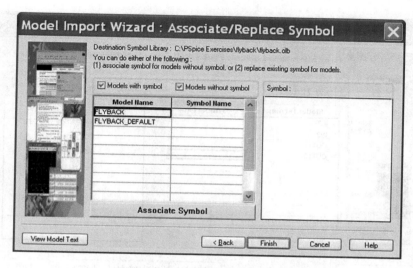

图 21.22　PSpice 模型与符号相关联

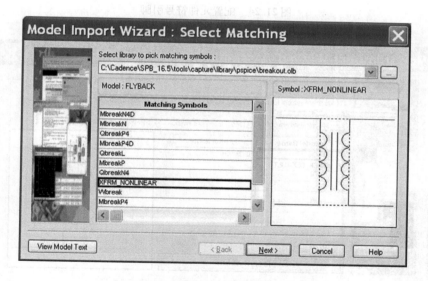

图 21.23　选择匹配的变压器元件符号

8. 为模型各端点配置符号引脚。按照图 21.24 所示选择引脚，然后单击 **Save Symbol** 对元件符号进行保存。该变压器模型的引脚排列顺序与图 21.19 中的子电路模型一致。

9. 从图 21.25 中可以看到模型名称及其与之相关联的元件符号。

10. 单击 **Finish** 按钮，然后在 sch2cap 窗口中单击 NO。在状态概要窗口中确

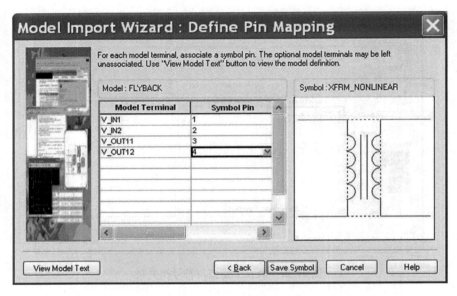

图 21.24　配置元件符号引脚

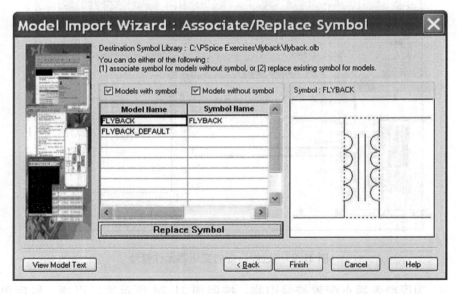

图 21.25　与 Flyback 模型相关联的元件符号

认无错误信息出现之后单击 OK 按钮。此时新建的 Capture 元件及其模型可以正常使用了。

练习 3

利用图 21.26 所示电路图对反激变换器进行测试。

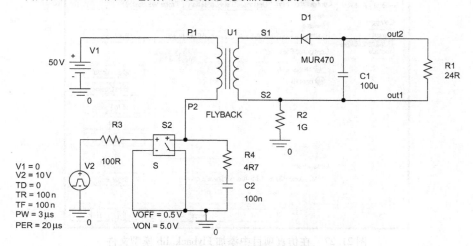

图 21.26　反激变换器电路图

1. 绘制如图 21.26 所示电路。电压控制开关选自 analog 元器件库，脉冲电压源选自 source 元器件库，二极管选自 diode 元器件库。在项目管理器中选择库文件夹，然后选择 **rmb > Add File** 对新建 **Flyback.olb** 变压器元器件库进行添加。Flyback.olb 元器件库将出现在 Place Part 放置元器件菜单中。按照图 21.26 所示，在电路中放置变压器。

2. 必须为仿真项目配置 flyback.lib PSpice 模型库文件，该模型才能正常使用。选择菜单 **PSpice > New Simulation Profile** 建立 PSpice 仿真设置文件，对电路进行瞬态仿真分析设置，仿真时间为 10ms。在图 21.27 中选择 **Configuration Files > Library** 对模型库进行配置，然后通过浏览查找 Flyback.lib 模型文件，最后单击 **Add to Design** 按钮将其添加至本设计项目。

3. 选择菜单 **PSpice > Markers > Voltage > Differential** 在电路中放置差分探针，将第一支差分探针放置在网络节点 **out1**，第二支差分探针将自动出现，将其放置在网络节点 **out2**。因为反激变换器的输出电压为负值，所以通常情况下将差分探针的正极放置在网络节点 **out2**。探针放置完成后运行电路仿真。

4. 从图 21.28 中可以看到输出电压大于 12V。设定最大占空比为 45%，通过降低占空比减小输出电压。当占空比为 15%（T_{on} 为 3μs）时，输出电压减小至略高于 12V，纹波小于 100mV。从图 21.29 中可以看出，通过电阻 R1 的电流刚刚超过 510mA，纹波电流小于 5mA。

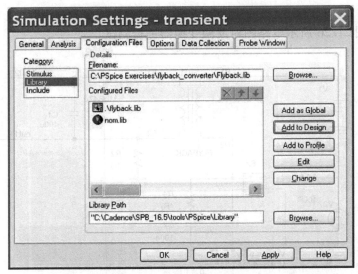

图 21.27　在仿真项目中添加 Flyback.lib 模型文件

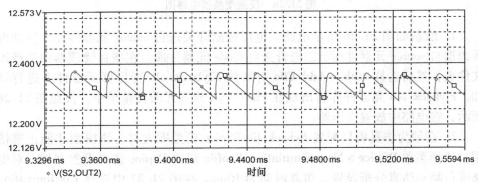

图 21.28　输出电压与设计指标相匹配

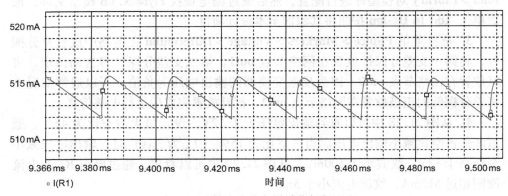

图 21.29　输出电流与设计指标相匹配

第 22 章
测 试 平 台

通常电路在进行仿真分析时，需要对其添加电压源和负载电阻。有时为了使仿真能够顺利进行，甚至会删除电路中的某些元器件。但是，如果电路仿真能够顺利完成，并且电路功能正常，实际电路设计时需要将添加的元器件删除，删除的元器件复原，以保持电路原状。

PSpice16.5 之前版本，可以通过对元器件添加 PSpiceOnly 属性，设置该元器件只用于仿真分析，运行其他功能时该元器件将会自动移除，比如印制电路板（PCB）。从 PSpice16.5 版本开始，可以使用 Partial Design Feature 利用测试平台对元器件的属性进行设置，以使元器件只用于仿真分析，而无其他功能。将不同仿真项目进行有选择性的分类，然后利用其他仿真项目的电路组成新的设计项目。当新的设计项目由其他设计项目的电路集合在一起构成时，利用测试平台进行设计将会非常实用。测试平台对构成该设计的每个电路均进行功能测试，以保证整体设计顺利工作。

建立测试平台时，将会在项目管理器底层添加测试平台文件夹，该文件夹包含所有的设计原理图。在测试平台文件夹中，所有原理图中的全部元器件均显示为灰色。通过选择"activate"对需要进行仿真的元器件进行激活，并且根据实际仿真需求在电路中添加电压源和负载电阻等元器件。通过主原理图设计和建立的测试平台均可以对元器件进行取消和选定。

当建立测试平台时，项目文件夹中还将建立另外一个设计文件夹，此时项目文件夹包含两个文件夹：

 < project name > – PSpiceFiles
 < project name > – TBFiles

原理图实用程序（SVS）将测试平台设计与主设计进行对比，然后利用改进的元器件参数对主设计进行更新。

22.1 测试平台元器件选择

如上所述，项目管理器中包括两个设计文件夹：主设计文件夹和测试平台设计文件夹。只要以上任何一个文件夹打开，均可以对仿真元器件进行选择，但是最终只对测试平台设计文件夹进行仿真。例如，图 22.1 为数字计数器的层设计电路，该设计由时钟振荡器模块和模量 3 型计数器模块组成。

以上两个模块分别通过 Test_Clock 和 Test_Counter 测试平台进行测试。最初，原理图中所有元器件的颜色均为灰色。从主设计中选择菜单 **Tools > Test Bench > Create Test Bench** 建立测试平台并对其进行命名，然后将测试平台添加到主设计项目管理器中。同一项目管理器中可以建立多个仿真测试平台，但是只能有一个测试平台处于激活状态，处于激活状态的测试平台的名称前面以字母 A 进行标记。在主设计中选定元器件，然后选择 **rmb > Add Part（s）To Active Test bench** 将其添加至激活状态的测试平台中。在图 22.2 中，测试平台 Test_Counter 处于激活状态。

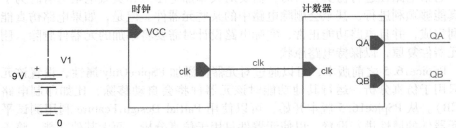

图 22.1　数字计数器的层电路设计

主设计通过项目管理器，利用层选项卡对元器件进行选择和取消，图 22.3 为主设计项目管理器中的层选项卡。在本实例中，只有在 **Clock** 层模块中的元器件才能被选中，其他元器件均为灰色。

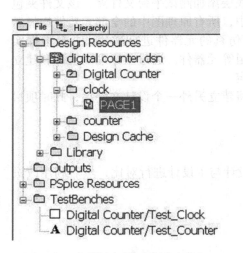

图 22.2　主设计包括两个测试平台

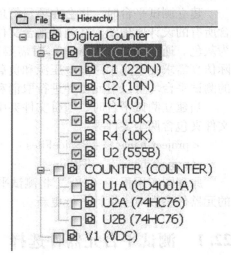

图 22.3　通过主设计对各层元器件进行选择

同样的,也可以在测试平台中对元器件进行添加和删除。在上述实例中,打开 Test_Clock/Test Bench > clock 原理图,选择元器件,然后选择 rmb > Test Bench > Add Part(s)To Self 或者 Remove Part(s)From Self 对元器件进行添加和删除,如图 22.4 所示,其中,Self 对应激活状态的测试平台 Test_Clock/Test Bench。

图 22.4 添加或者删除测试平台元器件

22.2 未连接的浮动网络

在设计原理图中对元器件进行添加和删除时会出现未连接导线,从而产生浮动节点错误。如第 2 章所述,所有节点必须具有对地直流回路。可以利用 **Text to Search Box** 对浮动节点进行搜索,图 22.5 为搜索选项列表,其中之一为浮动节点网络。

对电路进行仿真时,浮动节点问题一定要解决,否则仿真不能顺利进行。有时解决办法很简单,只要在浮动节点对地之间连接一个电阻,用来提供对地直流通路即可。

如图 22.6 所示,在 16.6 版本中增加了 **Regular Expressions** 和 **Property Name = Value** 两项高级搜索功能。

Property Name = Value 需要完整的属性名称,而对于 Value 可使用通配符"*"和字符"?"进行标记。例如,在 Digital Counter 设计项目中查找

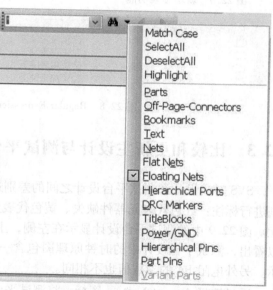

图 22.5 搜索浮动网路节点

所有的 IC,如图 22.7 所示选择 **Property Name = Value**。然后输入 Part Reference = U*。如果只对 74 系列数字芯片中的 76JK 触发器集成电路进行更具体的搜索,而忽略其采用的技术工艺,即 LS、HC、AC 等,均可输入 Value = 74?? 76,。**Regular Expressions** 为字符串条件搜索

提供了更多的灵活性,即可指定一个范围值,或者可以有选择性地使用"与"或者"或"(|)功能。例如,如果需要在 Digital Counter 设计项目中查找第一个电阻 R1、R2 或者第一个电容 C1、C2,可以输入 Part Reference =(C|R)[1 - 2]。注意 **Regular Expressions 和 Property Name = Value** 都要被选定。搜索结果为 R1、C1 和 IC1,如图 22.8 所示为符合搜索条件的一部分元器件。

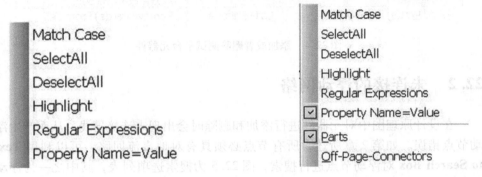

图 22.6　新增搜索功能　　　　　　　图 22.7　选择 Property Name = Value

图 22.8　Regular Expressions 搜索结果

22.3　比较和更新主设计与测试平台设计之间的差异

SVS 对主设计和测试平台设计之间的差别进行对照显示,并用颜色对设计差别进行标注:红色代表元器件缺失、黄色代表元器件不匹配、白色代表元器件匹配。图 22.9 中的测试平台设计显示在左侧,主设计显示在右侧。从图 22.9 中可以看出,测试平台设计中的时钟原理图包含一个额外的电容 C3,由红色进行显示,另外电阻 R4 的参数值也不相同。

通过选择 Accept Left 图标,将测试平台设计中修改的元器件参数值对主设计进行更新。然而,仅仅只能对主设计的元器件参数值进行更新,对于元器件的其他操作则无能为力。上例中如果选定左侧面板中 R4 的参数框,则电阻 R4 修改后的参数值将在测试平台对主设计进行更新。但是额外电容 C3 不能在主设计中进行更新。另外,主设计不能对删除的元器件进行更新,所以如果测试平台中删除了某个元器件,则该元器件仍然在主设计中,不能自动进行删除。

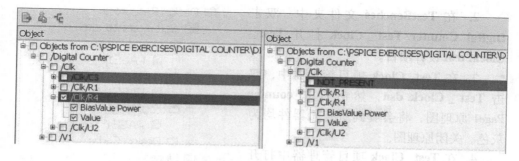

图 22.9 测试平台设计与主设计对比

22.4 本章练习

练习 1

图 22.10 为第 20 章练习 5 的数字计数器的层设计电路。

下面通过建立 Test_Clock 测试平台，仅对振荡器电路进行仿真和性能验证。首先在主设计管理器的层选项卡中选中元器件，然后在主设计项目中对激活状态的测试平台添加时钟模块。

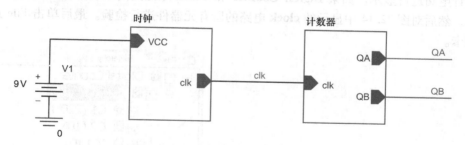

图 22.10 数字计数器的层设计电路

1. 首先选择 Digital Counter. dsn 设计项目，然后从顶部工具栏中选择 Tools > Test Bench > Create Test Bench 建立测试平台。如图 22.11 所示，将测试平台命名为 Test_Clock。单击 OK 按钮

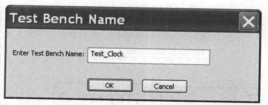

图 22.11 建立 Test_Clock 测试平台

进行确定，如果系统提示是否保存，再次单击 OK 按钮对设计项目进行保存。

如图 22.12 所示，Test_Clock 测试平台位于项目管理器的底部，保存在 TestBenches 文件夹中。

2. 在 **TestBenches** 文件夹中，双击 **Digital Counter/Test_Clock** 打开 **Test_Clock.dsn** 设计项目。

3. 在 **Test_Clock** 项目管理器中，双击 **Test_Clock.dsn**，然后打开 counter Page1 原理图，将会看到所有元器件均为灰色。关闭原理图。

4. 在 **Test_Clock** 项目管理器中打开 **clock** 原理图，将会看到所有元器件均为灰色。从主设计中进入 Test_Clock 测试平台，然后将 clock 元器件激活。

5. 选择主设计项目管理器：从图 22.13 中选择 Digital Counter tab 选项卡，或者选择菜单 **Window > Digital Counter**。将主设计与测试平台并排放置将会更加便于操作。

6. 在主设计（Digital Counter）项目管理器中单击 **Hierarchy** 层选项卡，对层设计电路进行显示。如果 **Digital Counter** 和 **Clock** 原理图尚未展开，首先将其展开，然后对图 22.14 中显示的 **clock** 电路的所有元器件进行检验。最后单击 File 选项卡。

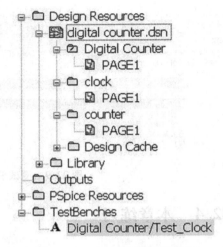

图 22.12　Test_Clock 测试平台

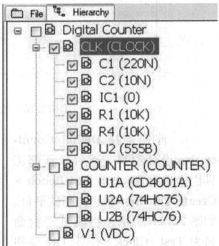

图 22.13　选择项目管理器　　　　图 22.14　选择 clock 振荡器电路

7. 在 **TestBenches** 文件夹中，通过双击 **Digital Counter/Test_Clock** 测试平

台激活其项目管理器,然后打开clock原理图并检查所有元器件是否均为激活状态(非灰色)。然后关闭原理图并保存。

8. 在 Test_Clock 项目管理器中打开 **Digital Counter** 原理图,如图 22.15 所示。

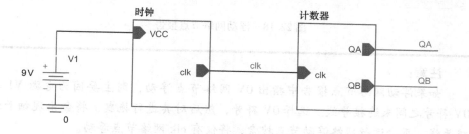

图 22.15 Test_Clock > Digital Counter 原理图

电压源 V1 仍然显示为灰色。绘制方框选择 V1、连接导线和 0V 接地符号,然后如图 22.16 所示选择 **rmb > TestBench > Add Part(s) To Self**。

图 22.16 将电压源 V1 添加至激活状态的测试平台中

现在,只有时钟振荡电路处于激活状态,在 Test_Clock 测试平台中对未连接网络进行搜索。确保搜索菜单处于显示状态:选择菜单 **View > Toolbar > Search** 进行显示设置。

9. 选中 **Test_Clock.dsn**,搜索图标 与 Search Box 搜索栏紧邻(见图 22.17),然后从顶部工具栏搜索图标 右边的下拉菜单中进行选择。

10. 单击 **DeselectAll**。首先选择 **Floating Nets** 浮动节点,然后单击搜索图标 。如图 22.18 所示,**Find** 查找窗口位于屏幕底部的原理图下方。

图 22.17 搜索浮动网络节点

Object ID	Net Name	Page	Page Number	Schematic	Pin
clk(Wire Alias)	CLK	PAGE1	1	Digital Counter\	Counter.clk,clk.clk

图 22.18　浮动网络节点报告

注意：
如果浮动网络节点报告中指出 0V 网络节点浮动，则主要因为电源 V1 与 0V 符号之间未连接导线。选择 0V 符号，然后对其进行拖曳，将会出现细长连接导线，再次运行网络浮动节点搜索，将仅有 clk 网络节点浮动。

11. 如图 22.19 所示，在 **clk** 网络节点与地之间放置 1k 电阻，为 clk 网络节点提供对地直流通路。

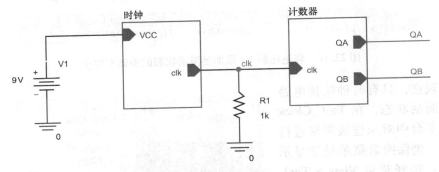

图 22.19　在 clk 网络节点与 0V 符号之间添加 1k 电阻

12. 建立瞬态分析仿真设置文件，运行时间设置为 20ms。设置完成后不要退出仿真设置文件。在设置窗口中选择 **Options tab > Gate – level Simulation**，将所有触发器的初始值设置为 0。

13. 在 **clk** 网络节点放置电压探针，运行电路仿真。

14. 时钟电路输出波形如图 22.20 所示，时钟频率为 216Hz。

15. 双击 clock 层模块打开原理图，然后与 C1 并联放置另外一个 220nF 电容。将电路图 20.42 中电阻 R4 的参数值修改为 6k8，重新运行电路仿真，此时时钟频率改变为 138Hz。关闭 clock 原理图并保存。现在对计数器电路进行功能验证，但是首先需要从激活状态的测试平台中选择激活元器件。将计数器电路中的元器件添加至激活状态的测试平台中，并将时钟电路中的元器件从该平台删除。

16. 打开项目管理器，选择 Digital Counter（主设计）。

第 22 章 测 试 平 台

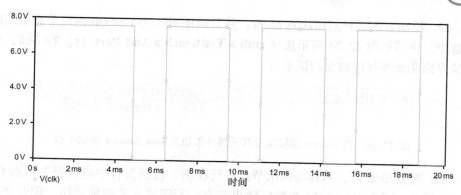

图 22.20 时钟电路输出波形

17. 选中 **Digital Counter.dsn**,然后选择菜单 **Tools > Test Bench > Create Test Bench** 建立测试平台。在图 22.21 中输入测试平台名称 **Test_Counter**。

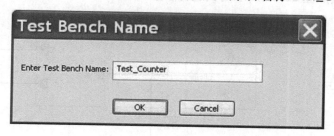

图 22.21 建立 Test_Counter 测试平台

18. 如图 22.22 所示,在主设计 counter 中包含两个测试平台。字母 **A** 出现在 Test_Counter 测试平台名称前面,表明该测试平台处于激活状态。通过选择 **rmb > Make Active** 可以对测试平台的激活状态进行设置。

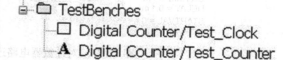

图 22.22 激活状态的 Test_Counter 测试平台

19. 双击 **Test_Counter** 试验平台,打开 Test_Counter 设计项目管理器。
20. 双击 **Test_Counter.dsn**,打开 **Digital Counter** 原理图 Page1。
21. 绘制方框选择 clock 层模块、电压源 V1 和 0V 接地符号,然后选择 **rmb > Remove Part(s) From Self** 对所选电路及元器件从测试平台移除,如图 22.23 所示。

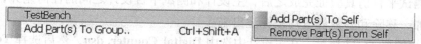

图 22.23 从激活状态的 Test_Counter 测试平台中移除时钟电路及其相关元器件

22. 绘制方框选择层模块 counter，并且确保 clk、QA 和 QB 网络节点也同时被选中。然后如图 22.24 所示选择 rmb > TestBench > Add Part（s）To Self，将所选电路和元器件添加至测试平台。

图 22.24 将 counter 层模块及其元器件添加至 Test_Counter 测试平台

23. 重复步骤 17，对浮动网络节点进行检测。检测报告中应该警告节点 QA 和 QB 浮动。因为 QA 和 QB 为数字输出节点，不需要直流接地回路，因此忽略以上警告信息。

24. 从 source 元器件库中选择 DigClock 数字时钟信号源，并将其放置到原理图中，然后按照图 22.25 所示对其进行参数设置。

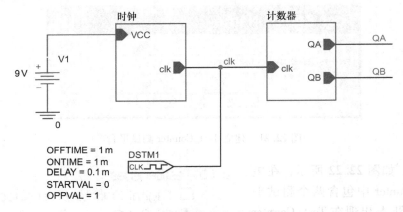

图 22.25 对计数器电路进行测试

25. 建立瞬态分析仿真设置文件，运行时间设置为 20ms。设置完成后不要退出仿真设置文件。在设置窗口中选择 Options tab > Gate – level Simulation，将所有触发器的初始值设置为 0。

26. 在 QA 和 QB 网络节点放置电压探针，运行电路仿真。电路输出波形如图 22.26 所示。

练习 2

测试平台仿真验证完成之后，主设计和测试平台设计之间的任何差异，元器件添加、移除和参数修改均被标注出来。

1. 如图 22.27 所示，在主设计中选中 Digital Counter. dsn，然后选择 Tools > Test – Bench > Diff and Merge。

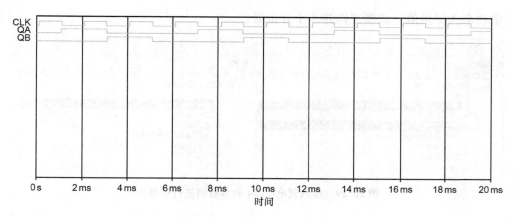

图 22.26 计数器电路输出波形

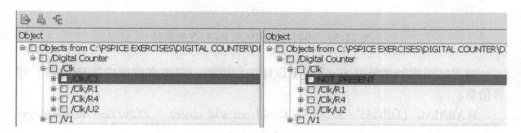

图 22.27 对比主设计与测试平台设计之间的差异

2. 在 SVS 窗口中,测试平台设计在左侧面板,主设计在右侧面板。左侧面板中/**Clk** 展开如图 22.28 所示。

图 22.28 主设计与 Test_Clock 测试平台之间的差异

黄色表示 Test_Clock 测试平台与主设计之间存在差异,需要将改进参数对主设计进行更新。在时钟电路中额外电容 C3 被标注为红色,在主设计中显示 NOT_PRESENT,表示该元器件不存在。

注意:
在进行差异检测之前必须保存并且关闭测试平台。

3. 展开/**Clk/R4** 出现 Test_Clock 试验台和主设计,如图 22.29 所示。可以决定是否接受 R4 的值。对于 R4 的修改之后的参数值将被更新到主设计。偏压值功率为测量值，该项工作并非十分重要。

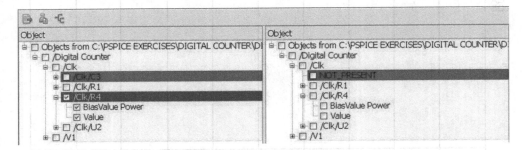

图 22.29　检测到电阻 R4 的参数值进行过修改

4. 单击 **Accept Left** 图标 ，将 R4 的新参数值对主设计进行更新，如图 22.30 所示，在 SVS 窗口中不再显示电阻 R4 在主设计和测试平台设计之间存在差异。

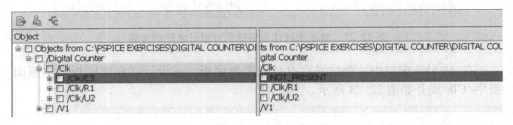

图 22.30　不再检测到电阻 R4 存在的差异

如果试图增加额外电容 C3 对主设计进行更新，在仿真记录中将显示如下警告信息：

WARNING（ORCAP - 37003）：Could not add object '/Clk/C3' at the target design, as this operation is not supported

5. 关闭 SVS 窗口，打开 Test_Clock 测试平台设计。
6. 打开 **clock** 原理图。
7. 删除电容 C3，修改电容 C1 的参数值为 470n。
8. 保存并关闭 clock 原理图。
9. 打开主设计项目管理器，选中 Digital Counter.dsn 设计项目。选择菜单 **Tools > Test Bench > Diff and Merge**，检查主设计与测试平台设计之间的差异。
10. 从 SVS 窗口可知两设计之间仅存在参数值的差异，并用黄色进行标注。在图 22.31 中对 **/Digital Counter** 右侧的方框进行选定，然后单击 **Accept Left** 图标 对主设计进行更新。

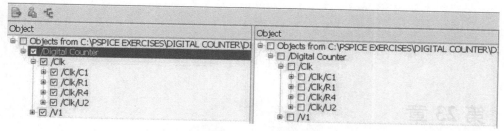

图 22.31　选择测试平台中的元器件参数进行更新

11. 图 22.32 所示的消息窗口将会出现,用来提示两设计之间不存在差异。图 22.33 为 SVS 窗口,里面没有任何输入信息。

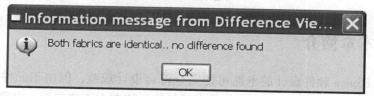

图 22.32　无设计差异

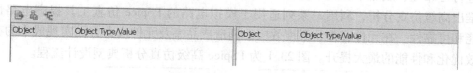

图 22.33　清除 SVS 窗口内容

注意:

按照选择电阻 R4 的参数值的步骤对电容 C1 的参数值进行选择,但是如果需要对大量的元器件参数值进行更新时,可以通过对整个测试平台进行更新以实现元器件参数值的更新。当选定整个测试平台时,在仿真记录中将会出现如下警告信息:

WARNING (ORCAP - 37003): Could not add object '/Clk/R1' at the target design, as this operation is not supported

直接忽略上述警告信息,继续对设计项目进行电路仿真。

第 23 章
高级仿真分析

23.1 本章简介

利用 PSpice 软件设计的电路可能完全符合设计规范，但由于元件容差和制造商安全工作限制范围的差异，导致电路性能始终存在不确定性。电路是否已经进行可靠性、成品率和成本优化，以期最大限度地提升电路性能。基于上述原因推出高级仿真分析，利用一系列适用于模拟电路的 PSpice 仿真工具提高电路性能和可靠性。在元件容差、温度效应、制造成品率及元件应力方面实现成本的有效优化和性能的最大提升。图 23.1 为 PSpice 高级仿真分析典型设计流程。

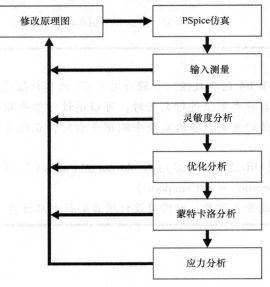

图 23.1 PSpice 高级仿真分析设计流程

通过分析已知输入激励源的响应输出波形即可对电路性能进行评估。对输出波形进行测量确定如下特性：高/低通 -3dB 转角频率、波形上升和下降时间、中心频率、占空比、压摆率等。用于电路输出变量的测量函数又称为测量表达式（Measurement Expression），虽然 PSpice 提供 50 多种测量表达式，但也可以根据实际测量要求创建对应的测量表达式。高性能分析章节（第 12 章）已经介绍过测量函数的使用方法及如何自定义测量表达式。数-模混合电路仿真章节（第 19 章练习 2）中还介绍使用测量表达式的典型实例，即使用 Period 和 Duty Cycle 测量表达式获得 555 定时器输出波形的周期和占空比。

测量表达式可从电路输出波形返回单个数值，作为电路性能量度。该数值可为单点 x-y 值、表达式、复合函数表达式、数学表达式或用户自定义表达式。

对于单点 x-y 值，测量曲线最大值和最小值为典型实例，还可测量压控电流源的一组输入电压所对应的输出电流。类似测量表达式还可测量脉冲发生器的输出周期。复合函数表达式可进行表达式组合测量，比如脉冲波形开通时间（Ton）和关断时间（Toff）。数学表达式用于测量增益、噪声系数等。

灵敏度分析（Sensitivity analysis）对整体电路性能至关重要的元器件进行识别，与次要元件相比更需要准确的容差。灵敏度分析的初步结果可用于最坏情况分析（Worst Case analysis）。将元件容差设置为最大极限值以评估电路可能存在的最大偏差。灵敏度既可以计算元件值 1% 变化的相对灵敏度，也可计算单位变化的绝对灵敏度。确定影响电路性能最为关键的元件之后，优化分析（Optimizer）将根据设计目标调整元件值，并最大限度地提高电路性能。优化分析还可以返回电阻和电容表中最接近于首选标准的元件值，例如电阻值为 E48、E96 和 E196。

使用修正后的元件值，蒙特卡洛分析（Monte Carlo analysis）通过在元件容差极限内随机改变元件值对电路性能进行预测。生成元件值统计分布，仿真运行次数越多，使用所有元件值的可能性就越大。蒙特卡洛分析输出使用其规定容差内的元件值时电路性能的鲁棒性或者成品率的情况。

蒙特卡洛分析结果显示为概率密度函数（PDF）直方图或累积分布函数（CDF），以及统计数据摘要。与 PSpice 蒙特卡洛分析不同，高级分析中的蒙特卡洛分析可以使用多个测量表达式。

应力分析（Smoke analysis）用于预测元件是否符合制造商规定的最大额定值。连续运行于接近最大额定值的元件可能承担较大应力，从而导致元件过早失效。应力分析时对最大运行条件进行降额，从而提供安全裕度。

参数测绘仪（Parametric Plotter）用于扫描多个参数以评估电路性能。所用参数可为模型参数或者电路设计参数。扫描结果将每个参数通过运行绘图仪生成的曲线显示在 PSpice Probe 中，仿真结果也会以电子表格形式输出。由于内容设置安排，本书暂且不对参数测绘仪的具体功能进行讲解。

23.1.1 高级仿真分析元件库

虽然高级仿真分析包含30多个元件库，其中包含MOC定义参数的标准元件库，但PSpice高级分析库并不限于此，几乎所有PSpice库中的仿真元件均可增加应力参数。模拟元件库中的无源元件为参数化元件，可用于应力分析，PSpice所支持的元件类型模型参数可以通过灵敏度分析和蒙特卡洛分析进行容差设置。

高级仿真分析元件地址：

C：\ Cadence \ SPB_17.2 \ tools \ capture \ library \ pspice \ advanls

PSpice模型与标准PSpice模型位于相同的地址：

C：\ Cadence \ SPB_17.2 \ tools \ pspice \ library

第 24 章
灵敏度分析

本章简介

灵敏度分析用于识别对电路性能最为敏感的元件。电路的灵敏度定义为电路输出测量值的变化与具有规定容差的电路参数值的变化之比。通常主要对电路增益、频率响应、噪声系数等进行灵敏度分析，尤其当元件值变化至容差极限值时。当明确每个元件对电路测量值的灵敏度之后，减小关键元件的容差，同时放宽其他非关键元件的容差。

灵敏度分析通常与瞬态分析、AC 或 DC 扫描分析联合工作，并利用测量函数对输出结果进行测量。当所有元件使用其标称值，即容差设置为 0 时进行初始标称值仿真。然后将各个元件的容差依次设置为其最大极限的 40%，同时将其他所有元件保持标称值，以确定每个元件对电路性能的影响。设置元件值的各自极限容差，然后运行最坏情况分析以确定测量结果的最大值和最小值。最坏情况分析不考虑元件参数的相互依赖性，并且假设元件的容差值在 40%～100% 线性变化，以及相对灵敏度计算时采用 1% 插值。

图 24.1 为灵敏度分析结果，详细列出了与标称测量值相比具有最大影响或偏差的元件。由图 24.1 可得，在顶部窗口灵敏度元件列表（Sensitivity Component Filter）中，R3 和 R4 为最敏感元件，而 R1 对电路性能影响最小。Specifications 窗口显示最坏情况结果，即 V（out）和 I（R5）的原始值、最大测量值和

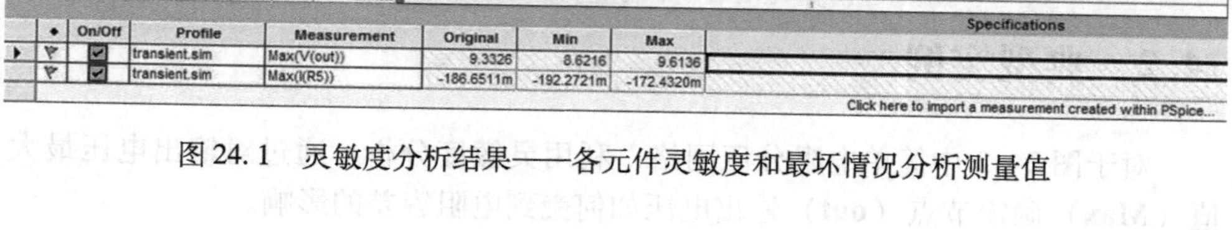

图 24.1 灵敏度分析结果——各元件灵敏度和最坏情况分析测量值

最小测量值。通常灵敏度分析按照线性进行计算，也可以按照对数进行计算，但是对数结果不显示在条形图中。

> **注意：**
> 高级分析中的灵敏度分析与 PSpice A/D 中的灵敏度分析不同。PSpice A/D 将容差属性和参数分配给每个元件，而非高级分析中使用 RELTOL 设置各个元件的容差值。

24.1 绝对灵敏度和相对灵敏度分析

灵敏度分析分为两种，绝对灵敏度分析和相对灵敏度分析。绝对灵敏度与参数值的单位变化有关，如电阻值改变 1Ω；而相对灵敏度与参数值的单位百分比变化有关，如电阻值改变 1%。高级分析不但计算绝对灵敏度而且计算相对灵敏度，但是由于电路中使用的典型电容值和电感值比较小，1F 的电容变化和 1H 的电感变化显得不切实际，因此在电容和电感电路中多使用相对灵敏度分析。灵敏度分析和最坏情况分析的结果写入日志文件，**View > Log File > Sensitivity**。

灵敏度分析按照如下公式进行计算：

绝对灵敏度

$$S_A = \frac{M_S - M_N}{P_N * S_V * \text{Tol}} \tag{24.1}$$

式中，M_S 为灵敏度分析运行之后的指定参数测量值；M_N 为标称运行测量值；P_N 为指定参数标称值；S_V 为灵敏度变化量（默认为 40%）；Tol 为指定参数相对容差。

相对灵敏度

$$S_R = \frac{M_S - M_N}{S_V * \text{Tol}} \times 1\% \tag{24.2}$$

式中，M_S 为灵敏度分析运行之后的指定参数测量值；M_N 为标称运行测量值；S_V 为灵敏度变化量（默认为 40%）；Tol 为指定参数的相对容差。

式 (24.1) 与式 (24.2) 关系如下：

$$\text{相对灵敏度} = \text{绝对灵敏度} \times P_N \tag{24.3}$$

24.2 典型实例

对于图 24.2 中简单电阻分压网络，利用灵敏度分析，通过对输出电压最大值（**Max**）确定节点（**out**）输出电压如何受到电阻容差的影响。

第 24 章 灵敏度分析

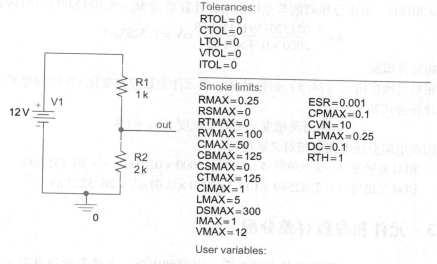

图 24.2 双电阻网络

图 24.2 中两电阻容差均设置为 2%，输出电压计算公式为

$$V_o = V_S \frac{R2}{R1 + R2}$$

R1 = 1000Ω ± 2% 或 R1 = 1000Ω ± 20Ω
R2 = 2000Ω ± 2% 或 R2 = 2000Ω ± 40Ω

利用标称值求得输出电压为

$$V_o = 12 \times \frac{2000}{1000 + 2000} V = 8V$$

对电路运行瞬态仿真分析，设置最大值（**Max**）测量函数（**Trace > Evaluate Measurement**），测量输出标称值为 8V。

高级分析最初使用电阻标称值运行仿真分析，并返回 M_N 测量值 8V。仿真结果通过日志文件进行查看，**View > Log File > Sensitivity**。

绝对灵敏度

高级分析随后将 R1 值设置为最大正向容差极限值的 40%，即 0.4 × 2 = 0.8%，下次仿真运行时使用的 R1 值设定为 (1 + 0.8%) × 1000 = 1008Ω。电阻分压器的节点的输出电压计算值为 M_S = 7.97872340425532V。

$$S = \frac{7.97872340425532 - 8}{1000 \times 0.4 \times 0.02} mV = -2.6596 mV$$

灵敏度为负值表明随着 R1 阻值增加，输出电压 Vout 从标称值开始减小。
电阻 R2 的设置方式与 R1 相似，将其阻值设置为最大正向容差极限值的

40%，即 $0.4 \times 2 = 0.8\%$，下次仿真运行时使用的 R2 值设定为 $(1+0.8\%) \times 2000 = 2016\Omega$。电阻分压器的节点输出电压计算值为 $M_S = 8.02122015915119\text{V}$。

$$S = \frac{8.02122015915119 - 8}{2000 \times 0.4 \times 0.02} \text{mV} = 1.3263\text{mV}$$

相对灵敏度

相对灵敏度由式（24.3）进行计算，即元件参数容差变化 1% 时的绝对灵敏度，计算公式如下：

$$\text{相对灵敏度} = \text{绝对灵敏度} \times P_N \times 1\%$$

因此电阻分压电路的相对灵敏度为

$$\text{相对灵敏度} = -2.6595745 \times 10^{-3} \times 1000 \times 0.01\text{mV} = -26.5957\text{mV}$$

$$\text{相对灵敏度} = 1.3262599 \times 10^{-3} \times 2000 \times 0.01\text{mV} = 26.5252\text{mV}$$

24.3 元件和参数容差分配

模拟元件库中的无源元件包括电阻、电容和电感，上述器件均具有容差属性，并且允许用户将标准对称容差值添加至元件属性中，例如 $10\text{k}\Omega \pm 2\%$。对于不对称容差，例如电解电容，通过高级元件库（**advanals > pspice_elem**）中的无源元件定义正向（POSTOL）和负向（NEGTOL）容差，如 $10000\mu + 20\%$，-30%。如果用户只定义 POSTOL 正向容差，默认情况 NEGTOL 与 POSTOL 设置值一致。

每个无源元件的容差值均可在属性编辑器（Property Editor）中单独设定，或者一次性对多个元件进行全局设置，既可使用高级元件库（**advanals > pspice_elem**）中的变量（**Variables**）完成，也可使用最新 17.2 软件版本中的分配容差（**Assign Tolerance**）窗口完成。

图 24.3 显示在属性编辑器中电阻容差（TOLERANCE）属性被设置为 2%。实际输入时无需在属性编辑器中输入百分号（%），但是如果需要在电路原理图中显示带百分号（%）的元件容差值，则可按照图 24.3 进行设置。

Source Part	R.Normal
TC1	0
TC2	0
TOLERANCE	2%
Value	1k
VOLTAGE	RVMAX

图 24.3 利用属性编辑器设置无源元件容差

如图 24.4 所示，利用变量 **Variables** 一次性对多个元件进行全局设置。在属性编辑器中容差（TOLERANCE）属性值设定为 RTOL，如图 24.5 所示，具有

RTOL 属性值的 4 个电阻将被分配 2%容差。

Advanced Analysis Properties

Tolerances:
RTOL = 2%
CTOL = 0
LTOL = 0
VTOL = 0
ITOL = 0

Smoke Limits:
RMAX = 0.25   ESR = 0.001
RSMAX = 0   CPMAX = 0.1
RTMAX = 0   CVN = 10
RVMAX = 100   LPMAX = 0.25
CMAX = 50   DC = 0.1
CBMAX = 125   RTH = 1
CSMAX = 0
CTMAX = 125
CIMAX = 1
LMAX = 5
DSMAX = 300
IMAX = 1
VMAX = 12

User Variables:

图 24.4 利用变量 Variables 将全局电阻容差 RTOL 设置为 2%

TC1	0	0	0	0
TC2	0	0	0	0
TOLERANCE	RTOL	RTOL	RTOL	RTOL
Value	12k	2k	1k	1k
VOLTAGE	RVMAX	RVMAX	RVMAX	RVMAX

图 24.5 利用变量 Variables 中的 RTOL 对元件容差进行全局设置

> **注意:**
> 单个无源元件设置局部容差值时可将全局容差覆盖。

从 17.2 版本开始,分配容差(**Assign Tolerance**)窗口(**PSpice > Advanced Analysis > Assign Tolerance**)可用于分配元件容差以及分配无源元件的蒙特卡洛分析。如图 24.6 所示,选定单个元件然后设置正负容差。

分配容差(**Assign Tolerance**)窗口还显示具有容差设置和用于蒙特卡洛分析的有源元件的 PSpice 模型和子电路参数。通过分配容差(Assign Tolerance)窗口打开模型编辑器(Model Editor),然后更新分配容差(Assign Tolerance)窗口以显示模型参数,如图 24.7 所示。

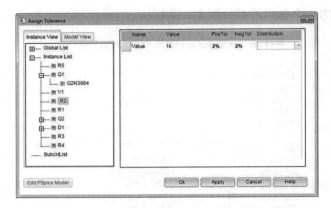

图 24.6 分配容差（Assign Tolerance）窗口

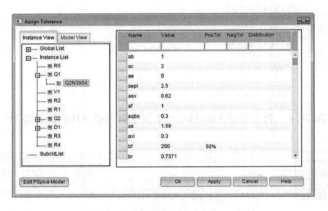

图 24.7 2N3904 的 PSpice 模型参数

注意：

对于 PSpice Advanced Analysis Lite 版本，灵敏度分析最多只能运行三个具有容差元件的电路，并且仅能指定一个测量函数。最大运行次数限制为 20 次。

注意：

对于以下练习，假设读者已经熟练使用第 5 章中的属性编辑器、第 7 章中的仿真设置和瞬态仿真分析，以及第 12 章中的测量函数。

24.4 本章练习

练习1：设置容差局部应力参数

1. 创建名称为 resistor_network 的新项目，命名项目后出现创建 PSpice 项目（**Create PSpice Project**）窗口的项目文件夹。在下拉菜单中选择 simple_aa.opj（见图 24.9），然后单击 **OK** 进行确定。

2. 使用模拟元件库中的电阻绘制图 24.8 中的电路。

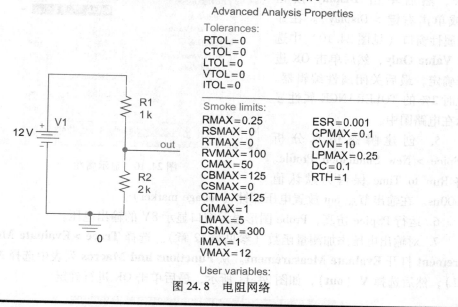

图 24.8 电阻网络

注意：

最新版本的 OrCAD 中首次打开原理图页面时自动显示变量（**Variables**）。如果选择"空项目"或者无意中删除变量（**Variables**），可以通过 **PSpice > advanals > pspice_elem** 元件库进行添加。

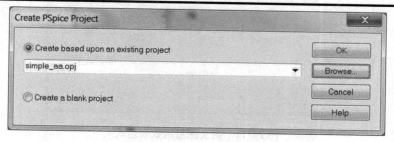

图 24.9 设置默认高级分析库

3. 利用属性编辑器为每个电阻分配 2% 的容差。按住 Ctrl 键并单击两个电阻以突出显示，然后双击其中一个电阻或者单击右键 > 编辑属性 (**rmb > Edit Properties**) 进行设置。两个电阻相关的属性将显示在属性编辑器中 (参见第 5 章)。

4. 在每个电阻的容差 (TOLERANCE) 属性对话框中输入 2%。选中 TOLERANCE 属性，以高亮显示电阻容差值 2%，然后单击 **Display** 按钮 (或单击右键 > Display)。在显示属性窗口 (见图 24.10) 中选择 **Value Only**，然后单击 OK 进行确定，最后关闭属性编辑器。此时 2% 的 TOLERANCE 属性显示在电路图中。

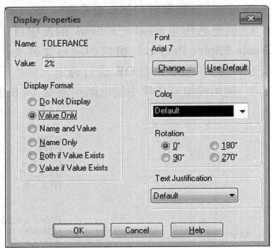

图 24.10 显示属性

5. 创建瞬态仿真分析 PSpice > New Simulation Profile。将 Run to Time 保留为默认值 1000ns。在输出节点 out 放置电压探针 (voltage marker)。

6. 运行 PSpice 仿真，Probe 图形显示窗口显示 8V 的输出电压。

7. 对输出电压添加测量函数 (参见第 12 章)。选择 **Trace > Evaluate Measurement** 打开 **Evaluate Measurement**。从 **Functions and Macros** 列表中选择 **Max (1)**，然后选择 **V (out)**，如图 24.11 所示，最后单击 OK 进行确定。

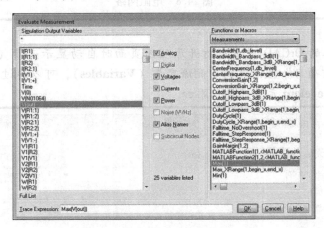

图 24.11 定义测量函数表达式

8. Probe 中测量表达式结果如图 24.12 所示。

图 24.12 测量表达式结果

9. 返回 Capture 然后进行灵敏度分析，**PSpice > Advanced Analysis > Sensitivity**。

注意：

如果弹出 **Cadence Product Choices** 选择菜单，只需选择 **PSpice Advanced Analysis** 即可。

10. 高级仿真分析（Advanced Analysis）将启动显示灵敏度（Sensitivity）分析窗口。首先导入测量函数进行分析。单击 **Specifications** 下方 **"Click here to import a measurement created within PSpice …"** 导入测量函数，在 **Import Measurement（s）** 窗口中单击 **Max[V(out)]** 测量函数并单击 OK 进行确定。最后单击绿色按钮运行灵敏度分析。

11. 图 24.13 为灵敏度仿真分析结果，分别显示 R1 和 R2 的绝对灵敏度值以及最坏情况结果，即 V（out）的最大值和最小值。

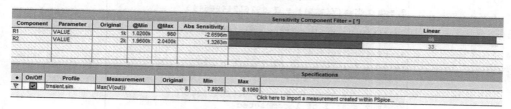

图 24.13 灵敏度分析结果

12. 通过菜单 **View > Log File > Sensitivity** 打开日志文件（Log File），对灵敏度运行摘要进行查看，具体如图 24.14 所示。

利用等式（24.1）对 R1 进行绝对灵敏度计算，结果如下：

$$S = \frac{7.97872340425532 - 8}{1000 \times 0.4 \times 0.02} \text{mV} = -2.6596\text{mV}$$

利用等式（24.1）对 R2 进行绝对灵敏度计算，结果如下：

$$S = \frac{8.02122015915119 - 8}{2000 \times 0.4 \times 0.02} \text{mV} = 1.3263\text{mV}$$

13. 在 **Sensitivity Component Filter** 下的顶部窗口任意位置单击鼠标右键，例如在 **Linear** 区域右键选择 **Display > Relative Sensitivity**（见图 24.15）。

```
Processing analysis specifications
Listing Profiles:
 - transient.sim
Simulation Run: 0 (Nominal Run)
Param : R1.VALUE   (R_R1.Value) = 1k
Param : R2.VALUE   (R_R2.Value) = 2k

Specs : Max(V(out)) = 8
Nominal run completed
Sensitivity runs underway.....

Simulation Run: 1
Param : R1.VALUE   (R_R1.Value) = 1.00800000000000k
Param : R2.VALUE   (R_R2.Value) = 2k

Specs : Max(V(out)) = 7.97872340425532
Sensitivity run: 1 of 2 completed

Simulation Run: 2
Param : R1.VALUE   (R_R1.Value) = 1k
Param : R2.VALUE   (R_R2.Value) = 2.01600000000000k

Specs : Max(V(out)) = 8.02122015915119
Sensitivity run: 2 of 2 completed
Sensitivity runs completed
Sensitivity bar lengths computed
Worstcase runs underway.....

Simulation Run: 3
Param : R1.VALUE   (R_R1.Value) = 1.02000000000000k
Param : R2.VALUE   (R_R2.Value) = 1.96000000000000k

Specs : Max(V(out)) = 7.89261744966443
Minimum run: 1 of 1 completed
Sensitivity minimum runs completed

Simulation Run: 4
Param : R1.VALUE   (R_R1.Value) = 980
Param : R2.VALUE   (R_R2.Value) = 2.04000000000000k

Specs : Max(V(out)) = 8.10596026490066
Maximum run: 1 of 1 completed
Sensitivity maximum runs completed
```

图 24.14　灵敏度分析日志文件

Component	Parameter	Original	@Min	@Max	Rel Sensitivity		Linear
R1	VALUE	1k	1.0200k	980	-26.5957m		50
R2	VALUE	2k	1.9600k	2.0400k	26.5252m		49

						Specifications	
●	On/Off	Profile	Measurement	Original	Min	Max	
▽	☑	trnsient.sim	Max(V(out))	8	7.8926	8.1060	
						Click here to import a measurement created within PSpice...	

图 24.15　灵敏度分析结果

利用等式（24.2）对 R1 进行相对灵敏度计算，结果如下：

$$S = \frac{7.97872340425532 - 8}{0.4 \times 0.02} \times 0.01 \text{mV} = 26.5957 \text{mV}$$

利用等式（24.2）对 R2 进行绝对灵敏度计算，结果如下：

$$S = \frac{8.02122015915119 - 8}{0.4 \times 0.02} \times 0.01\mathrm{mV} = 26.5252\mathrm{mV}$$

最大和最小测量值的最坏情况分析结果计算值如下：

灵敏度最小运行：R1 +2%，R2 −2%，V_o = 7.89261744966443 V。
灵敏度最大运行：R1 −2%，R2 +2%，V_o = 8.10596026490066 V。
图 24.15 中深灰色条表示数值为总灵敏度的百分比。

变量（**Variables**）用于无源元件（例如练习 1 中的两个电阻）分配全局容差。实际设置时利用 **Variables** 中全局 **RTOL** 容差属性替换 2% 容差，并将 **RTOL** 设置为 2%。如果已显示 2%，双击每个 2% 容差值并用文本 **RTOL** 进行替换。如果未显示百分比值，则使用属性编辑器将 2% 值替换为 **RTOL**。

使用 17.2 之后版本时利用 Assign Tolerances 窗口为各个元件分配容差，具体操作如下：**PSpice > Advance Analysis > Assign Tolerances**。

练习 2：

图 24.16 为利用运算放大器实现电压反馈的串联稳压电路。该电路输出电压为 9V ±5%，最大输出电流为 190mA。负载电阻 R4 的变化范围为 5%。

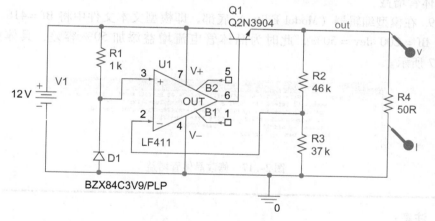

图 24.16　串联调整电路

1. 新建 PSpice 仿真工程并命名为 voltage_regulator，然后按照练习 1 中的操作选择仿真项目模板 simple_aa.opj。

2. 打开原理图页面。最新版本的 OrCAD 首次打开原理图页面时自动显示变量（**Variables**）。因为该电路利用分配容差（**Assign Tolerance**）窗口设置元件容差，所以删除 Variables。

3. 绘制如图 24.16 所示电路。务必在输出节点放置网络"out"。晶体管

2N3904 选自 eval. olb 或 bipolar 库，电阻选自 analog 库，齐纳二极管选自 phil_diode. olb 或 zetex. olb 库。

注意：

最新 17. 2 Lite 版 DVD 中附带全部 PSpice 元件库，也可以通过 OrCAD 网站或当地 Cadence 合作商（CCP）网站免费下载元件库，或者从安装完整版软件的使用者电脑中进行复制。

---

4. 选择菜单 **PSpice > Advanced Analysis > Assign Tolerance** 打开分配容差（**Assign Tolerance**）窗口。

5. 在 **Instance List** 中选择 R1 并双击 R1 的 **PosTol** 选项，然后输入 2%。接下来依次为电阻器 R2、R3 分配 2% 容差，为 R4 分配 5% 容差。

6. 关闭分配容差（**Assign Tolerance**）窗口，默认情况下 **NegTol** 与 **PosTol** 值相同，下次打开分配容差窗口可直接看到。

7. 打开分配容差（**Assign Tolerance**）窗口。

8. 选择 Q1，然后选择 Q2N3904，单击 **Edit PSpice Model** 打开模型编辑器修改晶体管增益。

9. 在模型编辑器（Model Editor）底部，即模型文本文件中将 Bf = 416. 4 修改为 Bf = 200 dev = 50%，此时为晶体管电流增益添加 50% 容差，具体如图 24. 17 所示。

Model Text

```
.model Q2N3904    NPN(Is=6.734f Xti=3 Eg=1.11 Vaf=74.03 Bf=200 dev=50% 416.4 Ne=1.259
+           Ise=6.734f Ikf=66.78m Xtb=1.5 Br=.7371 Nc=2 Isc=0 Ikr=0 Rc=1
+           Cjc=3.638p Mjc=.3085 Vjc=.75 Fc=.5 Cje=4.493p Mje=.2593 Vje=.75
+           Tr=239.5n Tf=301.2p Itf=.4 Vtf=4 Xtf=2 Rb=10)
*           National    pid=23            case=TO92
*           88-09-08 bam      creation
```

图 24. 17 修改晶体管增益

注意：

打开模型编辑器时自动创建与项目同名的晶体管 PSpice 模型文件副本，例如 power_supply. lib。原始晶体管模型文件保持不变。

---

10. 关闭模型编辑器（Model Editor）并保存。

11. 关闭分配容差（Assign Tolerance）窗口。

12. 设置瞬态仿真分析并使用默认运行时间（**Run to time**）1000ns。

13. 将 PSpice 电压探针添加至节点“out”，将电流探针添加至电阻 R4 底部引脚，这是因为电阻旋转后电流测量端位于电阻下端引脚 1。如果获得电流为负值，则电流从电阻引脚流出。务必确保电流探针连接至电阻引脚端。

14. 运行仿真。

15. 与练习1一致，对电路输出电压添加测量函数（参见第12章），具体操作如下：选择 **Trace > Evaluate Measurement**，打开 **Evaluate Measurement** 窗口，从 **Functions and Macros** 列表中选择 **Max（1）**，然后选择 **V（out）**，最后单击 OK 进行确定。对负载电流进行相同操作，选择 **Max（1）**，然后选择 **I（R4）**。上述设置完成之后所得测量结果应与图 24.18 相同。

图 24.18 查看测量结果

注意：

再次运行仿真时，通过菜单 **View > Measurement Result** 对先前测量结果进行读取，然后单击 **Evaluate** 中的方框对输出电压和输出电流测量值进行查看。

16. 返回 Capture 窗口，然后运行灵敏度（**Sensitivity**）分析：**PSpice > Advanced Analysis > Sensitivity**。

17. 高级仿真分析（Advanced Analysis）将启动灵敏度（Sensitivity）分析窗口。此时需要导入测量函数进行分析。单击 **Specifications** 下方的文本："Click here to import a measurement created within PSpice…"导入测量函数，在 **Import Measurement（s）** 窗口单击测量函数 **Max[V（out）]** 和 **Max[I（R4）]**，最后单击 OK 进行确定。

18. 单击绿色按钮运行灵敏度分析。

19. 图 24.19 为灵敏度分析结果，对电路元件的绝对灵敏度以及最坏情况分析结果进行具体数值显示，即 V（out）和 I（R4）的最大值和最小值。

图 24.19 电源电路的绝对灵敏度仿真结果

20. 在灵敏度元件过滤器（Sensitivity Component Filter）窗口任意位置单击右键，选择 **Display > Relative Sensitivity** 将显示图 24.20 相对灵敏度分析结果，包括电路元件相对灵敏度以及最坏情况仿真结果，即 V（out）和 I（R4）的最大值和最小值。

Sensitivity Component Filter = [*]						
Component	Parameter	Original	@Min	@Max	Rel Sensitivity	Linear
R3	VALUE	37k	37.7400k	36.2600k	-48.2742m	99
R2	VALUE	46k	45.0800k	46.9200k	105.7834u	99
R1	VALUE	1k	1.0200k	980	-668.2870u	1
R4	VALUE	50R	47.5000	52.5000	19.1408n	< MIN >
Q2N3904(model)	bf	416.4000	208.2000	624.6000	5.6598n	< MIN >

图 24.20　电源电路的相对灵敏度仿真结果

图 24.21 为 V（out）和 I（R4）最坏情况分析结果。

Specifications						
♦	On/Off	Profile	Measurement	Original	Min	Max
	☑	transient.sim	Max(V(out))	8.7801	8.5879	8.9801
	☑	transient.sim	Max(I(R4))	-175.6015m	-189.0542m	-163.5800m
		Click here to import a measurement created within PSpice...				

图 24.21　稳压电路的相对灵敏度分析结果

第 25 章
优 化 分 析

本章介绍

优化分析主要用来对已经正常工作的模拟电路进行优化，通过优化元件值或系统参数来提高电路性能。优化规范既可使用改变电路参数来确定电路性能的测量函数设置，也可使用输出波形曲线拟合设定。然后使用瞬态、直流或交流仿真测量结果评估电路的性能。然后使用目标函数和约束定义电路规格，从而优化已定义参数值变化范围的电路的性能。目标函数设置"宽松"的目标，此类目标可轻易实现，而约束设置则通过一系列优化步骤对测量函数输出进行限制。

一旦确定电路性能测量函数，只需定义提高电路性能的目标和约束条件即可。运行灵敏度分析得到对电路性能影响最大的参数。然后从灵敏度分析结果导入上述参数，或者直接从电路图中导入参数。元件参数最大值和最小值自动设定为标称值的 10 倍和 1/10，但极限值可根据实际设计进行修改。

25.1 优化引擎

优化分析包含三种优化引擎：改进最小二乘法（Modified LSQ）引擎、随机（Random）引擎、离散（Discrete）引擎。改进最小二乘法（LSQ）引擎是一种快速梯度引擎，能够快速收敛至最优结果。但是如果优化分析被"卡住"在数学上所谓的局部最小值中，则可使用随机引擎，因为随机引擎可选择优化起点。实现最优结果之后，离散引擎与商业化无源元件值离散表结合使用，模拟出真实电路的实际元件值。

优化引擎的有效性取决于诸多因素，如电路工作特性、优化电路参数数量、约束和目标范围，以及约束和目标数量。分析伊始就使参数变量的数量最小化能够加深对优化分析如何逼近最优目标的理解。

25.2 测量函数

测量函数从输出波形返回单个数值作为电路性能量度，例如上升时间、低通截止 -3dB 或用户自定义值。返回值为单点 x - y 值、基于函数组合的测量函数或用户自定义优化分析函数值。

25.3 优化分析设置

电路优化设置包括测量函数和自定义目标约束，在测量函数列表中至少定义一种目标函数。例如，设计幅值为 1mA 的方波电流脉冲电路，脉冲持续时间为 100ms ± 5%，脉冲周期为 500ms ± 5%。最大值测量函数（Max Measurement）用于测量最大电流，并且由于未指定范围，因此可将其设置为目标函数。周期测量函数（Period Measurement Expression）可用于 100ms 脉冲宽度的测量，约束限制为 95 ~ 105ms。同样可将周期测量用于脉冲周期，约束限制为 475ms 和 525ms。

设置某一优化测量权重函数可有效地放大每个数据点的误差，与其他规格相比，该测量进度在误差图中突出显示。例如，共有五种优化定义，由于权重函数默认设置为 1，因此无论目标或约束范围的初始误差范围如何，每个优化定义对优化初始时总误差的贡献均为 20%。如果优先考虑优化 A，将其权重设置为 6，将其他优化权重设置为 1，则总权重为 (6 + 1 + 1 + 1 + 1) = 10。A 对优化初始时总误差的贡献为 6/10 × 100% = 60%，其他均贡献 10%。误差图显示优化测量进度以及权重对测量逐渐收敛至最终解的影响。

优化进度通过改变元件参数来减少计算测量与定义目标或约束之间的差异或误差。误差图预示收敛至满足指定目标和约束的优化进度，并提供历史仿真数据。误差由最小均方确定，并显示为相对于运行次数的归一化百分比误差。误差计算公式如下：

$$\% \text{Error}_{RMS} = 100 \times \frac{ME_C}{ME_O} \times \frac{W}{\sum W}$$

式中　ME_C——当前测量值与所需范围（即约束）最近边界的差值；

　　　ME_O——原始测量值与所需范围（即约束）最近边界的差值；

　　　W——权重数；

　　　$\sum W$——权重总和。

注意：

建议将非线性参数定义为约束而非目标，并且必须至少设置一个目标函数，并且目标数量不应超过约束数量。

注意：

对于 PSpice Advanced Analysis Lite 版本，只能使用改进最小二乘法（Modified LSQ）引擎和随机（Random）引擎优化两个元件值和一个测量函数。

25.4 本章练习

练习1

根据第 24 章灵敏度分析结果，利用 R1、R2 和 R3 对电源性能进行优化。电路如图 25.1 所示。

1. 打开第 24 章灵敏度分析中的稳压电路。

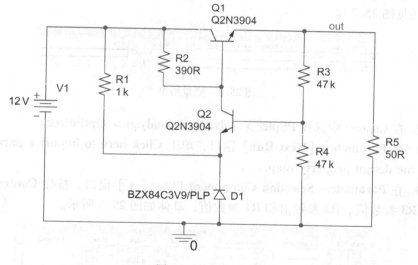

图 25.1 稳压电路

2. 选择 Q1，通过选择 **rmb > Edit PSpice Model**，删除 dev =50%，保留 Bf =200。
3. 设置瞬态仿真分析并使用默认运行时间（**Run to time**）1000ns。
4. 测量函数在灵敏度分析中设置，选择菜单 **View > Measurement Results** 在 PSpice 中对其进行查看。如果测量函数未设置，选择 **Trace > Evaluate**

Measurement打开 **Evaluate Measurement** 窗口，从 **Functions and Macros** 列表中选择 **Max（1）**，然后选择 **V（out）**，如图 25.2 所示，最后单击 OK 进行确定。

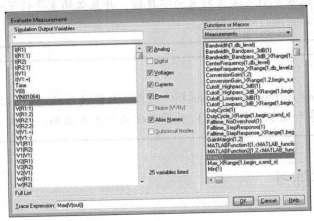

图 25.2 定义测量函数

5. 创建 R4 电流最大值（**Max**）测量函数，即 **MAX（I（R4））**。
6. 在 PSpice 中选择 **View > Measurement Results** 并单击 Evaluate 查看测量结果（见图 25.3）。

Evaluate	Measurement	Value
✓	Max(V(out))	8.78007
✓	Max(I(R4))	-175.60148m

图 25.3 测量结果

7. 在 Capture 中选择 **PSpice > Advanced Analysis > Optimizer**。
8. 在 **Parameters [Next Run]** 窗口，单击 **Click here to import a parameter from the design property map...**。
9. 在 **Parameters Selection Component Filter [*]** 窗口，按住 **Control** 键并选择 **R3** 参数值、**R2** 参数值和 **R1** 参数值，具体如图 25.4 所示。

♦	On/Off	Component	Parameter	Original	Min	Max	Current
▽	✓	R3	Value	37k	3.7000k	370k	
▽	✓	R2	Value	46k	4.6000k	460k	
▽	✓	R1	Value	1k	100	10k	
			Click here to import a parameter from the design property map...				

图 25.4 导入元件参数

10. 元件参数自动调整为标称值的 1/10 和 10 倍。按照图 25.5 所示更改参数范围。

第25章 优化分析

	On/Off	Component	Parameter	Parameters [Next Run] Original	Min	Max	Current
✓	✓	R3	Value	37k	27k	47k	
✓	✓	R2	Value	46k	27k	56k	
▶ ✓	✓	R1	Value	1k	910	2k7	
			Click here to import a parameter from the design property map...				

图 25.5　更改元件参数值

11. 设置测量函数，单击 **Click here to import a measurement created within PSpice...**，之前两个测量函数如图 25.6 所示。如未显示，打开 PSpice，选择 **View > Measurement Result**，确保两个测量函数的 **Evaluate** 按钮已选定。

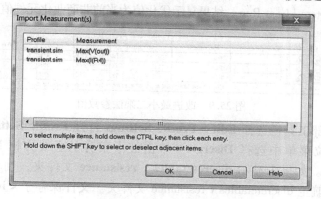

图 25.6　导入测量函数

12. 设计指标为 Vout = 9 V ±5%，I（R4）= 190 mA。因此 Vout 被约束在 8.55~9.45 V，I（R4）设定为目标。在 **Parameters [Next Run]** 窗口中，输入 Max（V（out））输入最小值 8.55、最大值 9.45。在 **Type** 下拉菜单中将目标（**Goal**）更改为约束（**Constraint**）（见图 25.7）。

13. **Max（I（R4））** 输入最大值 190m，保持 **Type** 为目标（**Goal**）。

Measurement	Specifications [Next Run]						
	Min	Max	Type	Weight	Original	Current	Error
Max(V(out))	8.5500	9.4500	Constraint	3			
Max(I(R4))		190m	Goal	1			
Click here to import a measurement created within PSpice...							

图 25.7　设置目标和约束

14. 顶部工具栏中默认显示改进最小二乘法（Modified LSQ）引擎，单击运行按钮。

15. 优化结果如图 25.8 所示。原始值 175.6015mA 中的负号表示与电阻 R4 引脚 1 相关的电流方向。依惯例，流入引脚 1 的电流为正。电路中将 R4 旋转一次，则引脚 1 位于电阻底部，因此电流从引脚 1 流出，即显示为负。

图 25.8 改进最小二乘法优化结果

> **注意：**
> 如果未实现优化值，检查参数值与约束限制的接近程度。如果太接近则增大限制，然后再次运行优化分析。

16. Parameters [Next Run] 结果显示优化值为当前非商业化元件值（见图 25.9）。

图 25.9 改进最小二乘法参数值

17. 从顶部工具栏选择 **Edit > Profile Settings** 打开 **Profile Settings** 窗口，并从 **Engine** 下拉菜单中选择 **Discrete**。单击红十字旁的虚线方框 **New**（**Insert**）（见图 25.10）。如果未显示 **discretetables \ resistance** 文件夹，则单击三个省略号（...）导航至 discretetables \ resistance 文件夹。文件保存于 < install path > \ tools \ pspice \ library \ discretetables \ resistance。

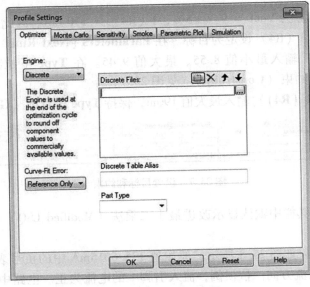

图 25.10 添加离散元件表

18. 选择 the res1%. table 并在 Part Type 下拉菜单中选择 Resistance，如图 25.11 所示。单击 OK 并关闭 Profile Settings 窗口。

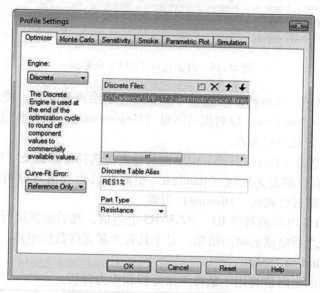

图 25.11 选择 1% 电阻表

19. 在下拉菜单中将改进最小二乘法（Modified LSQ）引擎修改为离散（Discrete）引擎。

20. 在 Parameters [Next Run] 窗口单击 R1 的 Discrete Table 框，然后从下拉菜单中选择 Resistors—1%。对 R2、R3 重复同样操作，如图 25.12 所示。

图 25.12 添加 1% 电阻表

21. 再次运行离散（Discrete）引擎仿真。
22. 图 25.13 所示为优化结果。

图 25.13 使用 1% 电阻的优化结果

23. 图 25.14 所示为离散 1% 电阻参数值。

On/Off	Component	Parameter	Discrete Table	Original	Min	Max	Current
✓	R3	Value	Resistor - 1%	37k	27k	47k	27.4000k
✓	R2	Value	Resistor - 1%	46k	27k	56k	35.7000k
✓	R1	Value	Resistor - 1%	1k	910	2k7	2k

图 25.14 商业化可用的 1% 电阻值

24. 在误差图（Error Graph）中单击鼠标左键会出现光标，将光标移至先前运行编号（Run Numbers）以对先前测量（Measurement）数据和当前测量结果和误差（Error）变化进行查看。

25. 在误差图（Error Graph）中单击鼠标右键选择清除历史（Clear History）。

26. 将仿真引擎改为随机（Random）引擎然后运行仿真分析，所得结果基本一致，但仍需运行离散（Discrete）引擎。

27. 使用 1% 电阻值替换 R1、R2 和 R3 电阻值，然后重新运行 PSpice 瞬态仿真以确认优化之后电路的输出结果。对于具有大量元件数的电路，在电阻上单击右键并选择 **Find in Design**。

修改之后的电阻值将用于蒙特卡洛分析和应力分析。

注意：
如果进行新的优化分析，建议将光标放于误差图（Error Graph）中，并选择 **rmb > Clear History** 删除 Parameters [Next Run] **Current** 中的数值。

优化之后的电源电路如图 25.15 所示。

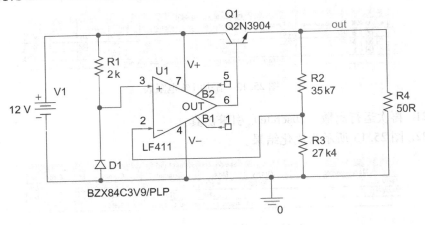

图 25.15 优化之后的电源电路

练习 2

曲线拟合可用于模型参数的优化，以与数据表或测量数据特征图相匹配。曲线拟合也可用于电路输出波形相对于参考波形的测量。利用 Y at X 曲线表达式（Trace Expression）测量参考波形中的单点数据。曲线拟合由测量数据点参考文件和相应的测量值组成。使用测量函数设置优化规则，然后通过改变电路参数确定电路性能。通常利用瞬态、直流或交流仿真分析测量结果评估电路性能。

1. 选择菜单 **File > Open > Demo Designs**，然后选择 **the Optimization using Curve – Fitting** 设计。
2. 该电路为 4 极点低通滤波器。
3. 设置交流对数扫描分析，频率从 100Hz 至 1kHz。
4. 运行仿真，显示电路幅频特性曲线。
5. 从顶部工具栏中选择 **PSpice > Advanced Analysis > Optimizer**。优化分析按照图 25.16 所示进行设置，并选择曲线拟合（Curve Fit）选项卡。
6. 曲线表达式（Trace Expressions）已设置为测量滤波器输出幅值（dB）和相位值。参考文件包含滤波器所需幅值、相位响应波形数据的文本。
7. 单击/reference.text 框，然后选择带有三个冒号的方形图标。弹出窗口显示 Schematic 1 文件夹内容：ac 和 bias 文件夹以及参考文件。

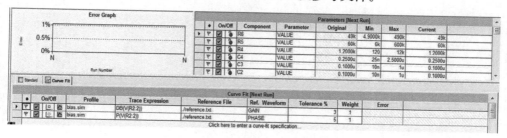

图 25.16　曲线拟合优化分析设置

8. 选择参考文件并使用写字板打开文件（**rmb > Open with > Wordpad**）。参考文件包含频率、相位和增益数据列表。关闭写字板并取消打开窗口。
9. **Ref. Waveform** 下拉菜单中列出参考文件中的 GAIN 和 PHASE 名称。容差值与使用优化参数进行误差计算的 Gears 方法结合使用，具体设置位于 Profile Settings 中的 **Curve – Fit Error**。通过顶部菜单栏选择 **Edit > Profile Settings > Optimizer**。
10. 关闭 **Profile Settings**。
11. 关于 Gears 的更多信息请参阅 PSpice Advanced Analysis 用户指南。
12. 选择改进最小二乘法（Modified LSQ）引擎并运行优化仿真。误差图中包含增益和相位曲线。仿真结果表明已实现参数优化，优化元件值显示在 Pa-

rameters [Next Run] 窗口表格中（见图 25.17）。

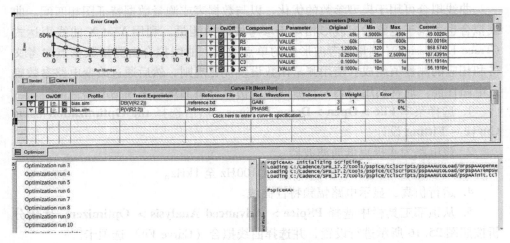

图 25.17 曲线拟合优化结果

13. 返回 PSpice 界面，Probe 窗口显示优化之后的增益和相位曲线图。

第 26 章
蒙特卡洛分析

26.1 本章简介

第 10 章已经讲解过蒙特卡洛分析,总体而言,蒙特卡洛分析用于评估电路元件参数随容差变化时电路的统计性能。新元件值遵循统计分布。电路根据元件值和模型容差值进行若干次仿真分析(直流、交流或瞬态)。增加仿真次数将会相应增加每次仿真中的元件容差值。统计结果会输出限定容差范围内不同元件值的电路性能中的鲁棒性或成品率。然而使用 PSpice A/D 时,对每个预设测量值只能运行一次蒙特卡洛分析,而高级分析允许为单次蒙特卡洛分析预设多个测量值。任何 SPICE 模型和子电路参数也可添加容差值,即第三方模型或从制造厂商的网站上下载的模型也能运行蒙特卡洛分析。

蒙特卡洛分析结果显示为概率密度函数(PDF)或累积分布函数(CDF)和统计数据摘要。蒙特卡洛分析能够通过 PDF 中最大值和最小值光标进行限制值更新。PDF 蒙特卡洛仿真结果如图 26.1 所示。与此同时增加图形数量获得更精细的统计分辨率,也可改变默认随机种子数值以生成不同数据,该功能有助于用户利用相同次数的蒙特卡洛仿真来对比分析不同的数据值。蒙特卡洛仿真中的原始数据也可以从原始测量(Raw Measurements)(见图 26.1)中获得。

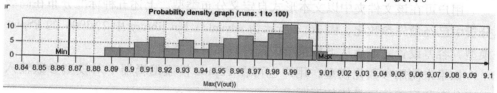

图 26.1 概率分布函数

蒙特卡洛仿真分析仅允许出现预设容差值元件或模型参数。蒙特卡洛分析从第 1 次开始运行(元件容差值设置为 0),并对连续运行进行编号,如此便可对敏感元件值有选择性地重新运行蒙特卡洛分析，而不必重新运行全部仿真。运行蒙特卡洛仿真时所用默认随机种子数为 1。如果用户更改种子数值，预设相同的仿真次数下可以获取不同数据值（即使预先设定相同的仿真次数）。蒙特卡洛分析的最大运行次数取决于系统内存容量。

概率分布曲线决定元件和模型参数标称值与容差限制值之间的偏差。通常情况下分布曲线平坦并且均匀分布，即每个参数值出现的概率相同。另一种为高斯分布，即制造业中较为常见的钟形曲线，与边缘侧容差极限值相比，元件值更加集中于中心值附近。高斯分布通常以平均值（μ）和标准差（σ）进行表征。标准差为衡量各测量值与平均值之间偏离程度的参数。1σ 标准差表明全部测量值中约 68.26% 处于范围内。由蒙特卡洛高级分析计算可知，3σ 时概率对应 99.73%，6σ 时概率对应 99.999998%。需要说明的是，平均值为所有测量值除以总运行次数，中位数表示所有测量值的中间值。

PDF 以直方图或柱状图形式输出特定范围测量值。直方图轮廓近似描述测量值分布情况。CDF 实际为累积 PDF 概率，使得测量值小于或等于指定范围的概率通过 CDF 中 y 轴累积的运行次数来确定（见图 26.2）。

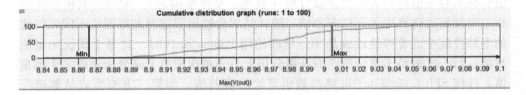

图 26.2　累积分布函数

蒙特卡洛分析使用五种标准容差值分布类型：均匀分布、高斯分布、高斯 0.4 分布、BIMD4.2 分布和 SkyW4.8 分布。上述分布可在如下文本文件中进行设定：

<安装路径> \tools\pspice\library\distribution

用户可在该文件夹中以文本形式自定义分布类型。上述五种标准分布在高级分析中已经预先参数化，图 26.3 所示为 advanls\bjn library 中 2N3904 的 PSpice 模型，容差设置完成后从下拉菜单中选择具体分布类型。

如果未使用参数化模型，用户也可在 PSpice 模型编辑器中对模型参数输入对应分布和容差值，具体如下所示：

BF = 200 dev/gauss0.4 = 40%

BF = 200 dev/BIMD4.2 = 20%

BF = 200 Skew4.8Q = 20%

第 26 章 蒙特卡洛分析 321

Property Name	Description	Value	Default	Unit	Distribution	Postol	Negtol	Editable
IS	Saturation current	1.728E-16	0.1f	A				☑
BF	Maximum forward beta	254.395	100		FLAT ▼	40		☑
NF	Ifwd emission coef.	0.85	1		FLAT			☑
VAF	Fwd early voltage	10	100MEG	V	bimd.4.2			☑
IKF	Hi cur. beta rolloff	0.0163741	10	A	gauss			☑
ISE	B-E leakage cur.	9.97446E-15	1E-13	A	gauss0.4			☑
NE	B-E leak emis. coef.	1.20863	1.5		skew.4.8			☑
BR	Max reverse beta	0.1	1					☑
NR	Irev emission coef.	0.891964	1					☑
VAR	Rev. early voltage	7.74046	100MEG	V				☑
IKR	Hi Irev beta rolloff	0.163741	100MEG	A				☑
ISC	B-C leakage cur.	9.97446E-15	1E-15	A				☑
NC	B-C leak emis. coef.	2.84343	2					☑
RB	Zero bias Rbase	28.3394	0	Ohm				☑
IRB	Rbase cutoff current	0.01	100MEG	A				☑
RBM	Min base resistance	0.01	0	Ohm				☑
RE	Emitter resistance	0.00133911	0	Ohm				☑
RC	Collector resistance	2.08453	0	Ohm				☑
XTB	Beta temp. exponent	1.20888	0					☑

图 26.3 2N3904 的参数化 PSpice 模型

注意：

用户可使用 TOL_ON_OFF 属性从蒙特卡洛分析中过滤特定元件（即使该元件已经预设容差值）。使用属性编辑器添加 TOL_ON_OFF 属性并相应设定 OFF 值或 ON 值。

26.2 本章练习

练习 1

图 26.4 所示为第 25 章中优化之后的稳压电路，进行瞬态仿真分析并创建测

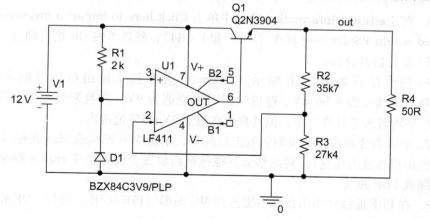

图 26.4 优化之后的稳压电路

量函数（按照第 25 章练习 1 中步骤 1~6 进行操作）。

1. 优化结果表明电阻 R1、R2 和 R3 的阻值优化为 1% 的精度。如果电阻 R1、R2 和 R3 未设定容差值，则设定 1% 容差值。负载电阻 R4 设定 5% 容差值。

2. 在 Capture 中选择菜单 **PSpice > Advanced Analysis > Monte Carlo**。

3. 通过顶部工具栏中选择 **Edit > Profile Settings**…设置运行次数为 100，数据量设置为 20（见图 26.5），然后单击 OK 进行确定。

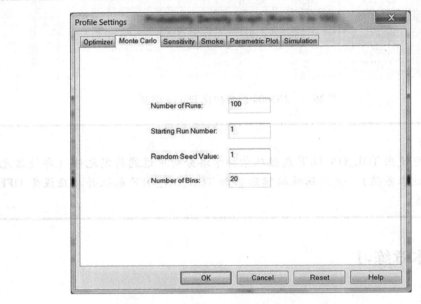

图 26.5　运行次数设置为 100、数据量设置为 20

4. 在 **Statistical Information** 窗口中单击 **Click here to import a measurement created within PSpice**…选择 V（out）和 I（R4），然后单击 OK 进行确定。

5. 运行仿真分析。

6. 仿真结果如图 26.6 所示。V（out）分布显示输出电压可能下降至 8.870V，平均值为 8.9678V。理想状态下平均值为 9V，并且两侧均匀分布。V（out）平均值为非对称分布，但其数值在规定 9V±5% 范围内。

7. 如果需要对指定范围的数值进行测量，单击 Min 光标或 Max 光标（选定后颜色由黑色变为橙色），然后移动并拖拽至新位置。或者选择 **rmb > Zoom Fit** 重新缩放 PDF 曲线。

8. 在 PDF 曲线中单击鼠标右键选择 MC 图形（PDF/CDF）进行 CDF 分布显示（见图 26.7）。

第 26 章 蒙特卡洛分析

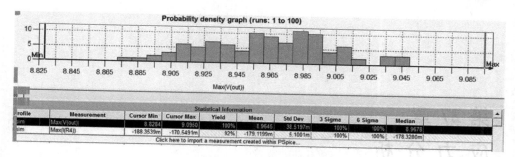

图 26.6 概率分布函数

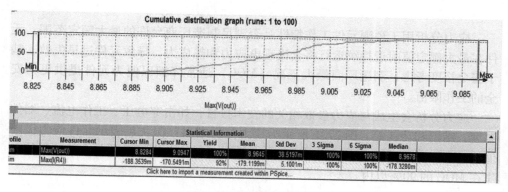

图 26.7 累积分布函数

第 27 章
应 力 分 析

应力分析用于预测元件工作特性是否满足制造厂商允许的最大额定范围。元件在最大额定值附近持续运行将会出现电应力和热应力，导致元件过早失效。基于安全裕度考虑，制造厂商最大工况（MOC）通常降额以便为元件提供更为安全的工作限值。

应力分析会生成与应力参数相关的技术报告，如击穿电压、工作电流、器件温度、结温和功耗等。图 27.1 所示为应力分析结果：深灰色表示元件应力极限值超过 MOC，浅灰表示极限值高于 MOC 的 90%，中灰表示元件各参数极限值工作在 MOC 的 90% 以内。

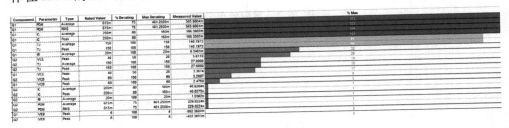

图 27.1　应力分析仿真结果

应力分析允许为元件设定 MOCs 参数（参数值由制造商数据表提供）。高级分析元件库已经设定相应的应力参数，最新版 Cadence 17.2 能够为每个元件添加应力参数（除个别元件外）。通过 PSpice 模型编辑器对有源元件设置应力参数值；对于无源元件，或者为单一元件添加应力参数值，或者利用 **Design Variables** 添加全局参数（见图 27.2）。

Assign Tolerance 窗口显示电路所有元件、元件容差及对应模型，利用 PSpice 模型编辑器打开 Assign Tolerance 窗口，具体如图 27.3 所示。

第 27 章 应力分析

Advanced Analysis Properties

Tolerances:
RTOL = 0
CTOL = 0
LTOL = 0
VTOL = 0
ITOL = 0

Smoke Limits:
RMAX = 0.25
RSMAX = 0.0125
RTMAX = 200
RVMAX = 100
CMAX = 50
CBMAX = 125
CSMAX = 0.005
CTMAX = 125
CIMAX = 1
LMAX = 5
DSMAX = 300
IMAX = 1
VMAX = 12
ESR = 0.001
CPMAX = 0.1
CVN = 10
LPMAX = 0.25
DC = 0.1
RTH = 1

User Variables:

图 27.2 Design Variables 中无源元件默认全局极限值

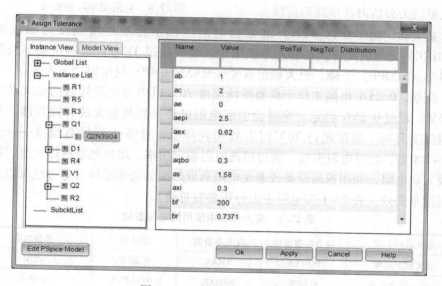

图 27.3 Assign Tolerance 窗口

27.1 无源元件的应力参数

无源元件包括电阻、电容、电感和电源,属于 analog 或 pspice_elem 库,上述元件必须工作于给定额定温度范围内,温度超出额定值时输出参数必须进行降额处理,以保障元件在环境温度不断升高时能够可靠工作。

27.1.1 电阻应力参数

应力分析对电阻最大功耗、最高温度以及最大压降进行计算并显示。众所周知,电流流过电阻时产生热量,导致温度升高进而影响电阻正常工作。电阻额定功率最大值与环境温度极限值时消耗的热量有关,一旦温度超过该极限值,会导致电阻性能下降或失效。超出温度极限值时功率(以热量形式消耗)按照最大额定功率值的指定百分比下降。图 27.4 为某电阻应力分析时功率降额曲线。

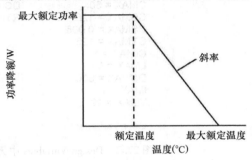

图 27.4 电阻功率降额曲线

最大额定功率(POWER)通常指电阻工作于标准环境温度与额定温度(TKNEE)之间时允许消耗的功率极限值。温度超过 TKNEE 时额定功率按照指定斜率(SLOPE)下降,最大额定温度(MAX_TEMP)处电阻功率为零。

例如,0.25W 电阻工作于典型环境温度 70℃ 以内时允许耗散的最大功率为 0.25W,超过 0.25W 额定功率时会引起电阻过热并且热量无法有效耗散,导致电阻温度升高。温度超过 70℃ 时有效功耗降低,直至达到最高温度——通常 150~200℃,此时电阻失效。通过提高电阻额定功率、增加电阻散热气流、使用等效并联电阻、利用通风设备或避免电阻靠近热源如功率晶体管等方法可以避免电阻过早失效。表 27.1 为电阻应力分析参数总结。

表 27.1 应力分析中使用的电阻参数

最大运行工况	应力参数属性	应力参数值	默认值	参数名称
最大额定功率	POWER	RMAX	0.25W	PDM
功率—温度斜率	SLOPE	RSMAX	0.0125W/℃	未显示
最大额定温度	MAX_TEMP	RTMAX	200℃	TB
额定电压	VOLTAGE	RVMAX	100V	RV

应力分析时电阻降额曲线通过额定温度(TKNEE)与最大额定温度(MAX_

TEMP）进行设定，两者均与功率降额曲线斜率（SLOPE）相关。设计人员通过变量输入 SLOPE 参数值、计算 TKNEE 值，或者使用属性编辑器添加电阻 TKNEE 属性，具体设置参见本章实例1。

27.1.2 电感应力参数

应力分析显示额定直流电流、最大介电强度以及由等效串联电阻（ESR）和电感温升引起的最大功率损耗。

电感由缠绕在空气心或铁氧体磁心上的绝缘线圈绕制而成，电流流过线圈时的平均有功功率以热量形式消散，该热量值与线圈固有直流电阻有关。一旦超过电感直流电流的最大额定值，电感出现饱和效应。由于线圈电阻也产生自身热损耗，导致电感温升引起线圈绝缘材料失效。同样，超过电感电压最大额定值时绝缘将被击穿，进而导致线圈短路和过热。对于磁心绕组电感和变压器，流过电感线圈的电流产生热量导致温度升高，影响铁氧体磁心材料的性能（磁心饱和等级随温度升高而降低，进而导致电感量减小）。

制造商通常规定最高环境温度范围内保证电感可靠工作的最大电感电流额定值（DC）和最大电压额定值。应力分析未计算电感电流随温度变化的降额情况。

电感固有的直流电阻引起的功耗取决于流过电感的平均电流，该功耗导致电感温度高于环境温度。制造商将平均电流定义为 Irms，并规定高于环境温度时的最大允许温升，最大允许温升和最高环境温度共同决定电感的最高温度（MAX_TEMP）。

同时规定与电感磁心饱和度相关的额定饱和电流（Isat）。应力分析包含与电感相关的 4 种参数：饱和直流电流、温升、击穿电压和最大电流，具体参见本章实例2。表27.2为电感应力分析参数总结。

表27.2 应力分析中使用的电感参数

最大运行工况	应力参数属性	应力参数值	默认值	参数名称
额定电流	CURRENT	LMAX	5A	LI
直流电流	DC_CURRENT	DC	0.1A	LIDC
介电强度	DIELECTRIC	DSMAX	300	LV
串联电阻引起的最大功耗	POWER	LPMAX	0.25W	PDML
直流电阻	DC_RESISTANCE	ESR	0.001Ω	未显示
温升	RTH	THERMR	1℃	TJL
最高温度	MAX_TEMP	LTMAX	125℃	未显示

注意：

PDML 参数为 ESR 对应的功率值，通过 Variables 进行设置。

analog.olb 库中的标准电感未提供 ESR 属性，设计人员必须使用 analog.olb 中的 L_t 元件对其进行设置。

提示：进行应力分析时，参数名称以缩写形式显示，如需查看参数的完整名称，按照图 27.5 所示选择 rmb > Parameter Descriptions 进行具体操作。

Component	Parameter	Type	Rated Value	% Derating
L1	Maximum temperature	Peak	125	100
L1	Maximum temperature	Average	125	100
R1	Maximum breakdown temperature	Peak	200	100
R1	Maximum power dissipation	RMS	25	69.8869
R1	Maximum breakdown temperature	Average	200	100
R1	Maximum power dissipation	Average	25	80.0017
L1	Maximum current	Peak	5	100
L1	Maximum current	RMS	5	100
L1	Maximum power loss	Average	500m	100
L1	Maximum power loss	RMS	500m	100
R1	Maximum voltage	Peak	100	100
R1	Maximum voltage	RMS	100	100
L1	Maximum current	Average		
L1	Dielectric breakdown	Average		
L1	Dielectric breakdown	Peak		
L1	Dielectric breakdown	RMS		
L1	DC current	Average		
R1	Maximum voltage	Average		

图 27.5　参数完整名称显示

27.1.3　电容应力参数

通过应力分析对电容额定电压的最大值、纹波电流最大值、反向电压最大值、ESR 最大损耗和电容温升进行计算与显示。

电压与温度会影响电容的可靠性及其工作性能。电容能够连续工作的环境温度范围称为温度区间，通过温度上限值与下限值进行定义。额定温度（温度区间上限值）定义如下：未超过额定电压时电容能够连续工作的最高环境温度。电容额定电压一旦超过最大值将导致电介质击穿。通常情况下制造商提供电压降额指导准则以提高电容长期工作的可靠性。图 27.6 为电容应力分析中电压—温度降额曲线。

额定电压指电容能够连续工作的直流电压最大值，也称作工作电压（通常

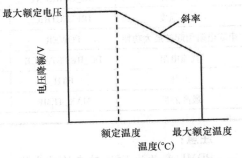

图 27.6　电容应力分析中电压—温度降额曲线

印刷在电容器的壳体上）。额定温度（KNEE）指电容在额定电压下连续工作的最高环境温度。纹波电流最大值指电容流入、流出的交流电流有效值，该电流产生热量并导致 ESR 功率耗散（PDML）。电解电容和非电解电容均可进行应力分析。利用 CVN 参数对瞬间反向暂态电压进行描述。电容工作时的最高环境温度由 MAX_TEMP 进行设定。表 27.3 为电容应力分析参数总结。

表 27.3 应力分析中使用的电容参数

最大运行工况	应力参数属性	应力参数值	默认值	参数名称
纹波电流最大值	CURRENT	CIMAX	1A	CI
额定电压	VOLTAGE	CMAX	50V	CV
反向电压最大值	NEGATIVE_VOLTAGE	CVN	10V	CVN
串联电阻引起的最大功耗	POWER	CPMAX	0.1W	PDML
温度降额斜率	SLOPE	CSMAX	0.005V/℃	未显示
转折温度	KNEE	CBMAX	125℃	未显示
温升	RTH	THERMR	1℃	TJL
最高温度	MAX_TEMP	CTMAX	125℃	未显示
等效串联电阻	ESR	ESR	0.001Ω	未显示

不同电介质电容的额定温度存在差异，与非电解电容（例如陶瓷、聚酯及其他塑料薄膜电容）相比，铝电解电容、钽电容的工作电压与温度相关，电容值及其漏电流同样由温度决定。电解电容和非电解电容均可进行应力分析，以便对其反向暂态电压进行测试。CVN 参数用于定义负极性额定电压。

注意：
analog.olb 库中的标准电容未提供 ESR 属性，设计人员必须选用 analog.olb 库中的 C_t 或者 C_elect 电容进行 ESR 等相关特性测试，具体参考本章实例 3。

27.2 有源元件的应力参数

能够进行应力分析的半导体器件包括二极管、二极管桥式整流器、齐纳二极管、双极型晶体管、JFET、MESFET、MOSFET、功率 MOSFET、双极 MOSFET、IGBT、LED、光耦合器、压敏电阻和晶闸管。

27.2.1 双极型晶体管

功率放大器或功率开关电路通常使用双极型晶体管，此时双极型晶体管必须工作于安全工作区,以避免过多功耗导致的器件过早失效。制造商提供降额曲线以表征连续功耗最大值—集电极结温(也称为表面温度)特性。对于硅晶体管,工作范围通常规定为室温 25 ~150℃。

晶体管功率降额曲线如图 27.7 所示。晶体管表面温度与集电极—基极结温(T_J)相关。晶体管结的热阻(Θ_{JA})由结—表面热阻(R_{JC})(通常为固定值)与表面—环境热阻(R_{CA})组成。利用散热器能够有效增加晶体管表面积以降低表面—环境热阻值。对于功率晶体管,集电极—基极具有较大面积以快速消散结上的热量。表 27.4 为双极型晶体管(BJT)应力分析参数总结。

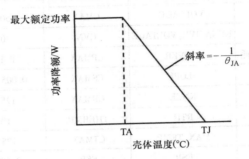

图 27.7 晶体管功率降额曲线

表 27.4 应力分析中使用的双极型晶体管参数

半导体器件	最大运行工况	应力参数属性与符号属性名称	应力窗口显示的参数名称
BJT	基极电流最大值(A)	IB	IB
BJT	集电极电流最大值(A)	IC	IC
BJT	最大额定功率(W)	PDM	PDM
BJT	热阻,表面—环境(℃/W)	RCA	用于结温计算
BJT	热阻,结—表面(℃/W)	RJC	未显示
BJT	二次击穿电流(A)	SBINT	未显示
BJT	TJ 处降额百分比(二次击穿)	SBMIN	未显示
BJT	二次击穿斜率	SBSLP	未显示
BJT	温度降额斜率(二次击穿)	SBTSLP	未显示
BJT	最高结温(℃)	TJ	TJ
BJT	集电极—基极电压最大值(V)	VCB	VCB
BJT	集电极—发射极电压最大值(V)	VCE	VCE
BJT	发射极—基极电压最大值(V)	VEB	VEB

第 27 章 应力分析

半导体器件应力分析参数通过其 PSpice 模型进行定义，使用 PSpice 模型编辑器（通过电路图或开始菜单进行打开）对应力参数进行查看。电路中设计人员通过选定晶体管并且选择 rmb > PSpice Model Editor 进行模型应力参数编辑，详见本章实例 4。图 27.8 为晶体管 Q2N3904 的应力参数及其具体数值。

Smoke Parameters

These are Device Maximum Operating condition parameters required for Smoke Analysis

Device Max Ops	Description	Value	Unit
IB	Max base current		A
IC	Max collector current		A
VCB	Max C-B voltage	60	V
VCE	Max C-E voltage	40	V
VEB	Max E-B voltage	6	V
PDM	Max pwr dissipation		W
TJ	Max junction temp	150	C
RJC	J-C thermal resist	83.3	C/W
RCA	C-A thermal resist	116.7	C/W
SBSLP	Second brkdown slope		
SBINT	Sec brkdwn intercept		A
SBTSLP	SB temp derate slope		%/C
SBMIN	SB temp derate at TJ		%

图 27.8 双极型晶体管应力参数分析

其他类型的半导体器件模型及其应力参数可通过在线 PSpice 高级分析用户指南进行查询。

注意：

应力分析仅对已经设定数值的参数进行仿真计算。通过仿真分析报告（View > Log File > Smoke）对未进行应力测试的项目进行查看。例如图 27.7 中，未对 IB、IC 和 SB 进行应力测试。

注意：

可对元件或层模块是否进行应力仿真分析进行具体设置，通过 **Property Editor** 属性编辑器单击 **Filter By**：选择 **Capture PSpiceAA** 并将 SMOKE_ON_OFF 设置为 OFF。

27.3 降额因子

很多制造商为其元件提供 MOC 的同时也提供降额准则，以保证元件工作于安全限值（SOL）内。SOL 定义如下：

$$SOL = MOC \times derating\ factor \qquad (27.1)$$

例如，当电容的 Vmax 为 200V 时，如果使用 75% 降额对其进行应力分析，当电容两端电压超过 150V 时，仿真结果将显示为红色。

设计人员可为任一支持应力分析的器件类型定义不同的降额准则，并且为每种准则定义唯一的降额裕度，然后与电路中具体元件进行关联。例如，设计人员对 MOSFET 漏电流规定了两种不同降额准则：一种降额裕度 50%，通常用于高可靠性产品；另一种降额裕度 70%，用于其他产品设计。设计人员可将上述降额准则保存于全局文件中，以便用于其他电路设计。

PSpice 应力分析程序包含标准无源元件和有源元件的降额因子，通过 **tools > PSpice > Library** 文件夹中的 standard.drt 文件进行查看：

C：\ Cadence \ SPB_17.2 \ tools \ pspice \ library

通常 standard.drt 文件利用文本编辑器打开，也可以通过高级分析配置文件设置窗口对其进行查看（**Edit > Profile Settings**），后者更为快捷。通过单击图 27.9 所示新建（插入）[**New（Insert）**] 对默认文件 standard.drt 进行浏览。

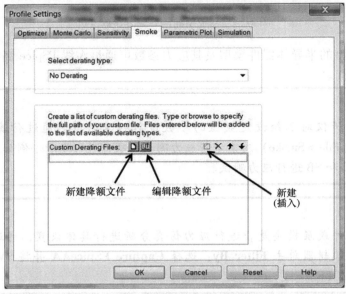

图 27.9 配置文件设置窗口

另外，Cadences 还提供 custom_derating_template 模板用于创建新的降额文件。

注意：
通过点击应力分析工作界面的任意位置或者 **rmb > Derating > Custom Derating Files** 打开 **Profile Settings** 配置文件设置。

首先选择 **Create Derate File** 或 **Edit Derate File** 打开 **Edit Derate File** 窗口（见图 27.10），然后输入应力参数建立降额文件。新建降额文件显示在配置文件设置窗口中，通过 **Select derating type** 下拉框对其进行查看。

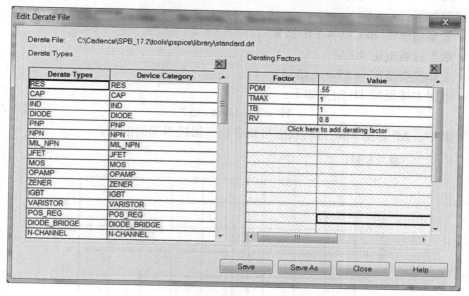

图 27.10　降额文件编辑窗口（输入应力参数）

图 27.10 为使用应力分析"标准降额"文件时的默认降额因子，设计人员进行应力分析选择"标准降额"时，各元件采用默认降额因子。例如，电阻额定功率最大值（PDM 与 RMAX 一致）的降额因子为 0.55。如果计算功率超过降额值，则采用深灰进行标识，以表示功率高于降额值及其超出程度，具体如图 27.11 所示。

◆	Component	Parameter	Type	Rated Value	% Derating	Max Derating	Measured Value		% Max
▼	R1	PDM	Average	250m	52.8661	132.1652m	136.1702m		104
▼	R1	PDM	RMS	250m	52.8661	132.1652m	136.1702m		104
▼	R1	TB	Average	155	100	155	73.2979		48
▼	R1	TB	Peak	155	100	155	73.2979		48
▼	R1	RV	Average	400	80	320	8		3
▼	R1	RV	Peak	400	80	320	8		3
▼	R1	RV	RMS	400	80	320	8		3

图 27.11　电阻应力分析降额功率显示

注意：
如果应力分析时 PDM 显示为零，原因为元件温度已经超过最大工作温度，因此 PDM 自动降为零。

27.4 实例 1

图 27.12 为 470Ω 的金属膜电阻的功率—温度降额曲线，制造商数据表中对应参数如下：

额定功率@ 70℃（W）0.25W
最大过载电压 400V
工作温度范围 −55 ~ +155℃
电阻本体温度 TB 定义如下：

$$TB = Tambient + \Delta T \tag{27.2}$$

其中，ΔT 为由 ESR 自热效应与相应功率损耗引起的温升。

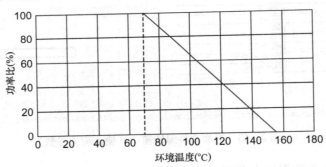

图 27.12 电阻功率—温度降额曲线

$$TB = Tambient + \frac{Pdis}{POWER} Rth \tag{27.3}$$

式中　Tambient——环境温度，由 TNOM 进行设定，默认值为 27℃；
　　　Rth——电阻—环境热阻；
　　　Pdis——计算功率；
　　　POWER——最大额定功率；
Rth = 1/SLOPE 和 Pdis 只能通过瞬态分析进行计算。

$$TB = Tambient + \frac{Pdis}{POWER} \frac{1}{SLOPE} \tag{27.4}$$

单位功率降额值 RSMAX 即斜率 SLOPE 由制造商降额曲线进行规定，具体定义如下：

$$SLOPE = \frac{1}{MAX\_TEMP - TKNEE} \tag{27.5}$$

其中，MAX_TEMP 为最高工作温度。TKNEE 计算公式如下：

$$TKNEE = MAX\_TEMP - \frac{1}{SLOPE} \tag{27.6}$$

由式（27.4）和式（27.5）整理得：

$$TB = Tambient + \frac{Pdis}{POWER}(MAX\_TEMP - TKNEE) \tag{27.7}$$

当 TKNEE 未知时，利用式（27.3）与降额斜率计算 TB；当 TKNEE 已知时，利用式（27.7）计算 TB。每个电阻均可添加 TKNEE 属性，因此：

$$SLOPE = \frac{1}{155 - 70}$$

$$SLOPE = \frac{1}{85} = 0.01176 W/℃$$

因此表 27.1 中定义的应力参数满足：
POWER、RMAX = 0.25
MAX_TEMP、RTMAX = 155
SLOPE、RSMAX = 0.01176
VOLTAGE、RVMAX = 400

图 27.13 为添加应力参数之后的电阻电路，通过瞬态分析仿真结果可知功率 Pdis 的计算值为 136.17mW。

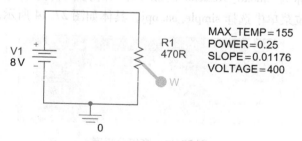

图 27.13　电阻应力分析电路

由式（27.3）可得电阻本体温度为

$$TB = 27 + \frac{0.13617}{0.25} \frac{1}{0.01176}$$

$$TB = 73.3163℃$$

注意：
利用 1/SLOPE = 85 进行更精确的计算可得 TB = 73.2978℃。

降额因子

由图 27.12 中的降额曲线可知，当电阻本体温度超过 TKNEE 时，功率将以 Power Derating Factor（PDF）进行动态降额，其中 PDF 定义如下：

$$PDF = SLOPE(MAX\_TEMP - TB) \tag{27.8}$$

Pdis 定义如下：

$$Pdis = PDF \times POWER \tag{27.9}$$

电阻进行应力分析时的标准降额为 0.55，降额功率计算值为

$$Pdis = 0.55 \times 0.13617 = 0.07489 = 74.89mW$$

注意：
电阻和电容能够进行动态降额处理，但不适用于电感。

注意：
使用 Cadence 演示版时，应力分析仅限于电阻、电容、二极管和晶体管。

27.5 本章练习

练习1

1. 创建名称为 Smoke_Resistor 的新 PSpice 仿真项目，并在 **Create PSpice Project** 窗口下拉菜单中选择 simple_aa.opj，具体如图 27.14 所示。

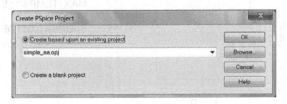

图 27.14 高级分析库

2. 删除 AA 变量设置元件，绘制如图 27.15 所示的电阻电路。
3. 双击电阻打开 **Property Editor** 属性编辑器，然后添加如下应力参数极限值：

第27章 应力分析

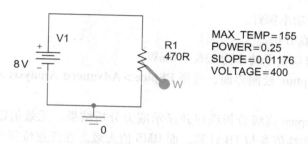

图 27.15 电阻应力分析电路

MAX_TEMP = 155
SLOPE = 0.01176
POWER = 0.25
VOLTAGE = 400

添加上述参数极限值时无需输入国际制单位。

显示应力极限值时按下 Ctrl 键并且单击每项属性对应的应力参数，然后选择 **Display**（或者 rmb > Display）并在 **Display Properties** 属性显示窗口中选择 **Name** 和 **Value**，具体设置如图 27.16 所示。

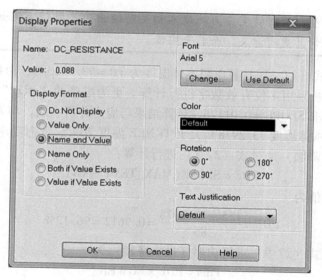

图 27.16 电阻应力参数显示

4. 建立瞬态分析（PSpice > New Simulation Profile）并保留 **Run To Time**（运行时间）默认值 1000ns。

5. 通过菜单 **PSpice > Markers > Power Dissipation** 或者单击图标 在电阻

（中间）上放置功率探针。

6. 运行仿真分析。

7. Probe 窗口显示功率为 136. 170mW。

8. 返回 Capture 绘图界面，选择 **PSpice > Advanced Analysis > Smoke** 进行应力分析。

9. 运行 PSpice 高级分析程序并显示应力分析结果。无效值以灰色显示，例如只有平均值和峰值参与 TB 计算，而 RMS 值无效。在任意位置单击鼠标右键选择 **Hide Invalid Values**（隐藏无效值）对无效值进行隐藏。图 27. 17 为应力分析结果，功率计算值为 136. 1702mW。

% Max 计算公式为 100 × 136. 1702m/240. 3004m = 57% 。

Smoke - transient.sim [No Derating] Component Filter = [*]

◆	Component	Parameter	Type	Rated Value	% Derating	Max Derating	Measured Value	% Max
	R1	PDM	Average	250m	96.1202	240.3004m	136.1702m	57
	R1	PDM	RMS	250m	96.1202	240.3004m	136.1702m	57
	R1	TB	Average	155	100	155	73.2979	48
	R1	TB	Peak	155	100	155	73.2979	48
	R1	RV	Average	400	100	400	8	3
	R1	RV	Peak	400	100	400	8	3
	R1	RV	RMS	400	100	400	8	3

图 27. 17 单电阻应力分析结果

注意：

当测量类型与某种特定应力测试不相关时输出为无效值，例如二极管击穿电压按照峰值计算更有意义，而非平均值。

---

10. 按照式（27. 3）计算电阻本体温度为 TB = 73. 3163℃。由数值显示结果可得，应力分析采用多位有效数字进行计算。更为准确的“手动”计算使用 1/SLOPE = 85 而非 SLOPE = 0. 01176，计算结果与应力分析一致，均为 73. 2978℃。

11. 电阻本体温度 73. 2978℃大于 TKNEE 温度 70℃，此时功率将动态降额。降额因子（% 降额）通过式（27. 8）进行计算：

$$PDF = SLOPE(MAX_TEMP - TB)$$

精确计算值为

$$PDF = \frac{155 - 73.2978}{85} = 0.9612 = 96.12\%$$

因此按照式（27. 9）求得功率（最大降额）为

$$Pdis = PDF \times POWER$$

$$Pdis = 0.9612 \times 0.25 = 0.2403\,W$$

$$Pdis = 240.3\,mW$$

PDM 具体值如图 27. 17 所示。

12. 在应力分析界面任意位置单击鼠标右键选择 **Derating > Standard Derating**，通过单击运行按钮进行仿真分析。

13. 仿真结果出现两组深灰色线条，表示 PDM（RMAX）降额值超过 104%（见图 27.18），此时电阻已经超出安全工作极限区。

Component	Parameter	Type	Rated Value	% Derating	Max Derating	Measured Value	% Max
R1	PDM	Average	250m	52.8661	132.1652m	136.1702m	104
R1	PDM	RMS	250m	81.6521	104.1302m	136.1702m	104
R1	TB	Average	155	100	155	73.2979	48
R1	TB	Peak	155	100	155	73.2979	48
R1	RV	Average	400	80	320	8	3
R1	RV	Peak	400	80	320	8	3
R1	RV	RMS	400	80	320	8	3

图 27.18 功率超过规定安全工作极限值

14. 返回 Capture 界面，将 POWER 值修改为 0.5。
15. 重新运行瞬态仿真，然后运行应力分析。使用 0.5W 电阻时功耗满足规定安全工作极限值（见图 27.19）。其实使用 0.4W 电阻也能满足应力要求。

Component	Parameter	Type	Rated Value	% Derating	Max Derating	Measured Value	% Max
R1	PDM	Average	500m	55	275m	136.1702m	50
R1	PDM	RMS	500m	55	275m	136.1702m	50
R1	TB	Average	155	100	155	50.1582	33
R1	TB	Peak	155	100	155	50.1582	33
R1	RV	Average	100	60	80	8	10
R1	RV	Peak	100	80	80	8	10
R1	RV	RMS	100	60	80	8	10

图 27.19 电阻工作于规定安全区

27.6 实例 2

图 27.20 为 Murata 1.5μH 电感 LQM2HPN1r5MG0 的温升特性曲线，该电感相关技术指标如下：

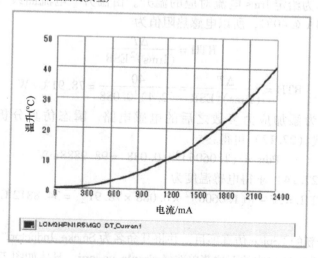

图 27.20 电感温升特性曲线

温度范围：-55 ~ +125℃
额定温度 $T_R = 85℃$
1.5A @ 环境温度 85℃
1.1A @ 环境温度 125℃
电感温度 TJL 由环境温度和电感温升 ΔT 构成：
$$TJL = Tambient + \Delta T \tag{27.10}$$
例如，电感工作在典型环境温度 85℃时的额定电流最大值为 1.5A，最大允许温升 40℃，因此其最高工作温度为 125℃。

温升 ΔT 与电感直流电阻功率相关，计算公式如下：
$$\Delta T = Pdis \times RTH \tag{27.11}$$
RTH 为电感热阻值，Pdis 与电感阻抗的平均有功功率相关，计算公式如下：
$$Pdis = (Irms)^2 \times ESR \tag{27.12}$$
因此式（27.10）可以整理为
$$TJL = Tambient + (Pdis \times RTH) \tag{27.13}$$
$$TJL = Tambient + (Irms)^2 \times ESR \times RTH \tag{27.14}$$
电感热阻值（RTH）通常不由制造商规定，该值取决于电感与 PCB 的安装方式。某些制造商根据不同 PCB 形式和焊盘样式为表贴式电感设定不同的额定电流值。骨架磁心电感及变压器的热阻值通常不做规定，因为其热阻路径不能明确界定。当然，热阻值可由制造商设定的 Irms 电流值近似等效。

由式（27.11）和式（27.12）整理得电感热阻值计算公式为
$$RTH = \frac{\Delta T}{(Irms)^2 ESR} \tag{27.15}$$
其中，ΔT 为给定 Irms 电流对应的温升。由温升—电流曲线（见图 27.19）可知 Irms = 2.4A @ 40℃，所以电感热阻值为
$$RTH = \frac{\Delta T}{(Irms)^2 ESR} \tag{27.16}$$
$$RTH = \frac{\Delta T}{(Irms)^2 ESR} = \frac{40}{(2.4)^2 0.088} = 78.91℃/W$$
图 27.21 为添加应力参数之后的电感电路，瞬态仿真分析时 Irms 值为 1.0606A，由式（27.12）可得：
$$Pdis = (1.0606)^2 \times 0.088 = 98.9888 mW$$
利用式（27.14）求得电感温度为
$$TJL = 27 + [(1.0606)^2 \times 0.088 \times 78.91] = 34.8812℃$$

练习 2

1. 创建全新的 PSpice 仿真项目，并将其命名为 Smoke_Inductor，然后通过 **Create PSpice Project** 窗口中的下拉菜单选择 **simple_aa.opj**，具体如图 27.22 所示。

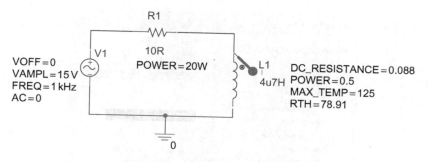

图 27.21 电感电路应力分析

2. 绘制如图 27.23 所示的电感电路。从 analog 库中选择电感 L_t（该电感具有 ESR 属性），然后从 source 库中选择 VSIN 放置于电路中。

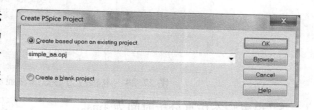

图 27.22 高级分析库

3. 双击电阻，在属性编辑器中选择 POWER 并将 RMAX 设置为 20W。如果需要对功率值 20W 进行显示，单击 **Display > Name and Value**，然后关闭属性编辑器。

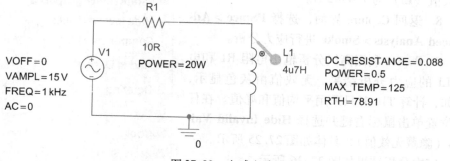

图 27.23 电感电路

4. 双击电感，打开属性编辑器并添加以下应力参数限值：
DC_RESISTANCE = 0.088
MAX_TEMP = 125
RTH = 78.91
POWER = 0.5

设计人员利用 Ctrl 键和鼠标左键单击对每项属性对应的应力参数进行选定，然后在"Display Properties"窗口中选择参数显示方式"Name and Value"，具体如图 27.24 所示。

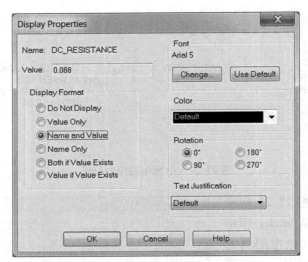

图 27.24　电感应力参数属性显示设置

5. 设置瞬态仿真分析时间为 4ms。

6. 在电感引脚 1 处放置电流探针，运行电路仿真。

7. 通过 Probe 窗口对电感电流进行显示，最大值（LI）为 1.4942 A。

8. 返回 Capture 界面，选择 **PSpice > Advanced Analysis > Smoke** 进行应力分析。

9. PSpice 利用高级分析输出电阻 R1 和电感 L1 的应力分析结果。无效值由灰色显示，例如，计算 TJL 时只采用平均值和峰值。在任意位置单击鼠标右键并选择 **Hide Invalid Values**（隐藏无效值），具体如图 27.25 所示。

应力分析结果如图 27.26 所示。

10. 选择菜单 **View > Log File > Smoke** 查看应力分析日志文件，具体如图 27.27 所示。

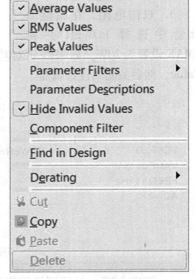

图 27.25　隐藏无效值

Component	Parameter	Type	Rated Value	% Derating	Max Derating	Measured Value	% Max
R1	PDM	RMS	20	17.6132	3.5226	13.7774	
R1	PDM	Average	20	30.2796	6.0559	11.2441	
R1	TB	Peak	200	100	200	259.2553	
R1	TB	Average	200	100	200	139.4407	
L1	LI	Peak	5	100	5	1.4942	
L1	TJL	Peak	125	100	125	36.4033	
L1	TJL	Average	125	100	125	34.8060	
L1	LI	RMS	5	100	5	1.0604	
L1	PDML	Peak	500m	100	500m	98.9479m	
L1	PDML	RMS	500m	100	500m	98.9479m	
L1	LV	Peak	5	100	5	21.6296u	
L1	LV	Average	300	100	300	6.6546u	
L1	LV	Peak	300	100	300	44.5808m	
L1	LV	RMS	300	100	300	31.5706m	
L1	LIDC	Average	1	100	1	21.6296u	

图 27.26　Murata 电感应力分析结果

```
Smoke Analysis Run : Mon Jul 10 17:47:06 2017

  Reference Designator = R1
  Info:
    Smoke test RV will not be done.
    The Maximum Operating Value is not defined.

  Reference Designator = L1
  Info:
    Smoke test LIDC will not be done.
    The Maximum Operating Value is not defined.

  Reference Designator = R1
  Warning: Deration
  INFO(ORPSPAA-7028): TBreak (Tknee)is less than Simulation Temprature.
  Check the slope[RSMAX] or maximum temperature[RTMAX].

  Reference Designator = R1
  Info: Deration
    Tbrk Calculated:0.000000

  Reference Designator = R1
  Warning: Deration
  INFO(ORPSPAA-7028): TBreak (Tknee)is less than Simulation Temprature.
  Check the slope[RSMAX] or maximum temperature[RTMAX].

  Reference Designator = R1
  Info: Deration
    Tbrk Calculated:0.000000

  Reference Designator = R1
  Warning: Deration
  INFO(ORPSPAA-7028): TBreak (Tknee)is less than Simulation Temprature.
  Check the slope[RSMAX] or maximum temperature[RTMAX].

  Reference Designator = R1
  Info: Deration
    Tbrk Calculated:0.000000


***** Analysis Summary *****

  Reference Designator = R1
   The following parameter(s) had undefined
    Maximum Operating Value(s)
        RV
  Reference Designator = L1
   The following parameter(s) had undefined
    Maximum Operating Value(s)
        LIDC
```

图 27.27　应力分析日志文件

11. 图 27.27 中的日志文件显示 R1 未定义 CV 参数、L1 未定义 LIDC 参数，并产生如下警告消息：TKNEE 小于仿真设置温度，需要检查 SLOPE 和 MAX_TEMP 数值。电阻未设置的参数值采用默认值。

12. 返回 Capture 界面，双击电阻打开属性编辑器。设定 MAX_TEMP（RTMAX）极限值为 155、电压极限值（RVMAX）为 200，保持属性编辑器为激活状态。

如果无需计算斜率 SLOPE，设计人员可设置 TKNEE 极限值。如图 27.28 所示，选择新属性 **New Property** 然后添加 TKNEE 参数。

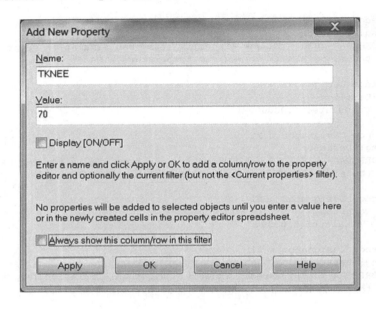

图 27.28　增加 TKNEE 属性

13. 重新运行仿真。

14. 重新运行高级分析，然后查看应力分析日志文件，具体如图 27.29 所示。

15. 选择电感并将其 DC_Current 极限值（DC）设置为 1A，如表 27.2 所示，此时应力分析显示 DC_Current 为 LIDC。

16. 重新运行 PSpice 仿真。

17. 重新运行高级分析。

18. 显示电阻和电感应力分析结果。在任意位置单击鼠标右键选择元件滤波器，默认通配符设置为（*）以显示所有元件。如图 27.30 所示，输入 L1 然后单击 OK 进行确定。

第 27 章 应力分析 345

```
Smoke Analysis Run : Mon Jul 10 18:40:25 2017

Reference Designator = L1
Info:
    Smoke test LIDC will not be done.
    The Maximum Operating Value is not defined.


***** Analysis Summary *****

Reference Designator = R1
    The following parameter(s) exceeded the
    Maximum Operating Value(s) specified
        PDM ( PEAK )


Reference Designator = L1
    The following parameter(s) had undefined
    Maximum Operating Value(s)
        LIDC
```

图 27.29　应力分析日志文件

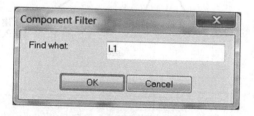

图 27.30　元件滤波器

19. 图 27.31 所示只包括电感应力分析结果，LIrms 电流为 1.0604A。

Component	Parameter	Type	Rated Value	% Derating	Max Derating	Measured Value		% Max
L1	IJ	Peak	5	100	5	1.4942		30
L1	TJL	Peak	125	100	125	36.4933		29
L1	TJL	Average	125	100	125	34.8080		28
L1	LI	RMS	5	100	5	1.0604		21
L1	PDML	Average	500m	100	500m	98.9479m		20
L1	PDML	RMS	500m	100	500m	98.9479m		20
L1	LV	Average	5	100	5	21.6296u		1
L1	LV	Peak	300	100	300	6.6548u		1
L1	LV	RMS	300	100	300	44.5808m		1
L1	LIDC	Average	1	100	1	51.5756m		1
L1	LIDC	Average	1	100	1	21.6296u		1

图 27.31　Murata 电感应力分析结果

由式（27.12）求得 Pdis 近似值为

$$Pdis = (1.0604)^2 \times 0.088 = 0.09895 = 98.95 \text{mW}$$

电感平均温度计算值为

$$TJL = Tambient + [(Lirms)^2 \times ESR \times RTH]$$
$$TJL = 27 + [(1.060)^2 \times 0.088 \times 78.91] = 34.8083℃$$

此时所显示的数值未进行降额处理。

20. 进行应力分析时选择 **Edit > Profile Settings**，然后在 **Profile Settings** 窗口单击新建（插入）[**New（Insert）**] 图标（见图 27.32），然后点击（…）并浏览 <install path> \ tools \ pspice \ library 文件夹中默认 standard.drt 降额文件，例如：

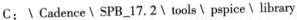

C：\ Cadence \ SPB_17.2 \ tools \ pspice \ library

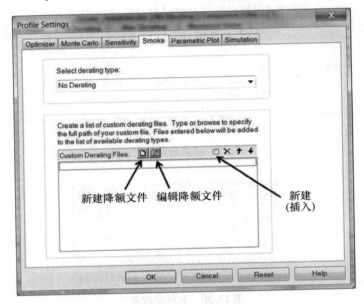

图 27.32　文件配置窗口

21. 单击 **Edit Derate File** 显示降额类型与降额因子（见图 27.33），此时最大功耗（PDM）降至 0.55、额定电压（RV）变为 0.8。

22. 选择电感（IND），可得 LI、LV 和 LIDC 降额因子均为 0.9。

23. 关闭 **Edit Derate File** 和 **Profile Settings** 窗口。

24. 在应力分析界面的任意位置单击鼠标右键选择元件滤波器，输入"*"选择该类所有元件。

25. 再次单击鼠标右键选择 **Derating > Standard Rating**，然后重新进行应力分析。此时出现两条红线，即电阻实际计算功率已经超过其降额功率。

26. 在 Capture 中将电阻功率修改为 30W，重新运行 PSpice 仿真并进行应力分析。最终应力分析结果如图 27.34 所示。

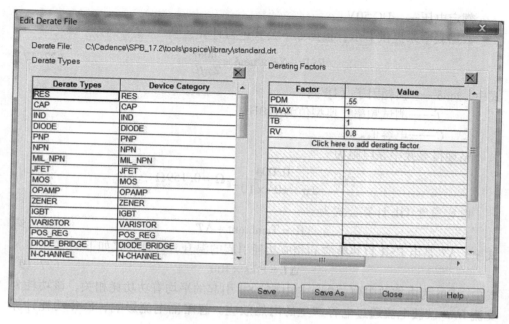

图 27.33 编辑降额文件窗口

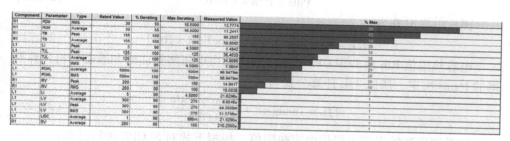

图 27.34 应力分析最终结果

27.7 实例 3

1μF 的塑料薄膜、聚对苯二甲酸乙二醇酯（PET）电容的数据表参数如下所示：

额定温度 T_R——85℃

降额因子——1.25%/℃

最高温度——125℃

损耗因子——0.004 @ 1kHz

额定电压——DC 50V

数据表中未提供 ESR，根据如下公式进行计算：

$$\text{ESR} = X_c \times \tan\delta = \frac{\tan\delta}{2\pi f C} \qquad (27.17)$$

式中　$\tan\delta$——损耗因子（DF）；
　　　f——测试频率，典型值为 120Hz；
　　　C——电容值。

整理得等效串联电阻为

$$\text{ESR} = \frac{0.004}{2\pi \times 10^3 \times 10^{-6}}\Omega = 0.159\Omega$$

电容温度 TJL 计算公式为

$$\text{TJL} = \text{Tambient} + \Delta T \qquad (27.18)$$

式中，ΔT 是由 ESR 自热效应和相应功耗引起的温升，计算公式如下：

$$\Delta T = \text{Pdis} \times \text{Rth} \qquad (27.19)$$

式中，Rth 为电容热阻值，Pdis 与电容 ESR 引起的平均有功功耗相关，该功耗为交流 Irms 纹波电流通过电容产生的内热效应。忽略漏电流影响，ESR 功耗计算公式为

$$\text{Pdis} = I^2\text{rms} \times \text{ESR} \qquad (27.20)$$

因此电容温升为

$$\text{TJL} = \text{Tambient} + [I^2\text{rms} \times \text{ESR} \times \text{Rth}] \qquad (27.21)$$

电容热阻值 Rth 由 1/SLOPE 计算，SlOPE 由电压降额曲线和瞬态分析计算所得的 I^2rms 决定，所以 TJL 计算公式为

$$\text{TJL} = \text{Tambient} + \frac{I^2\text{rms} \times \text{ESR}}{\text{SLOPE}} \qquad (27.22)$$

如果制造商数据表未提供电容热阻值，根据下式对 SLOPE 进行计算：

$$\text{SLOPE} = \frac{1}{\text{CTMAX} - \text{TKNEE}} \qquad (27.23)$$

此时式（27.22）改写为

$$\text{TJL} = \text{Tambient} + \frac{I^2\text{rms} \times \text{ESR}}{\text{CTMAX} - \text{TKNEE}} \qquad (27.24)$$

其中，CTMAX 为最高工作温度；TKNEE 为额定温度，即不超额定电压情况下可连续运行的温度，也称为上限温度。

该例给出 SLOPE 和 TKNEE 规定值，但仅使用 TKNEE 值。

TKNEE、CBMAX = 85
MAX_TEMP、CTMAX = 125
SLOPE、CSMAX = 0.0125

VOLTAGE、CMAX = 50
ESR = 0.159

练习3

图 27.35 为三倍压整流电路，利用应力分析检测元件是否满足 MOC 降额，从而提高电路工作的可靠性。

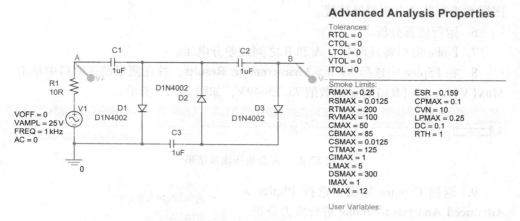

图 27.35　三倍压整流电路

1. 创建全新的仿真项目，并将其命名为 voltage_tripler；然后弹出"Create PSpice Project"窗口，通过下拉菜单选择 simple_aa.opj 并单击 OK 按钮，具体如图 27.36 所示。

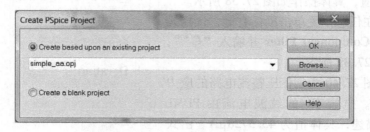

图 27.36　设置默认高级分析库

注意：
在 OrCAD 的最新版本中，首次打开电路图时 **Variables** 自动出现。如果选择 **Empty Project**，或者无意删除 Variables，可从 **PSpice > advanals > pspice_elem** 库中进行添加。

2. 绘制如图 27.35 所示的三倍压整流电路，使用 analog 库中的 C_t 电容

(具有 ESR 属性)。

3. 为 Variables 增加应力参数,如图 27.35 所示。
4. 设置瞬态分析运行时间为 50ms。
5. 选择菜单 **PSpice > Markers > Voltage Differential** 在网络节点 A 和 B 处放置差分电压探针。当放置第一个 V+ 探针时第二个 V- 探针自动出现。也可单击图标 进行差分电压探针放置。
6. 运行仿真分析。
7. Probe 窗口将显示节点 A 和 B 之间的差分电压。
8. 在 PSpice 中选择 **View > Measurement Results**,并在测量结果窗口中单击 **Max(V(A) - V(B))** 将显示数值 73.25649V,如图 27.37 所示。

图 27.37　差分电压测量结果

9. 返回 Capture 界面,选择 **PSpice > Advanced Analysis > Smoke** 进行应力分析。

10. PSpice 高级分析输出三倍压整流电路的应力分析结果。无效值以灰色显示,例如只有平均值和峰值参与 TJL 计算。任意位置单击鼠标右键选择 **Hide Invalid Values** 隐藏无效值,具体操作如图 27.38 所示。

11. 在任意位置单击鼠标右键,选择元件滤波器 **Component Filter** 并输入"C*",具体如图 27.39 所示。

12. 图 27.40 为三倍压整流电路的应力分析结果。电容 C1 的纹波电流由 PDML(RMS)描述,具体值为 43.5728μA。由式(27.20)求得 Pdis 近似值为

Pdis = $(43.5728 \times 10^{-6} \times 0.159)^2$ = 0.302nW

由上图 27.40 可知,电容功耗很小主要归因于较小的 ESR,使得电容温度变化不

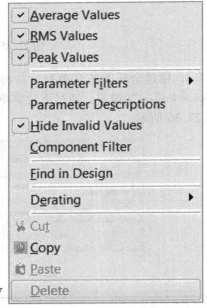

图 27.38　隐藏无效值

明显。此时电容额定电压更重要,浅灰色预示电容工作电压在额定电压最大值 90% 以内。

13. 任意位置单击鼠标右键选择 **Derating > Standard Derating**,然后运行应力分析仿真。

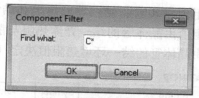

图 27.39　只选择电容

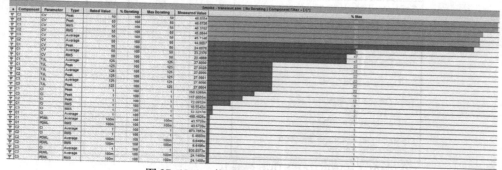

图 27.40　三倍压整流电路应力分析结果

14. 应力分析仿真结果如图 27.41 所示，其中深灰色表示超过降额 MOC 极限值。

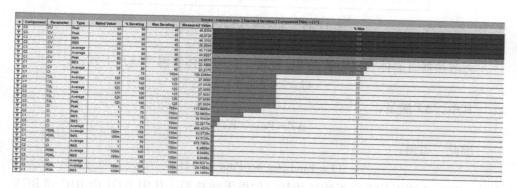

图 27.41　只显示电容应力分析结果

15. 可采用具有更高的工作电压（例如 63V）的电容对其进行替换。将 CMAX 值从 50V 改为 63V 并运行 PSpice 仿真分析，然后进行应力分析。此时电容电压未超出降额 MOC 极限值。

27.8　实例 4

晶体管数据表通常提供两种功耗值，一种用于环境温度；另一种用于壳体温度。同时也提供两种热阻值（Rth）：结—环境热阻和结—壳体热阻。如果使用散热器，则结—环境热阻值由晶体管的结—壳体热阻与散热器热阻值共同决定。如果无散热器，热阻值由晶体管的结—环境热阻值决定（见图27.42）。

MAXIMUM RATINGS			
Rating	Symbol	Value	Unit
Collector–Emitter Voltage	V_{CEO}	40	Vdc
Collector–Base Voltage	V_{CBO}	60	Vdc
Emitter–Base Voltage	V_{EBO}	6.0	Vdc
Collector Current – Continuous	I_C	200	mAdc
Total Device Dissipation @ T_A = 25°C Derate above 25°C	P_D	625 5.0	mW mW/°C
Total Device Dissipation @ T_C = 25°C Derate above 25°C	P_D	1.5 12	W mW/°C
Operating and Storage Junction Temperature Range	T_J, T_{stg}	–55 to +150	°C

THERMAL CHARACTERISTICS (Note 1)			
Characteristic	Symbol	Max	Unit
Thermal Resistance, Junction–to–Ambient	$R_{\theta JA}$	200	°C/W
Thermal Resistance, Junction–to–Case	$R_{\theta JC}$	83.3	°C/W

图27.42　晶体管2N3904数据表

无散热器时晶体管热阻值由Rja规定，此时晶体管温度满足下式：

$$TJ = Tambient + \Delta T$$

其中，ΔT满足：

$$\Delta T = Pdis \times RTH$$

因此，可得：

$$TJ = Tambient + (Pdis \times RTH)$$

其中，Pdis为瞬态仿真分析所得功耗。如果无散热器，热阻RTH由RJC和RCA共同决定。其中，RJC为结—壳体热阻；RCA为壳体—环境热阻。

因此，可得：

$$TJ = Tambient + [Pdis \times (RJC + RCA)]$$

1. 可使用灵敏度分析中的稳压电路，也可绘制如图27.43所示电路进行应力分析。

2. 利用PSpice模型编辑器设置Q1应力参数，最新的17.2版本也可通过Assign Tolerance窗口打开并编辑相应的应力参数。无论何种方式，均可使用PSpice模型编辑器进行应力参数设置［(a) 或 (b)］：

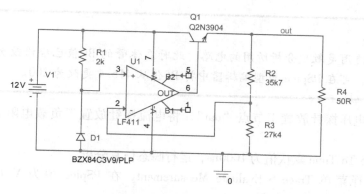

图 27.43 9V 串联稳压电压

（a）选定 **Q1 > 2N3904** 然后选择 **rmb > Edit PSpice Model**。

（b）选择 **PSpice > Advanced Analysis > Assign Tolerance**，然后选择 **Q1 > 2N3904** 并单击 Edit PSpice Model。

3. 按照图 27.44 输入应力参数，如果模型编辑器中未显示应力参数，选择 **View > Model** 对其进行显示。然后保存文件并关闭 PSpice 模型编辑器。

Smoke Parameters

These are Device Maximum Operating condition parameters required for Smoke Analysis

Device Max Ops	Description	Value	Unit
IB	Max base current	0.02	A
IC	Max collector current	0.2	A
VCB	Max C-B voltage	60	V
VCE	Max C-E voltage	40	V
VEB	Max E-B voltage	6	V
PDM	Max pwr dissipation	0.625	W
TJ	Max junction temp	150	C
RJC	J-C thermal resist	83.3	C/W
RCA	C-A thermal resist	116.7	C/W
SBSLP	Second brkdown slope		
SBINT	Sec brkdwn intercept		A
SBTSLP	SB temp derate slope		%/C
SBMIN	SB temp derate at TJ		%

图 27.44 晶体管 2N3904 的应力参数值

注意：

如果使用灵敏度分析所用的电路，此时晶体管的 Bf 值已经修改为 200，如果未修改，可在 PSpice 模型编辑器中将 Bf 值从 416.4 更改为 200。

4. 将电压探针放置于节点“out”，将电流探针放置于负载电阻 R4 的底部引脚。

5. Run To Time 默认值为 1000ns，运行瞬态仿真分析。

6. 选择菜单 Trace > Evaluate Measurement，在 PSpice 中为 V（out）和 I（R4）建立两个测量表达式：

从函数或宏表达式中选择 Max（1）然后选择 V（out）；

从函数或宏表达式中选择 Max（1）然后选择 I（R4）。

具体如图 27.45 所示。

Measurement Results

	Evaluate	Measurement	Value
	✓	Max(V(out))	8.96771
▸	✓	Max(I(R4))	-179.35427m

图 27.45　测量结果

7. 返回 Capture 界面，选择菜单 **PSpice > Advanced Analysis > Smoke** 进行应力分析，在窗口任意位置单击鼠标右键选择 **> Hide Invalid Values**，应力仿真结果如图 27.46 所示。

Smoke - dc_sweep.sim [No Derating] Component Filter - [*]

Component	Parameter	Type	Rated Value	% Derating	Max Derating	Measured Value	% Max
R4	PDM	Average	250m	0	0	1.6084	< MAX >
R4	PDM	RMS	250m	0	0	1.6084	< MAX >
R4	TB	Average	200	100	200	1.3137k	657
R4	TB	Peak	200	100	200	1.3137k	657
Q1	TJ	Average	150	100	150	134.1865	90
Q1	TJ	Peak	150	100	150	134.1865	90
Q1	IC	Average	200m	100	200m	175.6343m	88
Q1	IC	Peak	200m	100	200m	175.6343m	88
Q1	PDM	Average	615m	100	615m	535.9327m	88
Q1	PDM	RMS	615m	100	615m	535.9327m	88
U1	VMMIN	Pearage	-3	100	-3	-3.8941	71
U1	VPMIN	Peak	200	100	-3	-3.8941	71
U1	VCCMAX	Peak	18	100	18	12	67
U1	VSMAX	Peak	36	100	36	12	34
R1	TB	Average	200	100	200	53.2825	27
R1	TB	Peak	200	100	200	53.2825	27
Q1	IB	Average	20m	100	20m	3.8621m	20
D1	TJ	Average	150	100	150	27	19
D1	TJ	Peak	150	100	150	27	19
R1	PDM	Average	250m	73.3588	183.3969m	32.8631m	18
R1	PDM	RMS	250m	73.3588	183.3969m	32.8631m	18
U1	IOUT	Peak	25m	100	25m	3.8621m	16
R3	TB	Average	200	100	200	27.4427	14
R3	TB	Peak	200	100	200	27.4427	14
R2	TB	Average	200	100	200	27.5768	14
R2	TB	Peak	200	100	200	27.5768	14
Q1	VCE	Peak	40	100	40	3.0323	8
D1	IRMX	Peak	61.0500m	100	61.0500m	4.0530m	7

图 27.46　应力分析结果（未进行降额处理）

应力分析结果显示 Q1 的平均功耗为 535.9327mW。由于未使用散热器，所以，可得：

$$TJ = Tambient + [Pdis \times (RJC + RCA)]$$

$$TJ = 27 + [(0.5359327 \times (83.3 + 116.7)] = 134.1865℃$$

尽管晶体管 2N3904 的 PDM 应力参数在模型编辑器中设置为 625mW，但是进行应力分析时 PDM 额定值显示为 615mW。如果使用晶体管 2N3904 数据表中的 PDM 值，则晶体管的结热阻值满足：

$$RJA = \frac{TJ - Ta}{PDM}$$

$$RJA = \frac{125 - 25}{0.625}℃/W = 200℃/W$$

式中 TJ 为最大工作结温；TA 为环境温度；RJA 为结热阻值（RJC + RCA）。

尽管如此，常规仿真温度 TNOM（代表 Ta）设置为 27°c，因此使用 RJA = 200℃/W，此时应力分析中的 PDM 计算值为

$$PDM = \frac{150 - 27}{200}mW = 615mW$$

应力分析采用最小 PDM 值进行仿真计算。

8. 由图 27.46 可知晶体管温度处于最大值 90% 以内。

9. 单击窗口的任意位置然后选择 **rmb > Derating > Standard Derating**。再次运行应力分析，仿真结果如图 27.47 所示。

Smoke - dc_sweep.sim [Standard Derating] Component Filter - [*]

Component	Parameter	Type	Rated Value	% Derating	Max Derating	Measured Value	% Max
R4	PDM	Average	250m	0	0	1.6084	<MAX>
R4	PDM	RMS	250m	0	0	1.6084	<MAX>
R4	TB	Average	200	100	200	1.3137k	657
R4	TB	Peak	200	100	200	1.3137k	657
Q1	PDM	Average	615m	75	461.2500m	535.9327m	117
Q1	PDM	RMS	615m	75	461.2500m	535.9327m	117
Q1	IC	Average	200m	80	160m	175.6343m	110
Q1	IC	Peak	200m	80	160m	175.6343m	110
Q1	TJ	Average	150	100	150	134.1865	90
Q1	TJ	Peak	[illegible]	100	150	134.1865	90
U1	VMMIN	Peak	-3	100	-3	-3.8941	71
U1	VPMIN	Peak	-3	100	-3	-3.8941	71
U1	VCCMAX	Peak	18	100	18	12	67
U1	VSMAX	Peak	36	100	36	12	34
R1	PDM	Average	250m	40.3473	100.8683m	32.8531m	33
R1	PDM	RMS	250m	40.3473	100.8683m	32.8531m	33
R1	TB	Average	200	100	200	53.2825	27
R1	TB	Peak	200	100	200	53.2825	27
Q1	IB	Average	20m	100	20m	3.8621m	20
D1	TJ	Average	150	100	150	27	19
D1	TJ	Peak	150	100	150	27	19
Q1	VCE	Peak	40	50	20	3.0323	16
U1	IOUT	Peak	25m	100	25m	3.8621m	16
R3	TB	Average	200	100	200	27.4427	14
R3	TB	Peak	200	100	200	27.4427	14
R2	TB	Average	200	100	200	27.5768	14
R2	TB	Peak	200	100	200	27.5768	14
D1	PDM	Average	250m	75	187.5000m	15.7825m	9

图 27.47 应力分析结果（采用标准额定值）

实际设计时可采用更高功率等级的晶体管，例如 Zetex 库中 ZTX450（集电极电流标准降额为 0.8、功耗标准降额为 0.75），或者为晶体管添加散热器。R4 为负载电阻，不属于电路中的元件。通过属性编辑器设定电阻 POWER 数值为

5W（此时分析结果中红色线条消失）。

10. 利用 Zetex 库中 ZTX450 替换 Q2N3904。

11. 运行瞬态仿真分析。

12. 运行应力分析。

13. 选择 **rmb > Component Filter > Q1**，由使用标准降额时的分析结果可知，ZTX450 能够在安全极限值内正常工作，具体如图 27.48 所示。

Smoke - ransient.sim [Standard Derating] Component Filter = [Q1]

◆	Component	Parameter	Type	Rated Value	% Derating	Max Derating	Measured Value	% Max
▼	Q1	PDM	Average	1	75	750m	541.2641m	73
▼	Q1	PDM	RMS	1	75	750m	541.2641m	73
▼	Q1	IC	Average	1	80	800m	178.1531m	23
▼	Q1	IC	Peak	1	80	800m	178.1631m	23
▼	Q1	TJ	Average	200	100	200	27	14
▼	Q1	TJ	Peak	200	100	200	27	14
▼	Q1	VCE	Peak	45	50	22.5000	3.0323	14
▼	Q1	VCB	Peak	60	100	60	2.2483	4
▼	Q1	VEB	Peak	5	100	5	-783.9703m	0

图 27.48 Q1 应力分析结果（采用标准额定值）

附录
测量函数定义

测量函数定义	函数功能描述
Bandwidth	波形的带宽（需要选择 dB 值）
Bandwidth_Bandpass_3dB	波形的（3dB）带宽
Bandwidth_Bandpass_3dB_XRange	在指定的 X 轴范围内波形的 3dB 带宽
CenterFrequency	波形的中心频率（需要选择 dB 值）
CenterFrequency_XRange	在指定的 X 轴范围内波形中心频率（需要选择 dB 值）
ConversionGain	第一个波形与第二个波形最大值之比
ConversionGain_XRange	在指定的 X 轴范围内第一个波形与第二个波形最大值之比
Cutoff_Highpass_3dB	高通滤波器的 3dB 带宽
Cutoff_Highpass_3dB_XRange	在指定的 X 轴范围内高通滤波器的 3dB 带宽
Cutoff_Lowpass_3dB	低通滤波器的 3dB 带宽
Cutoff_Lowpass_3dB_XRange	在指定的 X 轴范围内低通滤波器的 3dB 带宽
DutyCycle	第一个脉冲周期的占空比
DutyCycle_XRange	在指定的 X 轴范围内第一个脉冲周期的占空比
Falltime_NoOvershoot	无过冲的下降时间
Falltime_StepResponse	阶跃响应曲线负向下降时间
Falltime_StepResponse_XRange	在指定的 X 轴范围内阶跃响应曲线负向下降时间
GainMargin	相位为 180°时的增益值（dB）
Max	波形的最大值
Max_XRange	在指定的 X 轴范围内波形最大值
Min	波形的最小值
Min_XRange	在指定的 X 轴范围内波形最小值

(续)

测量函数定义	函数功能描述
NthPeak	第 N 个波峰的值
Overshoot	阶跃响应曲线的过冲值
Overshoot_XRange	在指定的 X 轴范围内阶跃响应曲线过冲值
Peak	波峰值
Period	时域信号的时间周期
Period_XRange	在指定的 X 轴范围内时域信号时间周期
PhaseMargin	相位裕度
PowerDissipation_mW	时间周期内功耗（mW）
Pulsewidth_XRange	在指定的 X 轴范围内第一个脉冲宽度
Pulsewidth	第一个脉冲的宽度
Q_Bandpass	计算指定 dB 值频率响应的 Q 值
Q_Bandpass_XRange	在指定的 X 轴范围内计算指定 dB 值频率响应的 Q 值
Risetime_NoOvershoot	无过冲阶跃响应曲线的上升时间
Risetime_StepResponse	阶跃响应曲线的上升时间
Risetime_StepResponse_XRange	在指定的 X 轴范围内阶跃响应曲线的上升时间
SettlingTime	给定带宽，从 < 指定 X > 到一个阶跃响应完成所需的时间
SettlingTime_XRange	给定带宽，给定范围，从 < 指定 X > 到一个阶跃响应完成所需时间
SlewRate_Fall	曲线负向摆率
SlewRate_Fall_XRange	在指定的 X 轴范围的曲线负向摆率
SlewRate_Rise	曲线正向摆率
SlewRate_Rise_XRange	在指定的 X 轴范围的曲线正向摆率
Swing_XRange	指定范围内波形最大值与最小值之差
XatNthY	对于指定波形，相对于第 N 个 Y 值的 X 值
XatNthY_NegativeSlope	对于指定波形，沿负斜率方向第 N 个 Y 值对应的 X 值
XatNthY_PercentYRange	第 N 个 Y 值范围百分比处的 X 值
XatNthY_Positive Slope	对于指定波形，沿正斜率方向第 N 个 Y 值对应的 X 值
YatFirstX	X 范围起始处的波形值
YatLastX	X 范围结束处的波形值

（续）

测量函数定义	函数功能描述
YatX	给定 X 值处的波形值
YatX_PercentXRange	在 X 范围给定百分比处的波形值
ZeroCross	Y 值第一次过 0 点处的 X 值
ZeroCross_XRange	指定范围内，Y 值第一次过 0 点处的 X 值

Analog Design and Simulation Using OrCAD Capture and PSpice, Second Edition
Dennis Fitzpatrick
ISBN: 9780081025055
Copyright © 2018 Elsevier Ltd. All rights reserved.
Authorized Chinese translation published by China Machine Press.

《基于 OrCAD Capture 和 PSpice 的模拟电路设计与仿真》（原书第 2 版）（张东辉等译）
ISBN: 9787111636489
Copyright © Elsevier Ltd. and China Machine Press. All rights reserved.

No part of this publication may be reproduced or transmitted in any form or by any means, electronic or mechanical, including photocopying, recording, or any information storage and retrieval system, without permission in writing from Elsevier (Singapore) Pte Ltd. Details on how to seek permission, further information about the Elsevier's permissions policies and arrangements with organizations such as the Copyright Clearance Center and the Copyright Licensing Agency, can be found at our website: www.elsevier.com/permissions.

This book and the individual contributions contained in it are protected under copyright by Elsevier Ltd. and China Machine Press (other than as may be noted herein).

Online resources are not available with this reprint.

This edition of Analog Design and Simulation using OrCAD Capture and PSpice, 2nd Edition is published by China Machine Press under arrangement with ELSEVIER LTD.

This edition is authorized for sale in the Chinese mainland (excluding Hong Kong SAR, Macao SAR and Taiwan). Unauthorized export of this edition is a violation of the Copyright Act. Violation of this Law is subject to Civil and Criminal Penalties.

本版由 ELSEVIER LTD. 授权机械工业出版社在中国大陆地区（不包括香港、澳门特别行政区以及台湾地区）出版发行。

本版仅限在中国大陆地区（不包括香港、澳门特别行政区以及台湾地区）出版及标价销售。未经许可之出口，视为违反著作权法，将受民事及刑事法律之制裁。

本书封底贴有 Elsevier 防伪标签，无标签者不得销售。

注意

本书涉及领域的知识和实践标准在不断变化。新的研究和经验拓展我们的理解，因此须对研究方法、专业实践或医疗方法作出调整。从业者和研究人员必须始终依靠自身经验和知识来评估和使用本书中提到的所有信息、方法、化合物或本书中描述的实验。在使用这些信息或方法时，他们应注意自身和他人的安全，包括注意他们负有专业责任的当事人的安全。在法律允许的最大范围内，爱思唯尔、译文的原文作者、原文编辑及原文内容提供者均不对因产品责任、疏忽或其他人身或财产伤害及/或损失承担责任，亦不对由于使用或操作文中提到的方法、产品、说明或思想而导致的人身或财产伤害及/或损失承担责任。

北京市版权局著作权登记图字：01-2018-5513 号

图书在版编目（CIP）数据

基于 OrCAD Capture 和 PSpice 的模拟电路设计与仿真：原书第 2 版/（英）丹尼斯·菲茨帕特里克（Dennis Fitzpatrick）著；张东辉等译.—北京：机械工业出版社，2019.10（2025.5 重印）

（仿客+）

书名原文：Analog Design and Simulation Using OrCAD Capture and PSpice, Second Edition

ISBN 978-7-111-63648-9

Ⅰ.①基… Ⅱ.①丹… ②张… Ⅲ.①模拟电路-电路设计②模拟电路-计算机仿真 Ⅳ.①TN710.4

中国版本图书馆 CIP 数据核字（2019）第 201160 号

机械工业出版社（北京市百万庄大街 22 号 邮政编码 100037）
策划编辑：江婧婧 责任编辑：江婧婧
责任校对：佟瑞鑫 封面设计：马精明
责任印制：张 博
北京建宏印刷有限公司印刷
2025 年 5 月第 1 版第 4 次印刷
169mm×239mm · 23.25 印张 · 452 千字
标准书号：ISBN 978-7-111-63648-9
定价：115.00 元

电话服务　　　　　　　　网络服务
客服电话：010-88361066　　机　工　官　网：www.cmpbook.com
　　　　　010-88379833　　机　工　官　博：weibo.com/cmp1952
　　　　　010-68326294　　金　书　网：www.golden-book.com
封底无防伪标均为盗版　　　机工教育服务网：www.cmpedu.com